Ingeborg & Thomas Dietz

Wie Veränderung gelingt

Selbstführung in Coaching und Selbst-Coaching

www.junfermann.de

planetpsy.de

blogweise.junfermann.de

www.facebook.com/junfermann

x.com/junfermann

www.youtube.com/user/junfermann

www.instagram.com/junfermannverlag

INGEBORG & THOMAS DIETZ

WIE VERÄNDERUNG GELINGT

SELBSTFÜHRUNG IN COACHING UND SELBST-COACHING

Mit einem Vorwort von
Dr. Susanne Holst

Junfermann Verlag
Paderborn
2024

Copyright	© Junfermann Verlag, Paderborn 2024 Eine Vorgängerversion dieses Buchs erschien 2008 unter dem Titel *„Selbst in Führung"*.
Coverbild	© hanohiki (Adobestock)
Covergestaltung / Reihenentwurf	JUNFERMANN Druck & Service GmbH & Co. KG, Paderborn
Grafiken	Katrin Semmler
Satz & Layout	JUNFERMANN Druck & Service GmbH & Co. KG, Paderborn

Bibliografische Information der Deutschen Nationalbibliothek	Die Deutsche Nationalbibliothek verzeichnet diese Publikation in der Deutschen Nationalbibliografie; detaillierte bibliografische Daten sind im Internet über http://dnb.d-nb.de abrufbar.

ISBN 978-3-7495-0572-2
Dieses Buch erscheint parallel als E-Book.
ISBN 978-3-7495-0573-9 (EPUB), 978-3-7495-0574-6 (PDF).

MIX
Papier | Fördert gute Waldnutzung
FSC® C013205

Inhalt

Vorwort

Inge und Thomas Dietz haben ein wunderbar rundes, leicht verständliches und äußerst nützliches Buch vorgelegt, das vielen Menschen helfen wird, mit persönlichen Herausforderungen und schwierigen Veränderungen mitfühlend und effektiv umzugehen.

Als langjährige ARD-Nachrichtenmoderatorin erfahre ich es jeden Tag: Die Welt verändert sich und wir sind Zeuge der Möglichkeiten und Grenzen der Menschen, damit umzugehen. Prozesse in Politik, Gesellschaft, Umwelt und Gesundheit, in denen die individuellen Erfahrungen und mehr oder weniger reflektierten Überzeugungen der handelnden Personen ihre Wirkung entfalten, sind das Futter einer nie endenden Berichterstattung.

So kommen wir auch in unserem persönlichen Universum um Veränderungen nicht herum: Schwierige Beziehungen etwa, neue berufliche Umstände und Verantwortungen, Schicksalsschläge oder Übergänge zwischen verschiedenen Lebensphasen und vieles andere drängen uns immer wieder dazu, Herausforderungen frisch anzugehen, etwas Neues zu probieren und Altes loszulassen. Das steht fest: Ohne Veränderungsprozesse kein persönliches Wachstum, weniger Chancen auf Lebensglück, Freude und Erfüllung. Das gilt auch für erfolgreiches Handeln. Leider ist das leichter gesagt als getan. Kaum etwas ist so beharrlich wie über Jahre eingefahrene Verhaltensmuster. So kommt es oft vor, dass wir uns in unbefriedigenden Situationen wiederfinden, selbst wenn wir uns sehr um Lösungen bemühen. Wir erleben vielleicht sogar Frust und Resignation – allerdings nicht zwangsläufig, denn es gibt erprobte und konstruktive Wege für erfolgreiche Veränderungen.

Die in diesem Buch vorgestellte Arbeit von Inge und Thomas Dietz eignet sich aus meiner Sicht in idealer Weise dazu, grundlegende Veränderungsprozesse anzustoßen und diese in einer besonders zugewandten Qualität zu begleiten. Behutsam, interessiert und menschenfreundlich. Sie setzt dort an, wo die Ursachen unseres Verhaltens liegen: in der facettenreichen, spannenden und dynamischen Vielschichtigkeit unserer Persönlichkeit.

Ich spreche aus Erfahrung. Als Teilnehmerin ihrer Coaching-Weiterbildung und im Zuge meiner damit zusammenhängenden Selbsterfahrung hat mich diese Arbeit nachhaltig inspiriert und bewegt. Sowohl meine Begleitung in der Rolle als Coach als auch meine Wahrnehmung für das Mensch-Sein an sich haben sich wesentlich vertieft und differenziert. Das zugrunde liegende Modell der Persönlichkeitsteile erschien mir wie eine Offenbarung. Seitdem ich es kenne, denke ich oft: „Mir kann doch gar nichts mehr passieren!" Durch den Kanon an Haltung, Verstehen und Methodik, der aus diesem Ansatz entsteht, habe ich einen besonders wirksamen und schnellen Zugang zu mir gefunden, ob für mich allein oder mit professioneller Unterstützung. Er hilft mir immer wieder, notwendige Anpassungen dem Leben gegenüber zu erspüren, tief zu verankern und inneren Frieden damit zu finden.

Auch mein Herz als Medizinerin schlägt höher: Diese Art von Coaching und Selbstcoaching hält gesund. Es beugt vielen schädlichen Stressfaktoren vor, indem zu Stille und Achtsamkeit eingeladen wird. Lernen, den Körper zu spüren und genau hinzuhören – eine gute Vorrausetzung für ein gesundes Körpergefühl, Früherkennung, und Neujustierung.

Dies möchte ich Ihnen außerdem ans Herz legen: Das in diesem Buch gezeigte Menschenbild leistet einen überaus wertvollen Beitrag für mehr Verständnis, Empathie und Hilfsbereitschaft unter den Menschen im Allgemeinen. Mehr davon in der Welt – davon bin ich überzeugt – hätte die Kraft, sich beruhigend und konstruktiv auf die sich ständig ändernde Nachrichtenlage auszuwirken.

Ich wünsche Ihnen mit diesem Buch viele richtungsweisende Erkenntnisse und damit auch Impulse für ein reicheres Leben.

Dr. Susanne Holst

1. Einstimmung

„Erst wenn du weißt, was du tust, kannst du tun, was du willst!" Dieses Zitat von Moshé Feldenkrais begleitet uns schon sehr lange in unserer Arbeit. Denn solange wir nicht wissen, wie wir etwas auf eine bestimmte Weise erleben und tun, fällt es schwer, dies zu verändern. Eine Person, die zum Beispiel oft ungeduldig und unwirsch reagiert, kann erst dann darauf Einfluss nehmen, wenn sie erkennt, welche inneren Impulse, Gefühle und Gedanken ihr bei der Geduld im Weg stehen. Mit mehr Bewusstheit dafür, wie verschiedene Facetten unserer Persönlichkeit uns daran hindern, uns so zu verhalten und zu fühlen, wie wir es anstreben, finden sich verlässlich neue Wege. Und wenn wir verstehen, wie nachhaltige Veränderung gelingt, können wir sie bewusster ansteuern.

Als wir uns Anfang der 2000er-Jahre entschieden hatten, den Vorgänger dieses Buchs zu schreiben *(Selbst in Führung)*, waren wir beflügelt von vielen positiven Erfahrungen bei der Begleitung unserer Klientinnen und Klienten. Heute, etwa 20 Jahre später, haben die Inhalte weiterhin Bestand. Aber wir blicken mit deutlich mehr Erfahrung und neuen Perspektiven auf die Entwicklungen der Menschen, die wir begleitet haben. Wichtige Faktoren von Veränderung herauszuschälen und zu veranschaulichen, ist eine wesentliche Motivation für dieses veränderte und deutlich erweiterte Buch.

Coaching erleben wir als eine Kunst, die auf sorgfältig erlerntem Handwerk und Wissen über psychodynamische Wirkmechanismen beruht. Als Coaches und Ausbilder von Coaches wollen wir dieser Kunst mit diesem Buch neuen und frischen Ausdruck verleihen. Wir wissen, dass Veränderung möglich ist. Es gab so viele eindrückliche Veränderungsprozesse von Menschen, von denen wir Zeuge wurden, die uns bewegt, beglückt und manchmal überrascht haben. Türen öffnen sich und neue Räume entstehen – wohin die Reise genau geht, wissen wir als Coach vorher nicht. Aber wann, wo und weshalb wir auf solchen Reisen anhalten und was wir dabei näher betrachten sollten, dieses Wissen können wir anbieten. Jede Reise in die Innenwelt ist spannend. Wir machen neue Erfahrungen, entdecken neue Möglichkeiten, erleben uns, die Menschen und die Welt auf eine neue, andere Art und Weise.

Als Coaches verstehen wir uns als Begleiter unserer Klientinnen und Klienten auf deren Reise in die Innenwelt. Die individuelle Welt ist auch für uns jedes Mal neu, aber weil wir viele, auch abenteuerliche Reisen begleitet haben, kennen wir uns mit den unterschiedlichsten Gegebenheiten aus. So können wir Hinweise geben und Sicherheit vermitteln, wenn sich Gebiete der eigenen Psyche zeigen, die noch unentdeckt, fremd und manchmal auch unberechenbar wirken. Wir können Wege begleiten, die man allein nicht gehen würde. Viele dieser Erkundungen gehen mit dem Entdecken von Schätzen und Ressourcen einher, mit denen man vorher nicht gerechnet hätte.

Unsere Hintergründe

Die seit Jahrtausenden bewährte Praxis der Achtsamkeit erscheint uns als zentrale Grundlage wirksamer Wege in die Innenwelt. Nicht zuletzt die Erkenntnisse westlicher Forscher zeigen, dass eine rein rational ausgerichtete Lebensführung ohne Berücksichtigung der emotionalen Faktoren unser Erleben und Handeln deutlich limitiert. Sokrates' Spruch „Erkenne dich selbst und du erkennst die Welt" über dem delphischen Orakel im antiken Griechenland unterstreicht den Wunsch des Menschen nach Selbsterkenntnis. Die klassischen Philosophien des Abend- und des Morgenlandes haben sich intensiv damit beschäftigt und nach Wegen gesucht, das Leben bewusster und selbstbestimmter zu führen. Und auch wenn wir hier vor allem moderne Ansätze aus Psychologie und Neurobiologie zitieren: Das alte „Menschheitswissen" liegt unserem neuzeitlichen Denken und Handeln implizit zugrunde.

Die zentrale Grundlage für einen guten Zugang zur Innenwelt verdanken wir unserem Hintergrund als Hakomi-Therapeuten – beschrieben unter anderem in dem Buch *Hakomi – achtsamkeitszentrierte Psychotherapie* (Weiss, Johanson & Monda 2021). Mit auf Achtsamkeit basierenden Vorgehensweisen können Gedanken, Stimmungen, Gefühle und tieferliegende Überzeugungen differenziert wahrgenommen und erkundet werden. Um sich dann in der Welt innerer Zustände zurechtzufinden und dort gut zu navigieren, nutzen wir die Theorie und Praxis der „Internal Family Systems Therapy (IFS)". IFS erklärt die Vielschichtigkeit der Innenwelt mit einer systemischen und ganzheitlichen Sicht und bietet eine gute Struktur zur Führung verschiedenster Persönlichkeitsanteile. Dieser Ansatz zeichnet ein zur Erfahrung vieler Menschen unmittelbar passendes Bild, wie sich vordergründige, aber auch verborgene Teile der Persönlichkeit auswirken – in Beziehungen, bei Konflikten, Entscheidungen, beim Verfolgen eigener Lebensziele. Unser Buch vermittelt, wie mehr Spielräume im Handeln entstehen, wenn man diese Facetten kennenlernt, annimmt, weiterentwickelt und sie bewusst führt.

Für wen ist dieses Buch?

Wer sich selbst besser kennenlernen, persönlich weiterentwickeln und Selbstführung entfalten möchte, wird in diesem Buch fündig. In der Praxis bewährte Vorgehensweisen, viele Beispiele und ein auf das Wesentliche reduzierter theoretischer Hintergrund vermitteln leicht umsetzbare Anleitungen zum Selbst-Coaching.

Da unser Ansatz vor allem pragmatisch-praktisch ist, setzen wir kein psychologisches Fachwissen voraus. Trotzdem werden psychologisch ausgebildete Fachleute einiges für die eigene Praxis finden. Besonders Coaches, Trainer, Berater, Personalentwickler und Führungskräfte, die Menschen auch auf emotional tieferen Ebenen unterstützen möchten, erhalten eine Vielzahl an Hinweisen, wie sie psychologisch gekonnt weiterhelfen können. Da unsere Erfahrungen hauptsächlich aus dem beruflichen Kontext stammen, kommen die meisten Beispiele aus dieser Welt. Die Prinzipien lassen sich selbstverständlich auf ähnliche Herausforderungen in anderen Zusammenhängen übertragen. Apropos Beispiele: Sie beziehen sich auf reale Personen. Die Namen sind frei erfunden und die Situationen geringfügig abgewandelt.

Wer *Selbst in Führung* gelesen hat, kann sich in den ersten Kapiteln vor allem die Zusammenfassungen („Wirkfaktoren für Veränderung“) herauspicken. Besonders lohnend wird es dann, ab den Kapiteln 7 und 8 („Selbstführung“ und „Transformatorische Erfahrungen“) tiefer in die zum Teil ganz neuen Abschnitte einzutauchen.

Was lässt sich mit dem Buch (nicht) erreichen?

Wir sind vorsichtig hinsichtlich der Möglichkeiten und Grenzen von Selbst-Coaching. Einerseits wollen wir nicht den Eindruck erwecken, alle Limitierungen, Spannungen und Probleme ließen sich allein bewältigen. Andererseits wissen wir, dass in der persönlichen Entwicklung vieles selbst vorangetrieben werden kann, manchmal auch muss.

Ein Buch kann ein Wegweiser sein oder eine Landkarte. Wie man es verwendet, hängt davon ab, wie gut man sich im Gelände auskennt, wie trittsicher man an heiklen Stellen ist und wie gut man einschätzen kann, ab wann ein Weg ohne kundigen Führer gefährlich wird. Es ist wie beim Wandern: Wer dazu neigt, sich selbst zu überschätzen, oder wem es unangenehm ist, nach dem Weg zu fragen, der sollte sich – früher, als er es normalerweise täte – qualifizierten Rat einholen. Wer jedoch lieber zu viel als zu wenig fragt und sich oft Unterstützung holt, dem tut es vermutlich auch mal gut, ein Stück des Wegs allein zu gehen. Wir möchten dazu anregen, Selbstfürsorge auf ein gutes Fundament zu stellen, etwas für die seelisch-mentale Fitness zu tun und dabei zu merken, dass aus eigener Kraft viel mehr geht, als man sich vorher vorgestellt hätte.

Das Beispiel des Wanderns lässt sich auch übertragen auf die Situation eines Coachs oder anderer professioneller Begleitung: Eine Landkarte genügt nicht, um andere zu führen. Je anspruchsvoller das Gelände ist und je ungeübter die Menschen sind, die man begleitet, desto wichtiger sind für die Wander- oder Bergführer eine solide Erfahrung und eine gute Ausbildung – auch um einschätzen zu können, was

„gesundheitliche Ausschlusskriterien“ sind. Im Zweifelsfall empfiehlt es sich immer, eine psychotherapeutisch ausgebildete Person zu konsultieren oder ärztlichen Rat einzuholen. Wir wollen nicht den Eindruck vermitteln, dass mit Selbstführung alles machbar wäre, dass man sich sozusagen nach seinen oder fremden Vorstellungen beliebig „designen“ könnte. Wie bei der Schönheitschirurgie gelten auch hier die Einschränkungen: Kleine „Fehler“ lassen sich vielleicht ein wenig korrigieren – aber entscheidend ist die authentische Wirkung der Gesamtpersönlichkeit mit all ihren Eigenheiten.

Hinweise fürs Lesen

Angesichts des immer noch offenen Diskurses um eine gendergerechte Sprache haben wir uns entschieden, im Plural meist die männliche Version zu wählen. Wenn wir Klienten schreiben, meinen wir selbstverständlich Klientinnen und Klienten. Leichter ist es mit dem englischen Wort Coach, das beinhaltet ohnehin alle Geschlechter. Wir bitten Leserinnen und Leser mit differenzierteren sprachlichen Gendervorlieben, sich nicht zu sehr an unserem Umgang damit zu stören.

Jedes Kapitel beinhaltet einen Einführungstext und jeweils einen Abschnitt zum Selbst-Coaching und Coaching. Hier finden sich praktische Übungen, Anleitungen zum Vorgehen sowie weitere Hinweise für die professionelle Begleitung. Vieles in diesem Buch wird vertraut erscheinen. Vertraut in der Art, dass man beim Lesen bemerkt, das eine oder andere schon häufiger so wahrgenommen oder erlebt zu haben. Vermutlich werden Sie hier also einige eigene Erfahrungen wiederfinden.

Für die Reflexionen in den „Selbst-Coaching“-Abschnitten haben wir uns für die Du-Ansprache entschieden, damit unsere Leser sich persönlich angesprochen fühlen. Ebenso verhält es sich mit den Dialogen mit den Klienten in den Coaching-Abschnitten.

Wenn Sie das, was Sie auf den folgenden Seiten lesen, für sich anwenden, kann ein für Sie bedeutsamer Unterschied zu bisher Gewohntem entstehen: Dass Sie genauer wissen, was Sie tun, wie es dazu kommt, dass Sie es so tun und dass Sie vielleicht eine größere Freiheit entwickeln, das zu tun, was Sie wirklich wollen. Sie können das Buch einfach nur lesen und sich an den neuen Erkenntnissen erfreuen, Sie können es aber auch als praktischen Leitfaden nutzen, um sich und andere Menschen besser kennenzulernen und so zu einem geglückten Leben beitragen.

2. Automatische Reaktionen

Veränderungsimpulse entstehen meist über Lust oder Frust – etwas Neues ist attraktiv oder das Gegenwärtige ist unbefriedigend. Wenn es Menschen belastet, stört oder ärgert, wie sie sich verhalten oder fühlen, wenn Eigenschaften oder Verhaltensmuster negative Auswirkungen auf ihr Leben, Umfeld oder das Erreichen wichtiger Ziele haben, dann kann der Wunsch nach Veränderung wach werden. Wiederkehrende Situationen, in denen man mit sich selbst nicht zufrieden ist, hinderliche Gewohnheiten und Reaktionen sind oft Anlass, sich mit dem Thema Selbstführung zu beschäftigen. Und weil automatische Reaktionen eine so zentrale Rolle spielen, beschäftigen wir uns als erstes mit ihnen. Wir betrachten, was bei Automatismen auf der emotionalen und körperlichen Ebene geschieht, um mit mehr Bewusstheit mehr Einfluss auf limitierende Verhaltensmuster zu gewinnen.

Die meisten Handlungen und Reaktionen im Alltag laufen ohne großes Nachdenken ab. Bewährte Routinen und Verhaltensmuster sind die Grundlage für effizientes Arbeiten, die Gestaltung unseres Lebens und unserer Beziehungen. Sie machen einen großen Teil unserer Persönlichkeit aus und sind so selbstverständlich, dass wir sie nicht mehr bewusst wahrnehmen und reflektieren. Müssten wir bei allem, was wir tun und sagen, bei all unseren Impulsen und Alltagsentscheidungen Vor- und Nachteile bewusst abwägen, würde uns das viel zu viel Zeit kosten. Die meisten Gewohnheitsmuster erleichtern das Leben, sind hilfreich, wirkungsvoll und stimmen uns zufrieden. Im Folgenden schauen wir uns nur die automatischen Reaktionen und Verhaltensmuster an, die zu Problemen und schwierigen Wechselwirkungen beitragen, unter denen wir oder andere leiden und die wir verändern wollen.

Die Herausforderung dabei ist, dass viele dieser Muster so eingefahren sind, dass sie ganz unbewusst ablaufen. Bei automatischen Reaktionen werden Gefühle, Gedanken und Verhaltensweisen so unwillkürlich und schnell ausgelöst, dass wir nicht den inneren Raum haben, uns anders zu steuern. Wir reagieren in einer Weise, mit der wir manchmal schon währenddessen, meistens aber später unzufrieden sind.

Eine automatische Reaktion kann durch einen Trigger von außen ausgelöst werden, etwa durch einen provokanten Satz oder Tonfall, einen abfälligen Gesichtsausdruck oder eine spitze Bemerkung. Spezifische Herausforderungen wie Präsentationen, Vorträge, Konfliktgespräche, Verhandlungen, Kritik usw., ganz bestimmte Personen, Meinungen anderer oder auch Gesprächsthemen können wiederkehrende Zustände und Reaktionen hervorrufen. Aber auch bereits die Vorstellung einer heiklen Situation oder eines schwierigen Gegenübers kann uns von einem Augenblick zum nächsten in eine unangenehme emotionale Gefühlslage versetzen. In Sekundenbruchteilen läuft eine weitgehend automatisierte Reaktion ab und ein typisches Verhaltensmuster bricht durch. Zum wiederholten Mal befindet man sich im gleichen Fahrwasser und fragt sich, wie das passieren konnte: *„Schon wieder habe ich jemanden unterbrochen, obwohl ich doch in Ruhe zuhören wollte. Erneut ist aus einer Verhandlung ein starrer Positionskampf geworden, dabei wollte ich doch mehr auf die Interessen des anderen achten."* Der Kopf weiß, dass ein anderes Verhalten besser wäre, doch innerlich reagiert etwas automatisch. Es kann sich wie „fremdgesteuert" anfühlen – als würde man nicht mehr selbst am Lenkrad sitzen. Ist die Automatik bereits im Gang, ist es schwierig, sie zu unterbrechen. Selbst dann, wenn man realisiert, dass sie eskalierend oder destruktiv ist.

Ein Merkmal einer hinderlichen automatischen Reaktion ist, dass sie unangemessen ausfällt und man im Nachhinein frustriert, mit sich selbst unzufrieden, hilflos oder ärgerlich ist. Sekunden, Minuten oder Stunden später meldet sich deshalb oft eine andere Seite: „Du weißt doch, dass es nichts bringt, so zu argumentieren!", „Wieso hast du dich wieder aus der Ruhe bringen lassen?", „Das war nicht fair, das hättest du nicht sagen sollen!" Selbstverständlich gibt es unzählige „positive" automatische Reaktionen, die unser Leben vereinfachen und für uns sinnvoll sind. Ebenso gibt es einige, die wir akzeptieren, obwohl sie suboptimal sind.

Bildhaft gesprochen rast bei automatischen Reaktionen das Geschehen über eine Autobahn. In diesen Momenten wäre es hilfreich, abzubremsen und frühzeitig eine andere Ausfahrt zu finden. Die Plastizität des Gehirns – und die Erfahrungen mit vielen Menschen – lässt uns optimistisch sein, dass dies gut möglich ist. Der Neurobiologe Gerald Hüther (1997) spricht von „Autobahnen im Gehirn", synaptischen Verbindungen zwischen Nervenzellen, die umso „breiter" und stabiler werden, je häufiger sie benutzt werden. Selten begangene Wege „wuchern zu" und verschwinden, andere Bereiche werden gar nicht genutzt. Der Nachteil dieser „Autobahnen im Gehirn": Wir gewöhnen uns an sie, sodass wir andere Wege nicht in Erwägung ziehen, ja oft schon gar nicht mehr wahrnehmen, dass es sie gibt. Die gute Nachricht ist, dass solche Autobahnen ergänzt werden können durch alternative Pfade. Wir können neue Bahnen – sprich neue Verhaltensmuster – aufbauen. Und je häufiger wir sie benutzen, desto selbstverständlicher werden sie Teil des neuen Verhaltensrepertoires. Das menschliche Gehirn ist viel veränderbarer, viel plastischer als man früher dachte. Sehr spannend ist auch, was Ecker, Ticic und Hulley ihrem Buch *Der Schlüssel zum emotionalen Gehirn* (2016) zusammengetragen haben. Sie beschreiben, wie wir aufgrund der Plastizität des Gehirns Neues lernen, alte Muster verändern und sogar schwere psychische Beeinträchtigungen so gut wie vollständig überwinden können. Etwa bis zur Jahrtausendwende sind Neurowissenschaftler davon ausgegangen, dass

Prägungen – lang bestehendes und vor allem früh im Leben emotional Gelerntes – nicht aus dem Gedächtnis getilgt werden kann.

Inzwischen ist nachgewiesen, dass synaptische Verbindungen durch neues Lernen aufgehoben werden. Diese Ergebnisse beschreiben einen Wendepunkt in unserem Wissen über Veränderungsmöglichkeiten durch die sogenannte „Gedächtnisrekonsolidierung“. Sie erklären, wie es möglich ist, dass bestimmte emotionale Reaktionen mithilfe von Coaching oder Psychotherapie gar nicht mehr „getriggert“ oder aktiviert werden und auch Gefühle, Gedanken und Verhaltensweisen, die mit diesen emotionalen Reaktionen zusammenhängen, dauerhaft ausbleiben. Die biografische Erinnerung an Ereignisse bleibt erhalten, aber die emotionale Ladung und die undifferenzierten alten Reflexe können komplett getilgt werden. Dazu in späteren Kapiteln mehr.

Ein Beispiel:

Gerd ist Senior Consultant in einer Unternehmensberatung. Seit einigen Monaten kommt es zu frustrierenden Gesprächen mit seinem Kollegen Jürgen, mit dem er gemeinsame Kunden betreut. Jürgen ist ein impulsiver und etwas ungeduldiger Mensch, der Entscheidungen gerne schnell und spontan trifft. So kommt es vor, dass er mit Kunden Termine vereinbart und ihnen Zusagen macht, ohne diese im Vorfeld mit Gerd abzusprechen. Er kommt beispielsweise freudestrahlend in Gerds Büro und teilt ihm mit, dass er für den bevorstehenden Kundentag die bereits gebuchten Räume im Hotel am Flughafen storniert hat, weil er ein neues, schöneres Hotel im Grünen gefunden hat. Oder er berichtet voller Begeisterung, dass er einen jüngeren Kollegen, von dem Gerd nicht viel hält, für eine anstehende Kick-off-Veranstaltung bei einem gemeinsamen Kunden einsetzen wird.

In dem Moment, wo Jürgen ihm seine Entscheidungen mitteilt – in diesem überschwänglichen und überzeugten Tonfall –, fängt Gerd innerlich schon an zu kochen. Inzwischen reagiert er fast immer vorwurfsvoll und belehrend: „Moment mal Jürgen, bitte langsam! Wie kommst du denn darauf? Du kannst doch nicht unseren jüngsten und unerfahrensten Mann dort hinschicken ... Du weißt doch, Qualität steht für uns an erster Stelle. Unsere Kunden erwarten bei so einer Veranstaltung einen erfahrenen Profi. Das war mal wieder vorschnell von dir!“ Jürgen zählt dann eine Vielzahl von guten Gründen auf, wieso just dieser Kollege am besten zu diesem Kunden und dieser Veranstaltung passt und warum die Entscheidung so stehen bleiben muss. Gerd kann zu dem Zeitpunkt allerdings schon gar nicht mehr zuhören. Er hat innerlich zugemacht, beharrt auf seiner Meinung und oft fängt er dann an, abwertend zu werden.

Gerd hat diese Situation so oder so ähnlich mehrmals in den vergangenen Monaten erlebt. Ihm ist sehr bewusst, dass seine belehrenden und abfälligen Kommentare das Ganze eskalieren lassen. Er kennt Jürgen inzwischen gut genug, um zu wissen, dass Sätze wie: „Jürgen, da warst du mal wieder vorschnell“ oder „Du weißt doch, dass bei uns Qualität an erster Stelle steht" diesen auf die Palme bringen und das Rechtfertigen noch weiter anheizen. Er ist frustriert und fragt sich, warum er trotz besseren Wissens so vorwurfsvoll und belehrend reagiert. Warum kann er damit nicht souveräner umgehen und nüchtern-sachlich argumentieren, wie er es sich immer wieder vornimmt? Als empathischer Mensch, dem Augenhöhe wichtig ist, ärgert er sich am meisten darüber, dass er so oberlehrerhaft und abwertend wird und es ihm nicht gelingt, dies zu unterlassen. Vom Kopf her ist ihm bewusst, dass es stimmiger und klüger wäre, seine Wünsche direkter auszudrücken oder Jürgens Interessen mehr zu hinterfragen. Stattdessen wird er stur und Jürgen wirft ihm – zu Recht – vor, dass er zunehmend zum „Abblocker", „Besserwisser" und „Bedenkenträger" wird.

Möglicherweise würden einige Absprachen, Regeln und Vereinbarungen die Zusammenarbeit zwischen den beiden Kollegen optimieren. Bei genauerer Betrachtung ist der wesentliche Faktor für diesen Konflikt jedoch das, was in der Innenwelt der beiden geschieht.

2.1 Ablauf einer automatischen Reaktion

Untersucht man Automatismen, ist ein relativ konstanter Ablauf augenfällig: Innerlich wird etwas getroffen oder „getriggert" und sofort gibt es eine Reaktion. In Bruchteilen von Sekunden reagieren der Körper und die Gefühlslage, das Denken verändert sich und Handlungsimpulse werden ausgelöst. Das heißt: Ohne es uns bewusst zu machen, sind wir im alten Fahrwasser. Je heftiger uns die emotionale Reaktion überfällt, desto weniger Zugang haben wir zum „besseren Wissen".

Auslöser für eine Automatik sind vielfältiger Natur. Es kann etwas aus der Außenwelt Kommendes sein – ein Satz, eine spezielle Geste, ein Reizthema, ein bestimmter Mensch, ein spezifisches Verhalten oder eine Einstellung von jemanden. Bei Gerd ist es ein Auslöser, wenn er übergangen und mit vollendeten Entscheidungen konfrontiert wird. Und auch Jürgens überschwängliches, von sich selbst überzeugtes Argumentieren ist für ihn ein rotes Tuch. Trigger können auch spezifisch gelagerte Situationen sein – Meetings mit einem bestimmten Personenkreis, wenn man etwas präsentiert oder im Mittelpunkt steht, ungerechte Kritik usw.

Der wunde Punkt: Einer automatischen Reaktion liegt immer eine persönliche Empfindsamkeit oder Disposition zugrunde. Oft wird auch von einem „wunden Punkt" gesprochen. Das, was im Kern so empfindlich getroffen ist, worauf wir so sensibel oder heftig reagieren, wird in vielen Fällen nicht erkannt. So paradox es klingt: Obwohl wir ein Verhaltensmuster manchmal jahrelang erlebt und reflektiert haben, verstehen wir nicht, was uns in der Tiefe verletzt. Es gibt Trigger, auf die man ausgesprochen empfindsam reagiert – immer wieder aufs Neues treffen, verletzen und provozieren sie. Doch es bleibt verborgen, was das eigentlich Unangenehme ist.

Eine automatische Reaktion wird stärker – im Sinne von stabiler –, wenn der wunde Punkt in der Vergangenheit schon oft getroffen wurde. Aufgrund negativer Vorerfahrungen reagieren wir umso „allergischer" auf die Situation und das Gegenüber. Und wenn wir außerdem in gereizter Stimmung oder im Stress sind, wird ein Automatismus noch schneller ausgelöst. Für das Beispiel von Gerd und Jürgen heißt das: Wenn Gerd von den getroffenen Entscheidungen hört und dabei Jürgens strahlendes, selbstzufriedenes Gesicht sieht, reagiert etwas in ihm hyperempfindlich. Ein starker Ärger kocht hoch. Weil aber alles so schnell abläuft, bekommt er nicht mit, dass die erste unmittelbare unangenehme Empfindung die ist, sich übergangen und überrollt zu fühlen. In Bruchteilen von Sekunden überlagert die aufflackernde Wut alles andere. Aber während des ganzen Gesprächs ist dieses empfindsame und ungerechte Grundgefühl latent da, auch wenn er es im weiteren Verlauf – im Zustand des Belehrens – nicht mehr wahrnimmt.

Emotionale Reaktion mit Körperempfindungen: In dem Moment, wo der „wunde Punkt" getroffen und Emotionen ausgelöst werden, ist der Körper beteiligt. Dieser reagiert sofort. Bei einem empfundenen Angriff beispielsweise spannen sich die Muskeln an, Gesicht und Extremitäten werden stärker durchblutet, das Herz klopft heftiger und der Atem stockt. Bei Gerd zieht sich der Bauch zusammen, Hitze steigt in den Kopf und der Atem wird flacher. Sein Körper bereitet sich auf einen Kampf vor, auch wenn er es nicht bemerkt.

Innere Verarbeitung mit Gedanken und Gefühlen: Innerhalb von Sekunden schießen unterschiedliche Gedanken durch den Kopf. Sie können gekoppelt sein an frühere Ereignisse mit den beteiligten Personen und entsprechende Bewertungen beinhalten: „Schon wieder der!" Sie können auch gegen sich selbst gerichtet sein: „Warum habe ich das nicht klarer gesagt?" Und sie können Handlungen initiieren: „Lass dir das nicht gefallen!" Auch solche emotional eingefärbten Gedanken jagen schnell und oft außerhalb der bewussten Wahrnehmung durch den Kopf. Gerd befürchtet, dass der junge Kollege für den Auftrag weder die entsprechende Lebenserfahrung noch das notwendige Standing hat und beim Kunden nicht gut ankommt. Gedanklich ist er aber primär damit beschäftigt, wie er sich gegenüber Jürgen besser behaupten und Einflussmöglichkeiten zurückgewinnen kann. Dieser Drang überlagert das Wahrnehmen seiner Sorgen.

Die innere Verarbeitung bei automatischen Reaktionen ist darauf ausgerichtet, die zugrunde liegenden unangenehmen Zustände irgendwie zu regulieren – beispielsweise durch inneres Rationalisieren, Wegschieben, Kontrollieren, Ignorieren. Der spontane erste Impuls ist meistens, die Empfindsamkeit abzuschirmen, sie möglichst nicht zu fühlen und vor allem, sie nicht nach außen zu zeigen. Verletzliche, unangenehme Gefühle werden oft so stark zurückgedrängt, dass man sie innerlich nicht wahrnimmt. So kann beispielsweise Unsicherheit durch inneren Rückzug oder Verteidigung nach außen unterdrückt oder überspielt werden. Überlegene Teile der Persönlichkeit können getriggert sein, um Ohnmachts- oder Unterlegenheitsgefühle abzuwehren. Gerd schottet sich innerlich ab, lässt nichts mehr an sich ran und schaltet auf Abwehr. Das, was von außen als „Mauern" wahrgenommen wird, ist im Grunde genommen eine spontane Schutzreaktion.

Verhalten: All diese Gefühle, Körperempfindungen und Gedanken steuern jetzt das Verhalten. Wie wir handeln, ist das Ergebnis des zuvor blitzschnell abgelaufenen Verarbeitungsprozesses im Gehirn. Als Verhalten folgt meist eine mehr oder weniger ausgeprägte Variante des Kampf-Flucht-Totstell-Reflexes: Angriff, Verteidigung, Rückzug, Erstarrung. Aber häufig sind auch vermeintlich vernünftigere Reaktionen letztlich Schutzstrategien: cool und überlegen reagieren, rationalisieren oder argumentieren. Wenn Gerd auf sein Verhalten in diesen Situationen blickt, erlebt er sich wie ein „Oberlehrer". In der Regel ist uns schon bewusst, wie wir uns verhalten, aber, in der Automatik gefangen, können wir oft den Schalter nicht mehr umlegen.

Wirkung, Wechselwirkung und Eskalation: Das Verhalten hat natürlich eine Wirkung auf den anderen. Häufig triggert es die andere Person und löst bei ihr eine automatische Reaktion aus. So kommt es zu eskalierenden Wechselwirkungen. Gerd wirkt auf Jürgen abweisend, abblockend und belehrend, und speziell diese belehrende Art trifft auf eine Empfindsamkeit. Er fühlt sich abgewertet, abgewürgt und blockiert, in seinem Entscheidungsraum eingeschränkt und kontrolliert. Auch bei ihm läuft jetzt eine Automatik ab. Je belehrender und abfälliger Gerd wird, desto vehementer vertritt Jürgen seine Position. So kommt es zu einer Wechselwirkung, die sich immer weiter hochschaukelt.

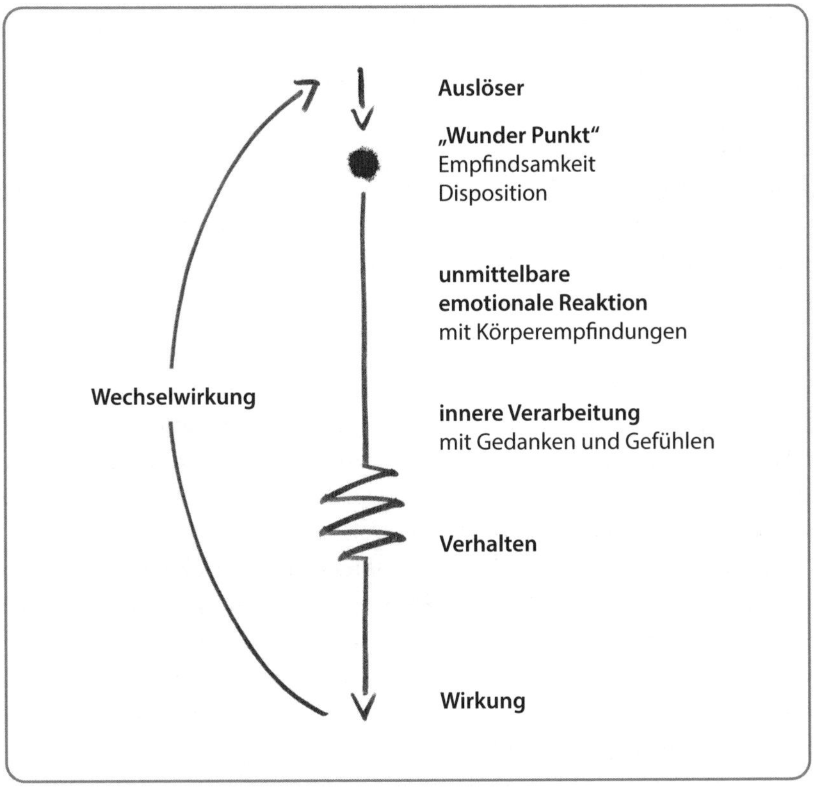

Abbildung 1: Was bei einer automatischen Reaktion passiert: schematisch dargestellter Ablauf

2.2 Umgang mit einer automatischen Reaktion

Bei automatischen Reaktionen kommt es uns manchmal so vor, als würden wir von Emotionen und den sie begleitenden Gedanken regelrecht „überfallen". Um uns da bewusster steuern zu können, brauchen wir einen guten Zugang zur Innenwelt. Die folgenden Schritte, die ausführlich in den späteren Kapiteln beschrieben werden, helfen dabei:

1. Achtsamer werden, innehalten und wahrnehmen, was passiert
2. Den wunden Punkt besser verstehen
3. Sich bewusster regulieren
4. Teile der eigenen Persönlichkeit besser kennen und führen
5. Auf die eigene Wirkung und negative Wechselwirkungen achten

1. Achtsamer werden, innehalten und wahrnehmen, was passiert

Erhöhte Achtsamkeit hilft, auf eine bislang automatisch ablaufende Reaktion mehr Einfluss zu gewinnen. Ein Moment des achtsamen Wahrnehmens verlangsamt die übliche Automatik. Indem wir innehalten, verschaffen wir uns einen inneren Abstand und versetzen uns in die Lage, zu beobachten, was gerade passiert, ohne gleich hineingezogen zu werden. Bildlich gesprochen: Wir sind nicht mehr die Person, die gerade mit 180 auf der Autobahn fährt, sondern können sie beobachten und mitbekommen, wie sie gerade beschleunigt und gar nicht sieht, dass da vorne eine Ausfahrt ist.

Wenn es Gerd gelingen würde, bei den ersten Sätzen von Jürgen innezuhalten und sich bewusst zu machen, dass er jetzt gerade getriggert ist, hätte er ein klein wenig mehr Abstand zum inneren Geschehen. Innezuhalten ist so entscheidend, weil dies bereits die Automatik unterbricht und etwas Abstand schafft. Zwischen Reiz und Reaktion entsteht eine Lücke, und das kann reichen, einen anderen Weg einzuschlagen. Tieferes Atmen, eine kurze Pause, eine Frage, den Blick kurz schweifen lassen, die Aufmerksamkeit auf den Körper lenken … Es gibt einiges, das das Innehalten fördert. Diesen kurzen Zeitgewinn können wir nutzen, um wahrzunehmen: Was passiert jetzt gerade innerlich? Wie reagiert der Körper (Spüre ich z. B. Druck, Anspannung oder Wärme?) und was für eine Art von Gefühl ist das? Welche Gedanken tauchen auf, und welche Impulse bahnen sich an?

Vor dem kurzen Innehalten konnten wir vielleicht nur eine Möglichkeit sehen und jetzt eröffnen sich uns mehrere. Es schafft die Basis für bewussteres Entscheiden und Handeln. Wie wir dann reagieren, wird von Situation zu Situation ganz unterschiedlich sein. Manchmal sind wir allein durch das Innehalten schon in der Lage, uns so zu verhalten, wie wir es uns im Nachhinein betrachtet oft wünschen. Gerd könnte beispielsweise sagen: „Jürgen, mir ist wichtig, bei Entscheidungen, die auch mich betreffen, einbezogen zu werden. Es ist sehr ärgerlich, wenn ich mit vollendeten Tatsachen konfrontiert werde.“ Oder er könnte ihn fragen, wie es dazu kommt, dass er eine Entscheidung getroffen hat, ohne Rücksprache mit ihm zu halten.

Bei bereits lang andauernden und eingefahrenen Mustern ist der Weg zur Veränderung oft etwas länger, etwa, weil man das Geschehen noch differenzierter erforschen muss. Es könnten tiefere Schichten der Persönlichkeit und entsprechende Gefühle getriggert sein, die bewusst wahrgenommen und verstanden werden müssen. Manchmal spielen hinter den vordergründigen Gefühlen verborgene Emotionen und Prägungen eine wichtige Rolle. Das tiefere Gefühl hinter Gerds Ärger ist Ohnmacht. Als er klarer fühlen und erkennen kann, dass er auf diese Ohnmacht bislang mit Gegenangriff reagiert, kann er sich innehaltend der Ohnmacht stellen, ohne die übliche Angst, ihr ausgeliefert zu sein. Wenn wir wissen, was im Feinbereich innerlich passiert, fällt es uns leichter, auf ähnliche Situationen besser vorbereitet zu sein und bewusster zu reagieren.

2. *Den wunden Punkt besser verstehen*

Manchmal fragt man sich bei einer automatischen Reaktion: „Warum regt mich das eigentlich so auf? Wieso trifft mich das so stark? Wie kommt es dazu, dass ich dermaßen empfindlich reagiere?" Obwohl die Automatik so vertraut ist, versteht man die Empfindlichkeit und die Gründe dafür nicht. Und solange wir etwas nicht verstehen und begreifen können, sind wir ihm mehr ausgeliefert. Das liegt vor allem daran, dass Menschen tendenziell verletzliche, unangenehme Gefühle nicht wahrhaben wollen. Diese Empfindsamkeiten werden oft gut beschützt und kontrolliert. So ist Ärger – als sekundäres Gefühl – leichter und schneller zu spüren als z. B. eine dahinterliegende Ohnmacht. Oder ein Gefühl von Ungerechtigkeit ist leichter wahrnehmbar als das dahinterliegende Gefühl von Ausgeliefertsein. In der Regel spüren wir beim Beginn einer automatischen Reaktion nicht, wie der „wunde Punkt" getroffen wird. Was die meisten als Erstes mitbekommen, sind die Zustände, die die unangenehmen, verletzlichen Gefühle überlagern: Ärger, Unverständnis, Anspannung, Widerstand. Es sind Anteile unserer Persönlichkeit, die eine Schutzfunktion übernehmen. Über dieses Prinzip schreiben wir ausführlicher im Kapitel 6 „Innere Dynamik von Persönlichkeitsteilen".

Der wunde Punkt springt umso schneller an, je ähnlicher die aktuellen Auslöser den Verursachern früherer schmerzhafter Erfahrungen sind. Je verwandter das gegenwärtige Geschehen mit ähnlichen Situationen aus der Vergangenheit ist und je stärker der emotionale Gehalt des damaligen Erlebens, desto herausfordernder ist es, automatische Reaktion zu entschärfen oder zu unterbrechen. Die Ursachen unserer „wunden Punkte" und Empfindsamkeiten sind oft nicht leicht zugänglich. Viele leben jahrelang mit emotionalen Reaktionen, ohne sich bewusst zu sein, wo die Wurzeln dafür liegen. Wir wollen anhand eines Beispiels betrachten, wie hilfreich es sein kann, eine Empfindsamkeit achtsam und differenziert zu erforschen. Dieses Beispiel greifen wir im Abschnitt „Coaching" am Ende des Kapitels wieder auf, um zu veranschaulichen, wie man im Coaching zum wunden Punkt hinsteuern kann.

Ein Beispiel:

Gabi (30) ist eine ehrgeizige und anspruchsvolle Abteilungsleiterin im Bereich Marketing. Seit einem halben Jahr arbeitet sie mit einem älteren Kollegen an einem gemeinsamen Projekt, das enge Absprachen zwischen den beiden erfordert. Rudolf ist bereits 25 Jahre im Unternehmen und seit 15 Jahren Abteilungsleiter. Im Lauf der Zeit hat er viele Kolleginnen und Kollegen kommen und gehen sehen und erlebt, wie sie sich „die Hörner abstießen". Auf Gabi wirkt er souverän, überlegen und auch ein Tick dominant. Im Kontakt mit ihm fühlt sie sich oft nicht ernst genommen. Er setzt sich mit ihren Beiträgen wenig auseinander und behandelt sie von oben herab. Die Arbeitstreffen mit ihm werden für sie zum Gräuel. Bei Meinungsverschiedenheiten gerät sie immer wieder in die Defensive. Am allermeisten stört sie, dass sie sich ihm gegenüber wie eine junge, unerfahrene Praktikantin fühlt. Das wird typischerweise dann bei ihr ausgelöst, wenn er auf einen ihrer Vorschläge in seinem sonoren und etwas selbstgefälligen Tonfall sagt: „Aber Gabi, du solltest doch inzwischen wissen, dass ..." Oder: „Liebe Gabi, das hat bis jetzt immer gut funktioniert, das kannst du einem erfahrenen Kollegen schon glauben." In diesen Augenblicken kommt es ihr so vor, als würde sie körperlich kleiner werden. Sie merkt, dass sie sich verteidigt statt überzeugend ihre Meinung zu vertreten. Ihren Argumenten fehlen die notwendige Kraft und Klarheit. Sie hat das Gefühl, blockiert zu sein. Manchmal erstarrt sie fast wie das Kaninchen vor der Schlange. Das alles ärgert sie noch mehr. So eine Zusammenkunft hinterlässt sie mit einer ohnmächtigen Wut. Wut auf ihn, Wut auf sich selbst, Wut darüber, sich nicht besser im Griff zu haben.

Sie entscheidet sich für ein Coaching, um Wege zu finden, mit diesen unbefriedigenden und frustrierenden Begegnungen anders umgehen. Anlässlich eines Vorfalls vor wenigen Tagen erforschen wir, was genau innerlich geschieht. Sie taucht dabei nochmal ein in die vergangene Situation mit Rudolf – mit der Ermutigung, achtsamer wahrzunehmen, welche Qualität ihre Wut hat und was da noch alles mitschwingt. Der Coach unterstützt sie, das Gefühl der Unterlegenheit und Ängstlichkeit tiefer zu erkunden: Was für eine Art von Unterlegenheit ist das und wie zeigt sie sich? Nach einer Weile bemerkt Gabi, dass dieser Zustand sich sehr vertraut anfühlt, wie etwas Altes, das sie gut kennt. Sie bleibt auf der Spur dieser Empfindung und ahnt recht bald gefühlsmäßig einen Zusammenhang: Die Situation mit Rudolf erinnert sie an frühere Gespräche mit ihrem sieben Jahre älteren Bruder, der sie oft kleingemacht hat. Nie fühlte sie sich ihm gewachsen und hatte in Streitgesprächen richtiggehend Angst vor ihm. Sie war oft gekränkt und enttäuscht, weil sie von ihm so wenig Anerkennung bekam. Gabi ist überrascht über diese Ähnlichkeiten und ihr wird bewusst: Allein Rudolfs geringschätzender Blick erinnert sie an die Überlegenheit und das Desinteresse ihres Bruders. Das so deutlich zu spüren, ist für sie eine große Erleichterung, denn mit dieser Einsicht macht ihr ihre Reaktion jetzt mehr Sinn.

3. Möglichkeiten der Selbstregulierung bewusst anwenden

Mit differenzierter Selbstwahrnehmung lassen sich automatische Reaktionen bewusster regulieren. Selbstregulierung ist die Fähigkeit, etwas Abstand zu inneren Reaktionen herstellen zu können – zu den gegenwärtigen Gefühlen, Gedanken und Impulsen – und diese positiv zu beeinflussen. Das kann bedeuten, Gefühle deutlicher auszudrücken, anstatt sie wie üblich wegzuschieben oder aber spontane Impulse etwas mehr zu zügeln. Wir verfügen über viele Möglichkeiten der Selbstregulierung und nutzen diese im Alltag fortwährend, wenn wir uns unwohl fühlen. Das Problem bei einer Automatik ist, dass die spontane und unbewusste Art der Regulierung meistens hinderlich ist. Wie bereits beschrieben, sind es häufig Schutzreaktionen, mit denen wir unangenehme Gefühle „wegmanagen" und die wiederum zu ungünstigen Wechselwirkungen führen. Erst später fällt uns ein, was möglich und besser gewesen wäre.

Um ein paar Möglichkeiten der Selbstregulierung aufzuzeigen, bleiben wir bei Gabis Beispiel. Von einer Kollegin, die die Interaktion zwischen Gabi und Rudolf beobachtet hat, bekommt sie eine interessante Rückmeldung: Schon beim Betreten des Zimmers ließe sie die Schultern hängen und richte den Blick nach unten, sitze nicht aufrecht auf ihrem Stuhl, sondern eher zusammengefallen. Ihre Stimme werde leiser und zaghafter als sonst; sie wirke einerseits eingeschüchtert, andererseits aber auch abweisend, denn sie wehre Rudolfs Vorschläge sofort ab. Daran arbeiten wir im Coaching, erkunden in einem achtsamen Zustand neue Möglichkeiten der Selbstregulierung und probieren diese in der Vorstellung aus. Ihre Erkenntnisse und Erfahrungen motivieren Gabi, sich im nächsten Gespräch mit Rudolf genauer zu beobachten und dann etwas anderes auszuprobieren. Sie spürt jetzt, wie sich bereits auf dem Weg zur Besprechung ein Gefühl der Unterlegenheit und Unsicherheit einstellt. Es ist eine Resignation, als hätte sie sowieso keine Chance ihm gegenüber. Als sie diese Gefühle genauer wahrnimmt, stellt sie fest, dass sie mit einer subtil veränderten Körperhaltung einhergehen. Sie fühlt sich körperlich schwächer, als ginge die Kraft verloren. Sie erinnert sich jetzt an die Erfahrung im Coaching: Auszuprobieren, mehr auf die Körperhaltung zu achten und Rudolf mit erhobenem Kopf und aufrechter Haltung zu begegnen und anstatt im Stuhl zu versinken, sich ihm bewusst zuzuwenden. Und tatsächlich spürt Gabi, wie sie sich in dieser veränderten Haltung Rudolf gegenüber mehr „gewachsen" und auf Augenhöhe fühlt.

In einem herausfordernden Moment, als er sich wieder auf seine Erfahrungen beruft, beobachtet sie, wie das Unterlegenheitsgefühl auftaucht. Und sie nimmt auch wahr, dass sich gleichzeitig etwas Trotziges in ihr meldet: „Von dem lasse ich mich nicht klein machen!" Aus der Rückmeldung der Kollegin und der Reflexion mit dem Coach weiß sie, dass ihr abweisendes Verhalten ihn und sein Dominanzgehabe vermutlich noch mehr provoziert. Sie atmet ein paar Mal tiefer durch. Das beruhigt das Gemüt etwas. Jetzt kann sie offen ansprechen, was sie eigentlich empfindet – ruhiger, klarer, selbstbewusster: „Rudolf, ich finde es bedauerlich, dass du so wenig von meinen Vorschlägen hältst. Das führt bei mir dazu, dass ich mich auch mit deinen nicht näher auseinandersetzen mag. Und das ist für mich, aber wahrscheinlich auch für dich, sehr unbefriedigend." Im folgenden Coaching berichtet Gabi sehr zufrieden davon, wie sie sich bewusster wahrnehmen und regulieren konnte und auch darüber, wie Rudolf reagierte: Er schaute sie wohl etwas überrascht an und nickte dann nachdenklich. Zwar hat er sich erneut auf seine Erfahrung berufen, sie aber dann doch gebeten, ihren Vorschlag genauer zu erklären. Er hörte ihr aufmerksamer zu und wirkte sichtlich bemüht, zu beweisen, dass er konstruktiver sein kann. Und besonders glücklich war sie über ihr eigenes neues Verhalten.

Gabi half es, mehr auf Körpersignale und Körperhaltung zu achten. Und das Verändern der Körperhaltung wirkte sich positiv auf ihre Stimmung und emotionale Haltung aus. Statt ihre Gefühle sich untergründig anstauen zu lassen, konnte sie sie besser regulieren, indem sie sie ausdrückte. Da der Körper an emotionalen Zuständen immer beteiligt ist, können unsere emotionalen Zustände auch über den Körper reguliert werden.

Ohne Unterstützung einer Freundin, eines empathischen Begleiters oder Coachs ist es nicht so einfach, gute neue Ansätze zu finden. Im Coaching können wir mit Klienten innerlich an dem Punkt verweilen, an dem die Automatik üblicherweise startet und diesen Moment langsam und sehr genau erforschen. Während sie innerlich im Kontakt mit den ausgelösten Empfindungen und Gefühlen sind, können wir gemeinsam erkunden, was in diesem Moment hilfreich wäre. In einem achtsamen Zustand können Klienten mehr Abstand zu den auftauchenden Gefühlen und Reaktionen halten und sie zugleich sehr differenziert beobachten. Mit diesem Abstand lassen sich Möglichkeiten der Regulierung entdecken und im Weiteren neue Verhaltensoptionen entwickeln.

Mit Christa, einer anderen Klientin, bereiten wir auf diese Weise das Gespräch mit einem Kollegen vor, der sie vor kurzem sehr enttäuscht hat. Ihr Ziel ist, ihm bei der nächsten Begegnung mitzuteilen, wie sehr sie der Vorfall belastet, ärgert und wie viel Unruhe sein Verhalten im Team ausgelöst hat. Beim „Probehandeln" dieses bevorstehenden Gesprächsabschnitts mit dem Coach beschreibt Christa ihre Empfindungen sehr zurückhaltend und fast nüchtern. Sie nimmt wahr, dass sich bereits bei der Vorstellung, den Ärger und die Enttäuschung auszusprechen, etwas dazwischen schiebt. Sie fühlt sich nicht mehr klar, sondern diffus und etwas gedämpft. Dieser Zustand ist ihr sehr vertraut. Nicht nur im Kontakt mit diesem Kollegen, sondern auch in anderen Situationen, in denen sie etwas Kritisches oder Unangenehmes mitteilen will, gibt es eine gefühlt riesige Hürde, das zu tun. Beim Innehalten mit der

Frage, was ihr jetzt, genau in diesem Moment, helfen würde, spürt sie deutlich: Sie müsste in so einer Situation den Fokus auf sich lenken, sich nicht auf die Gefühle des anderen fokussieren, sondern auf ihre eigenen und diese ernst nehmen. Sie erkennt: Wenn ihre Aufmerksamkeit stärker bei ihr ist und weniger beim anderen, kann sie klar und deutlich ausdrücken, was sie empfindet. Gerade in Konfliktsituationen richtet sie sich normalerweise sehr verständnisvoll und empathisch auf den anderen aus und weniger auf ihre Empfindungen und Interessen. Diese Erkenntnis und die neue Möglichkeit der Regulierung durch den veränderten Fokus erweisen sich für Christa in der Auseinandersetzung mit dem Kollegen als sehr hilfreich. Zu einem späteren Zeitpunkt wird es im Coaching zudem wichtig, im Interesse einer nachhaltigen Veränderung dieses vertrauten Musters die Teile ihrer Persönlichkeit näher kennenzulernen, die sie so oft dabei blockieren, ihre Gefühle und Interessen in Konfliktsituationen klar zu adressieren.

4. *Teile der eigenen Persönlichkeit besser kennen und führen*

Manchmal laufen die Muster weiterhin ab, obwohl wir die emotionalen Hintergründe und Zusammenhänge besser verstehen. Trotz guter Selbstwahrnehmung können wir in Automatismen gefangen bleiben, denn wir haben es bei automatischen Reaktionen und hartnäckigen Gewohnheitsmustern manchmal mit ausgeprägten, bereits langandauernden inneren Dynamiken zu tun. Dahinter stecken oft starke Prägungen, innere Überzeugungen und Befürchtungen von Teilen unserer Persönlichkeit, die eine Weiterentwicklung verhindern können. Erst eine intensivere Beschäftigung mit der eigenen Persönlichkeit kann hier eine nachhaltige Entwicklung anstoßen. Was das beinhaltet und welche Schritte wir dabei gehen können, werden wir in den folgenden Kapiteln weiter ausführen.

5. *Auf die eigene Wirkung und negative Wechselwirkungen achten*

Bei unseren automatischen Reaktionen kommt es häufig zu Wechselwirkungen mit dem anderen. Und nicht selten geht beim Wunsch nach Veränderung der Blick zuerst zum anderen: Wenn die Person nicht so und so wäre, könnte ich viel offener sein. Wenn sie nicht so stur und unkooperativ wäre, könnte ich effektiver die Themen mit ihr abstimmen. Wäre der andere eigenverantwortlicher, könnte ich mehr abgeben. Verändern können wir aber natürlich nur uns selbst und hier liegt unsere Freiheit und Einflussmöglichkeit. In Ergänzung zu den ersten vier Schritten können wir solche Wechselwirkungen auch positiv beeinflussen, wenn wir mehr über die eigene Wirkung in den besagten Momenten wissen und wenn wir untersuchen und verstehen, wie genau die Wechselwirkung entsteht. Mit Verständnis für die „wunden Punkte" des anderen ist es leichter, bewusster darauf zu achten und gegebenenfalls manche Auslöser automatischer Reaktionen zu vermeiden. Im Beispiel von Christa könnte das bedeuten: Wenn sie ihre Interessen, Ziele und Empfindungen deutlicher und nachdrücklicher mitteilt, wird sie transparenter und greifbarer und ihr Gegenüber wird sie eher sehen und ernst nehmen.

Wie Wechselwirkungen eskalieren und wie sie entschärft werden können, schauen wir uns im Kapitel 10 „Wirkung und Wechselwirkung" genauer an.

Wirkfaktoren für Veränderung

Achtsamkeit und Bewusstheit sind entscheidend beim Regulieren automatischer Reaktionen. Sie sind Voraussetzung dafür, dass wir Reaktionen früher wahrnehmen und weniger von ihnen vereinnahmt werden. Wer geistesgegenwärtig ist, kann sich besser steuern. Die Kunst des Innehaltens ist unserer Erfahrung nach die wesentliche Schlüsselkompetenz, die als grundlegender neuer Automatismus hilfreich ist.

Studien haben gezeigt: Der Einzelaspekt, der den Erfolg einer Psychotherapie am besten vorhersagt, ist die Fähigkeit des Klienten, gegenüber der eigenen Erfahrung präsent zu bleiben. Im Bereich des Coachings und Selbst-Coachings hat dies sicher dieselbe Relevanz.

Achtsamkeit und der Zugang zu Teilen der Persönlichkeit sind besonders wirkungsvolle Ansatzpunkte, um hinderliche Automatismen und Gewohnheitsmuster genauer zu erforschen und besser zu verstehen.

2.3 Automatische Reaktionen in Coaching und Selbst-Coaching

Selbst-Coaching

Ablauf einer automatischen Reaktion

Zweck: Zusammenhänge und Wirkung einer automatischen Reaktion untersuchen
Grobstruktur: Schriftliche Reflexion mit Reflexionsblatt
Rahmen: 20 Minuten – allein oder mit einem Partner

Reflektiere für eine Weile, welche automatischen Reaktionen dir bewusst sind. Lass Situationen aus dem Alltag auftauchen, in denen es zu diesen ungünstigen Reaktionen kommt, oder die Momente, in denen ein für dich vertrautes und unbefriedigendes Muster abläuft. In den meisten eskalierenden Konfliktgesprächen spielen automatische Reaktionen eine Rolle, aber auch bei hinderlichen Gewohnheiten, wie etwa die Tendenz, zu schnell nachzugeben oder rechthaberisch zu sein. Gib dieser Automatik innerlich eine Überschrift, beispielsweise „Ich verteidige mich" oder „Bestimmend werden". Wähle eine dieser automatischen Reaktionen aus, die du jetzt erkunden möchtest.

1. Reflektiere als Erstes, was typische Auslöser für die Automatik sind. Was sind Verhaltensweisen, Einstellungen oder Gefühle anderer, die spontan stärkere Reaktionen in dir auslösen? Vielleicht gibt es auch ein Reizthema oder bestimmte Sätze, einen speziellen Tonfall oder eine ganz bestimmte Person, die Anlass für die Automatik sind.

2. Versetze dich in diese Situation und tauche darin ein, als würde sie jetzt passieren. Versuche, möglichst differenziert und genau wahrzunehmen, was innerlich passiert. Lass die Situation in deiner Vorstellung sehr langsam, wie in Zeitlupe, ablaufen.

3. Vergegenwärtige dir die konkreten Auslöser und nimm wahr, was als Erstes innerlich geschieht. Verändert sich dein körperlicher Zustand? Was für Gefühle tauchen zuerst auf? Welche Gedanken schießen dir spontan durch den Kopf? Verweile einen Moment lang dabei und untersuche, was noch alles mitschwingt.

4. Betrachte als Nächstes, wie du reagierst. Was sagst du, wie sprichst du, was genau tust du? Wenn du dich in einem Film sehen könntest, wie würdest du dein sichtbares Verhalten beschreiben?

5. Versuche eine Einschätzung zu bekommen, wie deine Wirkung ist. Wie kommt dein Verhalten beim Gegenüber an? Wenn du dich in die Person hineinversetzt, wie könnte es ihr gehen? Was löst du vermutlich aus? Was an deinem Verhalten könnte die Person triggern?

6. Wenn du auf diesen Ablauf und die Wirkung schaust, was ist für dich dabei besonders problematisch?
7. Hilft dir die Reaktion in dem Moment auf irgendeine Weise, hat sie Vorteile für dich? Oder anders gefragt: Was wäre, wenn du diese Reaktion nicht hättest?
8. Was wäre anders, wenn du in diesen Situationen früher wahrnehmen würdest, was innerlich passiert und sich gerade anbahnt? Wann wäre es hilfreich, achtsamer zu sein und innezuhalten?
9. Angenommen, du könntest im entscheidenden Moment innehalten: Was wäre anders, wie würdest du reagieren?
10. Was könnte dir in zukünftigen Situationen bei ähnlichen Auslösern helfen? Was brauchst du innerlich (z. B. eine andere Einstellung, dir Zeit lassen) und was könnte dich unterstützen?

Coaching

Den wunden Punkt ansteuern und dort verweilen

Klienten erleben oft Zustände, Situationen und Verhaltensmuster, die sie besser beeinflussen, kontrollieren oder verändern wollen. Sie geraten – trotz besseren Wissens und guter Absichten – immer wieder ins gleiche Fahrwasser, haben schon vieles ausprobiert, aber können es nicht ändern. Sie hoffen, dass Coaching ihnen helfen kann, eine Lösung aus dem Dilemma zu finden. Oft sprechen sie über Aspekte in der Außenwelt, auf die sie keinen Einfluss haben: „Was mich besonders ärgert ist, dass Jürgen nichts an seinem Verhalten ändert, obwohl ich es schon zigmal angesprochen habe. Und unser Vorgesetzter ist nicht bereit, unsere Zuständigkeiten klarer zu definieren." Meistens können sie sehr genau beschreiben, was äußerlich passiert und warum sie wie reagieren, allerdings weniger präzise wahrnehmen, was innerlich passiert. Im Coaching zeigt sich ein ähnliches Muster wie in der konkreten Automatik: über die unangenehmen Gefühle hinweg gehen oder diese nicht klar wahrnehmen.

Wir wollen in dem Beispiel unten aufzeigen, wie wir Klienten auf die Erfahrungen in den spezifischen Auslösersituationen zurückführen und sie einladen, sich dabei auf ihre Empfindungen und Reaktionen zu fokussieren. Besonders wichtig ist, wie wir die Person vom Reden ins Erleben führen. Denn allein durch Reden, Nachdenken, Analysieren oder Reflektieren werden sie wenig Neues entdecken. Sie haben meistens schon viel darüber nachgedacht – auch über Lösungen –, aber all das änderte bisher nichts. Wir beschreiben, wie wir im Feinbereich untersuchen, was genau vom Auslöser bis zum Verhalten innerlich passiert. Als Coaches versuchen wir, die Person im Erleben zu halten, um achtsam auf den wunden Punkt sowie auf all die inneren Vorgänge hinzusteuern, die im Alltag schnell und unbewusst passieren.

Das Beispiel von Gerd und Jürgen wurde bereits ausführlich beschrieben. Deshalb können wir hier ohne weitere Erläuterungen die Interaktionen zwischen Coach und Klient veranschaulichen.

COACH: Lass uns doch mal so eine typische Situation, wie sie neulich wieder passiert ist, langsam und genau, wie in Zeitlupe, erforschen … Dafür möchte ich dich bitten, sie dir so zu vergegenwärtigen, als würdest du sie jetzt gerade erleben … Hol dir den Moment her, wo Jürgen dir so ganz selbstverständlich und überschwänglich erzählt, was er entschieden hat … Was ist das Erste, das du wahrnehmen kannst?

GERD: *(Er antwortet sehr schnell und wirkt dabei nicht sehr achtsam.)* Das ärgert mich und ich möchte mir das nicht gefallen lassen!

COACH: Bleib mal dabei … Was passiert in dir bevor dieses Gefühl oder der Gedanke entsteht, du möchtest dir das nicht gefallen lassen? Geh innerlich zu diesem Augenblick zurück und verweile da …

GERD: Er schaut freudig überzeugt und erzählt, dass er was Tolles entschieden hat …

COACH: Du bemerkst, dass dich das triggert … Bleib dabei und nimm war, was deine erste unmittelbare Reaktion auf seine freudestrahlende Art ist, wie er dir diese Entscheidung mitteilt.

Ein Coach muss sich hier selbst entschleunigen, um zu signalisieren, dass der Klient sich die Zeit nehmen kann, genauer wahrzunehmen, was gerade passiert. Die achtsame Haltung des Coachs lädt ihn ein, auch achtsamer für sein Inneres zu werden. Das ist wichtig, denn im Alltagsbewusstsein gehen subtilere Signale oft unter und bleiben verborgen.

Das Wissen des Coachs, dass es bei automatischen Reaktionen immer eine Empfindsamkeit gibt, hilft, nach dieser zu forschen. Auf eine neugierige, empathische Art kann er den Klienten einladen, auch neugieriger zu werden.

GERD: *(Spürt für eine Weile nach innen)* Ich kann gerade deutlich spüren, wie sehr es mich trifft, dass er mich so überrollt und einfach übergeht.

COACH: Und bleib dabei … Das ist ja genau der Moment, wo es dann ganz schnell weitergeht. Halte da mal für einen Moment inne.

GERD: Ja, das geht … *(Seine Stimme wirkt etwas gedämpft.)* … Ich fühle mich auch missachtet von ihm, als würde er nur sich sehen und mich gar nicht auf dem Radar haben.

COACH: Ja, das fühlt sich sehr unangenehm an … Auch empfindlich?

GERD: Ja, ich möchte mir das nicht gefallen lassen!

COACH: Hättest du Interesse, für einen Moment noch bei dem unangenehmen Gefühl zu verweilen, dich missachtet zu fühlen? … Einfach mal beobachten, wie es sich anfühlt, dieses Gefühl mit etwas mehr Abstand wahrzunehmen. Es gibt dich und es gibt dieses Gefühl.

GERD: Ja das geht … und ich kriege gerade mehr Luft.

COACH: Fühlt es sich jetzt gerade o. k. an, das zu fühlen?

GERD: Ja, das spüre ich sonst nicht so … Es ist mehr als nur missachtet, … auch hilflos … und fast ohnmächtig! *(Er öffnet überrascht die Augen.)*

COACH: Du bist verwundert, das gerade wahrzunehmen? … Magst du noch mal hinspüren, was für eine Art von Ohnmacht oder Hilflosigkeit das ist? Was daran so unangenehm ist?

GERD: *(Schließt die Augen)* Hmm … Ich fühle mich da wirklich ohnmächtig und das fühlt sich fast unterlegen und irgendwie machtlos an … Sehr unangenehm. Und das will ich natürlich nicht!

Coach: Ja, das verstehe ich. Spür doch mal hin. In dem Wissen, dass jetzt normalerweise die Automatik beginnt, du sonst ärgerlich und belehrend wirst: Wie fühlt es sich an, wenn du das unangenehme Gefühl für einen Moment mit etwas mehr Abstand wahrnimmst?

Gerd: Besser! Ich bekomme wieder mehr Luft und Raum.

Coach: O. k., und dann beobachte mal und spüre nach, was möglich ist, wenn du das unangenehme Gefühl so halten kannst.

Gerd: *(Es vergehen ein paar Sekunden.)* Ich fühle mich freier, ich glaube ich kann jetzt entspannter reagieren.

In der Nachbesprechung zu diesem Prozessschritt im Coaching betont Gerd, dass dieser Moment – die Empfindungen mit etwas Abstand klar wahrzunehmen – besonders wertvoll und wichtig war. Und dass er dann, in diesem Augenblick, tatsächlich viel mehr Optionen hat, zu reagieren. Optionen, die ihm im üblichen Fahrwasser sonst nicht zur Verfügung stehen. Der Coach empfiehlt Gerd, bis zur nächsten Sitzung bewusst auf die Trigger zu achten und genau dieses Innehalten weiter im Blick zu haben und zu üben.

Wirkfaktoren für Veränderung

Das Innehalten und Verweilen beim wunden Punkt ist ein Schlüsselmoment. Mit der Fähigkeit, ein Phänomen achtsam von außen zu beobachten, entsteht mehr Abstand. Man ist nicht mehr identifiziert mit den Gefühlen und wird deshalb weniger von ihnen vereinnahmt und gesteuert. Achtsames Innehalten und Abstand zu den Gefühlen sind die zentralen Elemente bei der Selbstregulierung.

Wenn eine zuvor verborgene Empfindlichkeit ans Licht und ins Bewusstsein kommt und wenn Klienten diese auch gespürt haben, können sie im Alltag bewusster auf diese Gefühle achten.

Während eine Person ein bis dahin nicht wahrgenommenes Gefühl im Gewahrsein hält und ein Coach ihr hilft, damit in Kontakt zu sein und es zu erkunden, macht sie eine neue Erfahrung. Diese widerspricht früheren Erfahrungen und den daraus abgeleiteten Überzeugungen. Das alte Muster wird durch die neue Erfahrung überschrieben und neue Reaktionen werden im Alltag wahrscheinlicher.

Auf diese Prinzipien werden wir im weiteren Verlauf des Buchs immer wieder zurückkommen.

3. Emotionen und Körpersignale

Wollen wir wissen, wie es uns geht, fragen wir am besten unseren Körper. Das klingt simpel und es ist einer der wichtigsten Schlüssel zu besserer Selbstführung, aber vielen Menschen fällt das nicht leicht. Auch die Hirnforschung hat die bislang gewohnten Vorstellungen darüber, wie vernünftige Entscheidungen und überlegtes Handeln zustande kommen, einigermaßen über den Haufen geworfen. Bis vor ein paar Jahren galten Emotionen und Körper bei rationalen Entscheidungen eher als Hindernisse, deren Einfluss man möglichst minimieren sollte. Heute weiß man, dass Vernunft und rationales Handeln immer auf emotionale Zentren im Gehirn zurückgreifen. Ist dieser Zugriff gestört, wie es bei bestimmten Krankheitsbildern der Fall ist, handeln Menschen nicht mehr so, wie man es mit einem „gesunden Menschenverstand" tun würde, obwohl sie denselben IQ haben wie vor der Erkrankung. Vor allem die Fähigkeiten, mit anderen angemessen umzugehen, Prioritäten zu setzen oder Risiken einzuschätzen, sind extrem beeinträchtigt.

Besonders der amerikanische Arzt und Hirnforscher Antonio Damasio hat mit seinen umfangreichen Untersuchungen nachgewiesen, dass die Bedeutung von Emotionen und Körperreaktionen für eine gute Selbstführung so groß ist, dass man sie kaum überschätzen kann. Wie ist das zu verstehen? Die Frage nach besserer Selbstführung taucht vor allem dann auf, wenn jemand mit sich und seinem Handeln unzufrieden ist. Das kann von gelegentlich störenden automatischen Reaktionen über gewohnheitsmäßige Verhaltensmuster wie Ungeduld oder Konfliktvermeidung bis hin zu grundlegenden Lebenshaltungen wie Pessimismus oder Misstrauen gehen. Auf der rationalen, bewussten Ebene ist es schwer ergründbar, wie solche Muster entstehen oder die Erklärungen sind unbefriedigend. Wenn eine Person zum Beispiel ihre pessimistische Einstellung mit schlechten Kindheitserfahrungen begründet oder sie ihr ständig ungeduldiges Druckmachen auf ihre Zielstrebigkeit zurückführt, so ist an diesen Erklärungen sicher etwas Wahres dran – allerdings beschreiben sie nur oberflächliche Zusammenhänge. Vor allem aber gibt es kaum Anhaltspunkte, ob und wie mit solchen Erklärungen eine Veränderung dieser Muster möglich wäre.

Wie wir im vergangenen Kapitel beschrieben haben, entstehen Automatismen so schnell und sind Gewohnheiten so eingeschliffen, dass man ohne ein Gewahrsein dessen, was gerade geschieht, wenig Möglichkeiten hat, dagegenzusteuern. So ist die entscheidende Frage: Wie bemerkt und beeinflusst man solche problematischen Muster? Und wie nimmt man die entstehenden Impulse wahr, bevor sie in Verhalten münden? Selbstwahrnehmung in solchen Momenten lässt sich weiterentwickeln und mit entsprechender Übung und neuen Erfahrungen können Handlungsimpulse schon vor ihrer Umsetzung bemerkt und verändert werden.

3.1 Die Verbindung von Körper und Emotionen

Damasio hat schlüssig nachgewiesen, wie eng spezifische körperliche Veränderungen mit Emotionen und Stimmungen verknüpft sind und dass sie gleichzeitig mit ihnen auftreten. Die vielen Redewendungen, die diesen Zusammenhang widerspiegeln, können wir als naturwissenschaftlich bestätigt betrachten. Vor lauter Freude schlägt das Herz höher, Überforderung führt zu Kopfzerbrechen, vor Schreck stockt der Atem, die emotionale Verletzung ist wie ein Schlag in die Magengrube, die Angst zieht einem den Boden unter den Füßen weg. Bemerkenswert ist auch die Tatsache, dass sich der innere Zustand bereits im Körper zeigt, bevor man darüber nachdenken kann. Viele Menschen können ihre eigenen Muster überraschend schnell besser wahrnehmen, wenn sie beginnen, körperliche Signale genauer zu beobachten. So wie Gabi durch die Wahrnehmung ihrer zusammengefallenen Körperhaltung ihren dahinterliegenden Gefühlen auf die Spur kommen konnte, so können viele ihr Befinden erst dann bemerken, wenn für einen Moment achtsamer für ihren Körper werden.

Um zu verstehen, weshalb körperliche Veränderungen und Emotionen so eng zusammenhängen, muss man sich über die zentrale Bedeutung von Emotionen im Klaren sein. Jedem Handeln gehen emotionale Einschätzungs- und Entscheidungsprozesse voraus – eine im Lauf der Evolution entstandene Steuerung, die höher entwickelten Lebewesen wie Säugetieren oder Vögeln ein besseres Überleben bei sich wandelnden Umweltbedingungen ermöglicht. Ergänzend zu angeborenem und unveränderlichem Instinktverhalten steuern Emotionen grundlegende Regulierungs- und Lernprozesse flexibler, als genetisch verankerte Verhaltensautomatismen das je könnten.

Emotionen wirken – bei jedem Verhalten und allem Lernen

Biologisch dienen Emotionen dazu, auf unterschiedlichste Auslöser eine jeweils passende spezifische Reaktion hervorzurufen und den Körper darauf einzustellen, dass er für das entsprechende Handeln sofort vorbereitet ist (Damasio 2002, S. 71). Fühlt man sich beispielsweise bedroht, dann entscheiden die emotionalen Bereiche des Gehirns in Sekundenbruchteilen über die Reaktion des Organismus – bei Gefahr etwa darüber, ob man flüchtet, kämpft oder sich totstellt. Dies ist so fest verankert, dass es sich nicht verhindern lässt. Egal, ob in einem Gespräch, im Straßenverkehr oder nachts im Wald: Emotion und Körper reagieren. Der Hauptunterschied zwischen Menschen und Tieren liegt darin, dass die meisten von uns gelernt haben, den Ausdruck ihrer Emotionen zu minimieren und die zugehörigen Handlungsimpulse zu unterdrücken.

Wir Menschen fühlen uns jedoch in der gleichen Situation unterschiedlich bedroht, und entsprechend anders reagieren wir. Hier spielt eine weitere große evolutionäre Errungenschaft der emotionalen Steuerung eine Rolle: Emotionen sind die Grundlage des Lernens. Jede Erfahrung wird emotional ausgewertet und, wenn die Gefühle dabei stark genug waren, in der Erinnerung festgehalten. Je intensiver die Gefühle, desto größer ist die Bedeutung. Der deutsche Hirnforscher Gerhard Roth stellt fest, dass „Dinge umso besser erinnert werden, je deutlicher sie von emotionalen Zuständen begleitet waren" (2003, S. 303). Wir erinnern uns leichter an emotional intensive Erlebnisse, an Momente, die uns tief berührt, bewegt oder erschüttert haben. Die meisten Leser, die sich an den 11. September 2001 erinnern können, wissen auch heute noch genau, wann und wo sie die Nachricht über die Anschläge das erste Mal hörten, was das auslöste und was sie danach taten. Solche Erlebnisse prägen sich stark ein und können jahrzehntelang in Erinnerung bleiben.

Das emotionale Erfahrungsgedächtnis ist immer dabei

Da Erfahrungen, Emotionen und Lernen so eng verbunden sind, lag es für Gerhard Roth (2003) nahe, die Bereiche des Gehirns, die mit diesen Verknüpfungen zu tun haben, emotionales „Erfahrungsgedächtnis" zu nennen. Das ist zwar keine anatomisch sauber abgrenzbare Struktur, aber eine sinnvolle Bezeichnung für eine Funktion, die praktisch ununterbrochen unser Leben regelt. Das emotionale Erfahrungsgedächtnis bewertet ständig alle Geschehnisse. Dies geschieht durch den blitzschnellen emotionalen Vergleich der gegenwärtigen Situation mit früheren Erfahrungen unter ähnlichen Umständen. Und genau das ist die eigentliche Grundlage des alltäglichen Handelns. Wenn wir beispielsweise für einen Menschen, den wir neu kennenlernen, spontane Sympathie empfinden oder sehr schnell misstrauisch werden, so hat das mit unseren früheren emotionalen Erfahrungen mit Menschen zu tun, die ähnlich wirkten – in Aussehen, Mimik, Gestik, Verhaltensmustern und sogar, meist unbewusst, durch ihren Geruch. Diese emotionale Bewertung von Vorstellungen ist immens wichtig. Nur so lassen sich komplexere Herausforderungen und wichtige Entscheidungen gut bewältigen. Bei schwierigen Fragestellungen oder Lebensentscheidungen werden alle Gedanken, die wir dazu haben, immer auch emotional abgewogen und entsprechend für sinnvoll gehalten oder verworfen. Es ist geradezu ein Symptom geschädigter emotionaler Verarbeitungsmechanismen, wenn wir nicht mehr vernünftig priorisieren können, unser „Bauchgefühl" nicht mehr zur Verfügung steht. Das heißt natürlich nicht, dass bewusstes Reflektieren und rationales Abwägen weniger wichtig wären. Denn möglicherweise erweist sich der Mensch, der uns spontan nicht vertrauenswürdig erscheint, beim näheren Kennenlernen als äußerst zuverlässig und sympathisch. Zu der Bedeutung der Ratio bei der Selbstführung kommen wir gleich noch.

Das emotionale Erfahrungsgedächtnis reagiert interessanterweise nicht nur auf äußere Situationen, sondern auch auf innere Vorgänge – auf Gedanken oder Vorstellungen. Wenn jemand zum Beispiel am Wochenende während eines Spazierganges unvermittelt an eine Präsentation denkt, die er in der kommenden Woche halten muss, wird er mit einer guten Selbstwahrnehmung bemerken können, wie sich die Stimmung und der körperliche Zustand verändern. Fühlt er sich nicht gut vorbereitet, breitet sich möglicherweise ein Engegefühl in der Brust oder ein unsicheres, flaues Gefühl im Magen aus, begleitet von Sorgen wegen einiger sehr kritischer Zuhörer. Wenn der Gedanke an den Auftritt jedoch mit Vorfreude erfüllt ist, reagiert der Körper spontan mit einem Empfinden von Leichtigkeit und Weite, der Atem wird tiefer, vielleicht entsteht sogar ein leichtes Lächeln und der Mensch fühlt sich beschwingt. Das Innere reagiert sofort – nur aufgrund einer Vorstellung.

3.2 Wie zwischen Emotionen, Denken und Handeln vermittelt wird

Es ist faszinierend, was unser Organismus leistet, denn es laufen ständig solche emotionalen Einschätzungs- und Anpassungsprozesse ab. Je nach Herausforderung veranlasst das emotionale Erfahrungsgedächtnis über Nervenimpulse und Hormonausschüttungen kleinere oder größere körperliche Veränderungen. Das kann eine Modifikation des Atems, der Muskelspannung und der Durchblutung in Bauch, Brustraum oder Gesicht und vieles mehr sein. Bemerkenswert ist: Erst diese körperlichen Veränderungen signalisieren dem Gehirn, was gerade für den Organismus wesentlich ist. Grob gesagt bedeuten angenehme Körpersignale: „Weiter so!" Und unangenehme: „Nur weg hier!" Emotionen beeinflussen also vor allem über den Körper unser Denken und Handeln. Und sehr oft handeln wir entsprechend – ohne groß darüber nachzudenken. Tatsächlich sind wir uns dieses Ablaufs gar nicht bewusst. Denn ein Mensch kann Emotionen nicht direkt wahrnehmen. Es ist so wie bei einem Computer: Die Daten, die er berechnet, kann man auch nicht direkt wahrnehmen. Es erfordert einen Bildschirm, um die Ergebnisse abzulesen. Und die

Projektionsfläche, auf der Emotionen abgebildet werden, ist der Körper. Seine Veränderungen sind relativ spezifisch verschiedenen emotionalen Zuständen zugeordnet. Das Gehirn braucht diese Spiegelung im Körper, um zu wissen, was das emotionale Erfahrungsgedächtnis gerade meint. Damasio bezeichnete deshalb den Körper als „Bühne der Emotionen" und nennt die Veränderungen auf dieser Bühne „somatische Marker" – weil sie körperlich (griechisch: *soma* = der Körper) markieren, was die Auswertung emotionaler Daten ergeben hat.

Somatische Marker lassen sich gut beim Autofahren beobachten. Jeden Moment verändern sich Körperempfindung oder Körperreaktionen, meist subtil, manchmal ganz deutlich – abhängig von kurzen Gefahrenmomenten, der Verlockung eines Überholmanövers, den Eindrücken aus einem Gespräch, der Musik aus dem Radio oder einfach durch den Lauf der eigenen Gedanken. Wie wir dann beim Fahren konkret handeln, z. B. bei einem Überholmanöver, wird von vorher abgelaufenen Emotionen und den zugehörigen Körpersignalen mitbestimmt. Ob wir in der Kolonne bleiben oder beim Beschleunigen entspannt oder aggressiv sind, das hängt auch stark von den unmittelbar vorhergehenden Emotionen ab – und die wurden vielleicht weniger vom Verkehr als von den anderen Einflüssen bestimmt. Manchmal muss man sich regelrecht zügeln, um vernünftig und angemessen zu fahren.

Bewusstes Management von Emotionen

Welche Rolle spielt dabei das rationale Denken? Gegenüber Säugetieren sind beim Menschen einige Bereiche, besonders in der vorderen Großhirnrinde, deutlich weiterentwickelt. Dieser präfrontale Kortex („Vorderlappen") ist maßgeblich beteiligt an unserem Bewusstsein und am logisch koordinierten Planen und Handeln. Hier erfolgt ein großer Teil der Integration unterschiedlichster Daten aus Sinneswahrnehmungen, Körperempfindungen, zeitlichen und räumlichen Zusammenhängen sowie persönlichen Erinnerungen. Er funktioniert wie ein „Arbeitsgedächtnis", das Informationen aufnimmt, verarbeitet und Handlungen anbahnt. Hier entsteht ein großer Teil des bewussten Wahrnehmens und Entscheidens des Menschen.

Was im präfrontalen Kortex geschieht, ist entscheidend für unser differenziertes, reflektiertes menschliches Sein. Von hier aus wird auch bewusst Einfluss genommen auf unsere emotionale Ansprechbarkeit. In gewissem Maße kann der Vorderlappen die Erregbarkeit der emotionalen Bereiche im Gehirn dämpfen oder verstärken. Wir können uns beispielsweise gut zureden, Stimmungen oder spontane emotionale Reaktionen relativieren und Gedanken oder Vorstellungen bewusst steuern. Auch können automatische Reaktionen, die gerade schon angelaufen sind, hier wahrgenommen, gebremst und modifiziert werden. Statt einen Gegner anzuschreien oder gar körperlich zu attackieren, werden diese Impulse zu einem engagierten Argumentieren reduziert. Statt riskant zu überholen, bremst man (sich).

Oder betrachten wir ein etwas komplexeres Beispiel: In einer einsamen Gasse kommt uns nachts eine Gruppe dunkel gekleideter Jugendlicher entgegen. Wahrscheinlich würden viele von uns „instinktiv“ ausweichen. Aber der „Manager im Vorderlappen“ ordnet die Situation schnell neu ein und vermittelt den emotionalen Zentren des Gehirns, dass diese Jungs wahrscheinlich ganz harmlos sind. Möglicherweise kommen noch einige bewusste Erinnerungen an die eigene Jugend hinzu und wie das so ist, abends angeheitert aus einer Kneipe zu kommen. Sicherheitshalber werden parallel ständig neue Hinweise ausgewertet – zum Beispiel, ob die Jugendlichen miteinander heiter im Gespräch sind oder die Aufmerksamkeit plötzlich auf einen selbst gelenkt wird – um zu entscheiden, wie die Situation zu handhaben ist. Erstaunlich ist: All das kann völlig unabhängig von einer bewussten Wahrnehmung geschehen. Würden wir in so einer Situation gefragt, weshalb wir erst einen Schritt zur anderen Straßenseite gemacht haben und dann doch auf dem gleichen Gehsteig weitergegangen sind, können wir uns vielleicht an den ausweichenden Seitenschritt gar nicht erinnern. So reagieren wir in einer Vielzahl von Situationen auf Menschen oder Umstände, ohne es bewusst entschieden zu haben.

Welche Komplexität in kurzer Zeit emotional verarbeitet wird, zeigt folgende Situation: Ein Mann, der zusammen mit einem Freund in einer Fußgängerzone unterwegs ist, wird von einer Frau um eine Spende für einen wohltätigen Zweck angesprochen. Ohne lange nachzudenken entscheidet er in wenigen Augenblicken, ob und was er ihr geben will. Wenn ihm zum Beispiel die Frau sympathisch vorkommt, er in guter Laune ist und den genannten Zweck unterstützenswert findet, zückt er seinen Geldbeutel. All das hat sein emotionales Erfahrungsgedächtnis in Bruchteilen von Sekunden ohne bewusste Reflexion abgewogen. Parallel zum eigentlichen Gespräch wird zwar relativ grob, aber sehr schnell ausgewertet und eingeschätzt: Ist genug Zeit, sich aufhalten zu lassen? Wie vertrauenswürdig wirkt diese Frau? Ist es in Ordnung, sich im Gespräch mit dem Freund stören zu lassen, wie mag er reagieren? Findet sich schnell passendes Kleingeld? Und vielleicht noch manches mehr. Je nachdem, was die stärkste emotionale Resonanz hervorruft, wird entsprechend entschieden. Und in diesem Zusammenhang ist es eher vorteilhaft, dass das bewusste Gehirn nicht alle Details, aus denen es diese Informationen erhält, differenziert addiert – wie Kleidung, Mimik, Sprachgebrauch, Sprachmelodie der Frau, die Vorerfahrungen mit dem genannten Zweck und das Verhältnis zu dem Freund sowie den gegenwärtigen Stand des Gesprächs –, denn das würde ziemlich lange dauern.

Das emotionale Erfahrungsgedächtnis kann also große Mengen von Daten fast gleichzeitig verarbeiten und den Organismus zu einer Handlung veranlassen – sehr schnell, wenn auch auf Kosten der Genauigkeit. Der „Manager" im Vorderlappen bräuchte deutlich mehr Zeit, um die Situation differenzierter einzuschätzen und deshalb werden die allermeisten Alltagsentscheidungen schnell und effektiv vom emotionalen Erfahrungsgedächtnis getroffen. Komplexere Entscheidungen werden von den rationalen Zentren des Gehirns anschließend überprüft und entweder bestätigt oder modifiziert. Der rationale Verstand ist vor allem wichtig, wenn zu einem Problem noch keine Erfahrungen vorliegen – und wenn man Zeit zum Nachdenken hat. Dann werden Fakten gesammelt, mögliche Szenarien ausgearbeitet und diese wiederum mithilfe emotionaler Einschätzungen ausgewertet. Bei der Selbstführung kommt es auf die richtige Kombination von rationalem Verstand und emotionalem Erfahrungsgedächtnis an. Gute Selbstkenntnis, Selbstwahrnehmung und ein hohes Maß an Geistesgegenwärtigkeit sind dabei von Vorteil.

Zusammengefasst lässt sich feststellen: Aufgrund des Aufbaus des Gehirns können wir unsere Emotionen nicht verhindern, aber wir können sehr wohl beeinflussen, wie wir mit ihnen umgehen. Über die somatischen Marker können wir lernen, vorher unbewusste Emotionen besser wahrzunehmen. Wir können so etwas wie ein „Frühwarnsystem" entwickeln. Ein Zusammenziehen im Bauch kann uns davor warnen, dass wir kurz davor stehen, uns automatisch zu rechtfertigen; das Fallenlassen der Schultern und Einknicken im Brustbereich kann uns signalisieren, dass wir dabei sind, zu schnell aufzugeben. Sobald wir besser fühlen, was innerlich abläuft, können wir auf Gewohnheiten und Automatismen früher einwirken.

3.3 Tiefere Erkenntnis durch Körperwahrnehmung

Im Coaching ist es möglich, Hintergründe von Gefühlen und problematischen Reaktionen tiefer und genauer zu erkunden. Ein körperorientiertes Vorgehen erhöht die Wahrnehmung von Klienten in diesem Prozess mit dem Ziel, die Bedeutung dessen, was geschieht, tiefer zu verstehen.

Ein Beispiel:

Paula ist seit kurzem Assistentin eines charismatischen und erfolgreichen Geschäftsführers, ein wichtiger Schritt in ihrer beruflichen Entwicklung. Sie schätzt ihren neuen Chef sehr, auch wenn es ihm an Empathie mangelt. Allerdings ist ihr Druck, seinen Ansprüchen zu genügen, extrem hoch und sie kommt deshalb ins Coaching. Wenn er nicht ausdrücklich zufrieden wirkt oder etwas infrage stellt, löst das einen sorgenvollen, gestressten Zustand aus. Das kann sich bis zu einem Alarmzustand steigern, wenn sie das Gefühl hat, dass er unzufrieden sein könnte. Ihre große Sorge ist, dass er Zweifel haben könnte, ob sie der Position – die ihr ausgesprochen viel Freude macht – gewachsen ist.

Als Paula mit dem Coach die Sorge und den inneren Alarm achtsam erforscht, fühlt es sich körperlich für sie so an, als hätte sie keinen Boden mehr unter den Füßen – als würde sie im luftleeren Raum schweben. Ihr wird bewusst, dass ihr Orientierung fehlt und dass diese Orientierungslosigkeit an der fehlenden Resonanz des Chefs liegt. Sie bräuchte ab und zu eine Bestätigung oder einen Selbstausdruck von ihm, um klarer zu wissen, woran sie bei ihm ist. Aufgrund seiner beziehungslosen Art zu führen und des Mangels an Rückmeldung kann sie nicht einschätzen, woran sie mit ihm ist. Mit dieser Erkenntnis versteht sie den inneren Druck viel besser. Sie kann ihn begreifen, während sie ihn zuvor wochenlang gespürt hat, ohne ihn zu verstehen. Hirnphysiologisch ist interessant: Das vorher implizite und deshalb nicht zugängliche Wissen, dass sie von ihm Resonanz braucht, um ein Gefühl dafür zu haben, woran sie ist, wurde ihr bewusst und ist jetzt im expliziten Gedächtnis verfügbar. Obwohl sie eigentlich „wusste", wie wichtig ihr menschliche Resonanz in Beziehungen ist, war ihr das im expliziten Gedächtnis nicht verfügbar. Deshalb war ihr auch nicht zugänglich, woher ihr Druck kam. Seit dieses Wissen nicht mehr vom Alltagsbewusstsein getrennt ist, steht es ihr auch in Situationen zur Verfügung, in denen ihr die Resonanz fehlt. Und weil sie jetzt weiß, warum sie sich so fühlt, ist ihre Verunsicherung nicht mehr so beunruhigend.

Ein Beispiel:

Sandra, die seit zwei Jahren als neue Abteilungsleiterin ein kleines, innovatives Team führt, hat das Gefühl, von einigen alteingesessenen Kollegen und Kolleginnen geschnitten, ja manchmal regelrecht gemobbt zu werden. Ihre Vorschläge werden von bestimmten Personen immer wieder torpediert, ignoriert oder vom Tisch gewischt, weshalb sie sich zunehmend in Not fühlt.

Im Coaching erforscht sie, was sie in diesen spezifischen Momenten innerlich erlebt. Als sie die Empfindsamkeit („wie ein Schlag in die Magengrube") mit dem Coach näher erkundet, kann sie wahrnehmen, wie sie sich persönlich und als Mensch komplett abgelehnt und abgewiesen fühlt. Im Verweilen bei dieser Empfindsamkeit kann sie zum ersten Mal spüren, wie alt und vertraut sich dieser Zustand anfühlt. Sie kommt in Kontakt mit einer Erinnerung: Als Siebenjährige wurde sie als einzige Deutsche in einer Schule in der Schweiz von den Klassenkameraden und -kameradinnen regelrecht ausgegrenzt.

Das Wiederentdecken dieses „kleinen Mädchens" ist für sie ein Augenöffner. Zuvor verstand sie ihre hohe Empfindsamkeit nicht und war ihr ausgeliefert, jetzt aber machen die heftigen Gefühle, die sie als erwachsene Frau empfindet, mehr Sinn. Sie kann mit mehr Akzeptanz, aber auch mit etwas mehr Abstand ihre Gefühle als die Betroffenheit dieses Mädchens erkennen. Mit dem Coach erforscht sie, wie sie sich zukünftig – angesichts schroffer, abweisender Reaktionen der Kollegen – dem inneren, sich abgelehnt fühlenden Kind annehmend zuwenden kann. Bislang als persönlich empfundene Ablehnung kann sie klarer von der Ablehnung sachlicher Inhalte unterscheiden und sie sieht nun: Der Widerstand in ihrem Team ist primär dem Change-Prozess geschuldet. Ein Großteil der emotionalen Ladung löst sich mit den neuen Erkenntnissen auf und sie ist in der Lage, mit den schwierigen Reaktionen der Kollegen deutlich entspannter und souveräner umzugehen.

Im Unterschied zum Modus des „Darüber-Redens" wird Klienten in dieser Aufdeckungserfahrung das früh Gelernte unmittelbar und genau bewusst, und zwar ohne zu interpretieren oder zu theoretisieren. Früher und zum Teil auch heute noch scheuen manche Menschen davor zurück, sich mit frühen, schmerzhaften Erfahrungen aus der Vergangenheit zu beschäftigen – nach dem Motto: „Was vorbei ist, ist vorbei und ich will heute damit nichts mehr zu tun haben!" Nicht von heftigen Emotionen überrollt werden zu wollen, ist sehr verständlich und außerhalb eines sicheren Settings auch sinnvoll. Sich nur an schmerzhafte Erfahrungen zu erinnern, die unangenehmen Gefühle wieder zu durchleben, ohne etwas dagegen stellen zu können, kann diese Erinnerungen in gewissem Sinne erneut und noch stärker einprägen. Heute weiß man aber, dass es außerordentlich heilsam sein kann, in dem Moment, wo schmerzhafte Erfahrungen aktiviert werden, unmittelbar neues Wissen dagegen zu setzen, das diesen Erfahrungen widerspricht. Sandra machte die Erfahrung, dass sie – anfangs im sicheren Rahmen des Coachings, dann aber auch im Alltag – dieses kleine Mädchen von damals mit seinen schmerzhaften Gefühlen heute wahrnehmen und annehmen kann. Und sie hat jetzt das Wissen, dass sie als reife und erfahrene Frau anders mit Angriffen umgehen kann als in ihren frühen Jahren. Je häufiger sie dies im Alltag erlebt, desto stabiler wird diese neue Souveränität und lässt die alten Ängste verblassen.

Wirkfaktoren für Veränderung

Je ganzheitlicher und vor allem körperlicher etwas Neues, Gesundes, Lebensbejahendes und Positives erfahren wird, desto stärker prägt es sich ein. Es kann sogar die alte Erinnerung und die damit verbundenen Reaktionsmuster „überschreiben". Wird dies häufiger bewusst erlebt oder regelmäßig kultiviert, erinnert man sich zwar an die alte Erfahrung, aber es werden nicht mehr die früheren unangenehmen Emotionen ausgelöst. Die emotionale Ladung ist von den Erfahrungen entkoppelt und muss nicht mehr erlitten werden! In gewissem Sinne werden so neue prägende Erinnerungen geschaffen.

Heute können wir hirnphysiologisch untermauern, dass es wirklich stimmt, was Erich Kästner und Milton Erickson ungefähr zur gleichen Zeit unabhängig voneinander gesagt haben: „Es ist nie zu spät für eine glückliche Kindheit!"

3.4 Körpersignale in Coaching und Selbst-Coaching

Selbst-Coaching

Körpersignale kennenlernen

Zweck: Wahrnehmen, wie Emotionen und Körpersignale zusammenhängen
Grobstruktur: Mit Vorstellungen und Körperwahrnehmung experimentieren
Zeitbedarf: 10 bis 15 Minuten

Mit dieser kleinen Übung kannst du versuchen, unmittelbares Reagieren mit Emotionen und Körpersignalen zu beobachten.

Für das emotionale Erfahrungsgedächtnis macht es keinen Unterschied, ob ein Ereignis real in der Umwelt oder nur in der Fantasie stattfindet. Deshalb kannst du jede beliebige Vorstellung herholen und beobachten, wie dein Körper damit in Resonanz geht und reagiert. Hier sind ein paar Angebote:

- Stell dir einen schönen Strand am Meer vor – gerne einen, den du kennst und der mit positiven Erinnerungen verbunden ist.
  Dann stell dir vor, jetzt dort zu sein. Es ist ein herrlicher Tag, eine leichte, angenehme Brise weht, du hörst das rhythmische Kommen und Gehen der Wellen, vielleicht das Rufen von Möwen in der Ferne. Du kannst in die Weite blicken ..., siehst den Himmel über dir, den Strand vor dir. Vielleicht fühlst du den Sand auch unter den Füßen?
  Nimm dir ein wenig Zeit, bei dieser Vorstellung zu verweilen und beobachte, was sich verändert. Vielleicht der Atemrhythmus oder der Spannungszustand im Brust- und Bauchbereich? Was geschieht mit deinen Gesichtsmuskeln? Wie wirkt sich der Ort auf deine Gefühlslage aus?
- Oder nimm ein anderes Beispiel: Vergegenwärtige dir zwei oder drei Menschen (Erwachsene oder Kinder), die du liebst, die dein Herz berühren. Stell dir vor, du bist mit ihnen in einem Raum. Du siehst sie, hörst ihre Stimmen und vielleicht auch ihr Lachen. Wie reagiert dein Körper auf ihre Anwesenheit und ihre Art, mit dir in Kontakt zu sein? Gibt es eine spontane Veränderung im Körper oder in deiner Stimmung? Was fühlt sich angenehm an und wie bemerkst du das?
- Du kannst noch eine spannungsgeladene Situation mit einer Gruppe oder einer einzelnen Person herholen. Stell dir für einen Moment vor, du bist in dieser Situation, an dem Platz und tauchst in das damalige Erleben wieder ein. Was ist das Erste, das du bemerken kannst? Wie reagiert dein Körper darauf?

Ein Frühwarnsystem entwickeln

Wenn du diese kleinen Übungen mitgemacht hast, konntest du wahrscheinlich bemerken, wie eng Gedanken, Stimmungen, Gefühle und Körper zusammenhängen. Körperempfindungen können im Alltag wie ein Frühwarnsystem wirken und dir signalisieren, dass eine automatische Reaktion gerade einzusetzen droht. Du kannst dich auf bestimmte Auslöser im Vorfeld innerlich vorbereiten, indem du dir die Körpersignale für diese Automatik vergegenwärtigst.

- Hol noch einmal eine automatische Reaktion innerlich hervor – vielleicht die aus Kapitel 2, die du bereits reflektiert hast. Woran erkennst du als Erstes, dass die Automatik einsetzt? Was verändert sich, wenn sie sich anbahnt? Achte zum Beispiel auf deinen Atem, auf Körperspannungen, Körperhaltung, Temperaturempfinden, Enge oder Weite, Stimmlage, mimische Gesichtsmuskulatur. Was sind die ersten Hinweise, die dich erinnern könnten, jetzt achtsam zu sein und innezuhalten?

Coaching

Klienten teilen im Coaching nicht gleich alle Gedanken, Empfindungen und Gefühle mit. Gesellschaftliche Konventionen, die Erziehung, Normen oder Gewohnheiten aber auch Gefühle wie Unsicherheit, Scham oder Ablehnung tragen dazu bei, dass Menschen manches von dem, was sie bewegt, nicht verbal ausdrücken. Sie möchten sich damit nicht zeigen. Und selbst wenn da genug Vertrauen wäre, sich zu offenbaren: Oft können Klienten ihre Gefühle und tieferen Beweggründe im Zusammenhang mit ihrem Coaching-Anliegen nur diffus wahrnehmen. Sie sind häufig inhaltlich ausgerichtet, reden mehr über Details und Ereignisse in der Außenwelt als über das, was sie innerlich erleben. Fragen zum Erleben oder zu ihren Gefühlen hingegen können sie nicht so leicht und differenziert beantworten.

Das gegenwärtige Erleben im Fokus haben – Spuren lesen

Der Coach, der die Aufmerksamkeit des Klienten mehr nach innen und auf das Wahrnehmen lenken will, muss deshalb Wege finden, ihn emotional abzuholen. Im Folgenden und auch in den weiteren Kapiteln beschreiben wir schrittweise, wie sich der Fokus von Klienten auf ihr Erleben lenken lässt. Wir beginnen mit dem Spurenlesen („Tracking"). Dieser Begriff stammt aus der Hakomi-Methode. Beim Spurenlesen sind wir auf das gegenwärtige Erleben unserer Klienten ausgerichtet. Wir achten mehr darauf, wie sie erzählen und weniger auf das, was sie berichten. Wir lauschen also weniger auf die Worte, sondern sind auf die körperlichen Signale ausgerichtet, die wichtige Anzeichen für das sind, was die Klienten gegenwärtig erleben oder empfinden. Wenn jemand von einer Erfahrung aus der Vergangenheit oder einer schwierigen bevorstehenden Situation erzählt, sind wir mehr darauf eingestellt, wahrzunehmen, welcher gegenwärtige emotional gefärbte Zustand damit verbunden ist und weniger darauf, inhaltlich alles zu verstehen. Die Spuren, die wir lesen, sind für uns dabei mindestens so wichtig und aufschlussreich wie das Thema oder Ereignis, von dem berichtet wird.

Die körperlichen Signale, die Art, wie die Person sich mitteilt – in Gestik, Mimik, Körperhaltung, Stimme, Tonfall –, geben uns Hinweise über ihren inneren Zustand. Wenn wir uns im Coaching mehr auf diese Spuren und weniger auf die Worte verlassen, können wir mit dem Erleben der Klienten besser in Resonanz kommen. Ihre Worte – Erklärungen, Beschreibungen, Argumente, Inhalte, Zusammenhänge usw. – lenken uns eher davon ab, zu spüren, was sie während des Sprechens gerade erleben. Wenn wir in erster Linie möglichst genau versuchen, zu verstehen, was uns jemand berichtet, bindet das unsere Aufmerksamkeit und der Fokus ist etwas eingeschränkt. Beim Spurenlesen jedoch haben wir einen weiten Blick und können dadurch differenzierter wahrnehmen und spüren, wie es der Person mit dem geht, worüber sie berichtet. Wir schwingen mit dem gegenwärtigen Erleben mit.

Beim Spurenlesen achtet der Coach auf den gesamten Ausdruck, nicht nur auf bestimmte Aspekte des körperlichen Ausdrucks. Durch die Gesamtheit der Spuren – Stimmlage, Atem, Spannung oder Entspannung im Körper, Färbung des Gesichts, Impulse, Gesichts- und Augenausdruck – kann sich uns der Zustand der Person erschließen. Wir erkennen dann eher, was sie jetzt gerade bewegt oder interessiert, wie sie auf das blickt und dem gegenüber gestimmt ist, worüber sie gerade spricht. Spurenlesen ermöglicht es, viel mehr von dem, was verbal nicht ausgedrückt wird, mitzubekommen und zu verstehen. So wird es wesentlich leichter, im Verlauf eines Gesprächs die Aufmerksamkeit auf emotionale Knackpunkte zu legen, die ansonsten untergehen oder nicht genug berücksichtigt würden. Die emotionale Resonanz des Coachs und der Kontakt mit dem gegenwärtigen Erleben des Klienten sind für die Arbeit mit der Innenwelt entscheidend.

Beim gegenwärtigen Erleben verweilen – Accessing

Weil automatisierte Verhaltensweisen und Gewohnheiten vor allem emotional gesteuert werden, sind kognitiv und verbal orientierte Verfahren in der Arbeit an persönlicher Entwicklung und Verhaltensänderungen nur begrenzt wirksam. Die beteiligten emotionalen Bereiche des Gehirns brauchen einen gewissen Erregungsgrad, um etwas Neues zu lernen. Synapsen müssen aktiviert sein, um sich zu lösen und neu zu verknüpfen. Deshalb ist es so wichtig, die körperlich-emotional codierten prägenden Erfahrungen im Hier und Jetzt des Coachings wieder zu erleben – sinnvollerweise mit mehr innerem Abstand und achtsamer Bewusstheit im sicheren Rahmen der Beziehung zum Coach.

Accessing (engl. „Zugang schaffen") ist eine spezielle Fragetechnik aus der Hakomi-Methode, die hilft, Kontakt und Zugang zur Innenwelt des Klienten herzustellen. Die gestellten Fragen lenken die Aufmerksamkeit der Person auf ihr gegenwärtiges inneres Erleben. Sie ermöglichen ihr, besser mit dem in Kontakt zu kommen, was gegenwärtig in ihrem Inneren geschieht, aber auch mit dem, was sonst im Alltag so schnell und automatisch abläuft. Durch die Qualität dieser Fragen wird der Prozess während des Erkundens von Gefühlen, Gedanken, Körperempfindungen und Reaktionen verlangsamt. Accessing-Fragen vertiefen die Wahrnehmung der Klienten und unterstützen sie, da zu bleiben, wo es gerade wichtig, spannend oder interessant ist. Durch das Verweilen bei den verschiedenen Erfahrungsebenen – Stimmungen, Impulse, Körperreaktionen, Bilder usw. – bekommen Klienten einen bewussteren Zugang zu ihnen. Im Verlauf des Erkundens mit Accessing-Fragen erschließt sich oft erstaunlich schnell die damit verknüpfte Bedeutung. Zuvor nicht greifbare tiefer liegende Gefühle und Zusammenhänge können die Klienten nun klarer spüren, erkennen und verstehen.

Ein Beispiel: Marc empfindet Unbehagen, wenn er vor einer Gruppe präsentiert und alle Blicke auf ihn gerichtet sind. „Marc, wärst du neugierig, genauer wahrzunehmen, was in dem Moment passiert, wo diese erwartungsvollen Blicke auf dir ruhen? … Was für eine Art von Unbehagen ist das? … Wo im Körper kannst du diesen Druck besonders deutlich wahrnehmen? … Was für eine Gefühlsqualität schwingt da noch mit?"

Das ist sehr anders, als zu fragen: „Was macht dir da Druck?" oder „Wie fühlst du dich damit?" Diese Art des Nachfragens regt eher zum Nachdenken an und wird normalerweise rational beantwortet. Accessing-Fragen hingegen laden zum Hinfühlen ein, sie dienen nicht der rational konzeptuellen Informationsgewinnung. Sie haben primär den Zweck, dass Klienten mit ihrem Erleben in Kontakt kommen, achtsamer werden und beim gegenwärtigen Erleben verweilen.

Das Accessing ermöglicht es, die inneren Phänomene im „Hier und Jetzt" näher und genauer zu erforschen. Die spezifische Art des Fragens hält die Klienten in Achtsamkeit und in der Erfahrung, während wir erkunden, welche Gedanken, Gefühle und Verhaltensweisen gerade problematisch oder limitierend sind. So können wir als Coachs Schritt für Schritt den Fokus auf das emotional Gelernte und auf die inneren Zusammenhänge lenken, damit sie für die Klienten zugänglich werden. Accessing-Fragen sind vor allem deshalb so wirksam, weil sie helfen, zugrunde liegendes, früher emotional Gelerntes aufzufinden.

Das folgende Beispiel zeigt, wie der Körper einbezogen werden kann, um die Wahrnehmung nach innen zu richten und die Hintergründe einer automatischen Reaktion zu erkunden.

Ein Beispiel:

Jochen leitet ein hoch aufgehängtes Projekt in einem Automobilkonzern. Sein Ehrgeiz, sein analytischer Verstand und seine ruhige, freundliche Art haben ihm bereits mit 32 Jahren zu hohem Ansehen bei Kollegen und Vorgesetzten und zu seiner jetzigen verantwortungsvollen Aufgabe verholfen. Er sucht einen Coach auf, weil er in seinem Projekt an Grenzen stößt und sich zunehmend frustriert und hilflos fühlt. Immer dieselbe Situation – immer dieselbe Reaktion. Auslöser sind ein paar Kollegen, die Termine oder Vereinbarungen einfach nicht einhalten. Wenn Jochen sie in der Projektsitzung auf die gemeinsame Verabredung hinweist, weichen sie aus:

„Das habe ich anders in Erinnerung …“ oder: „Ja, darüber haben wir diskutiert, aber es war nicht fest vereinbart …“ Jochen fürchtet, an Autorität zu verlieren. Ihn stört es vor allem, dass er in diesen Situationen alles sachlich noch mal erklärt, immer freundlich bleibt und nicht in der Lage ist, sich klarer durchzusetzen. Erschwerend kommt hinzu, dass er in dem Kreis einer der Jüngsten ist. Mithilfe des Coachings hofft er, in diesen Runden kraftvoller und wirkungsvoller aufzutreten.

Der Coach schlägt vor, dass er sich eine typische Situation innerlich herholt und sie wie in Zeitlupe ablaufen lässt. Er bittet ihn, dabei genau auf seinen Körper zu achten und – auch während des Sprechens – mit der Wahrnehmung nach innen gerichtet zu bleiben.

COACH: Nimm dir einen Moment Zeit, in diese Situation eintauchen …, insbesondere in den Moment, wo einer dieser Kollegen so eine typische Aussage macht. Lass dich den Gesichtsausdruck von XY sehen und bemerke, was dann innerlich passiert. Was kannst du wahrnehmen?

JOCHEN: Ich kann es nicht fassen, dass der so reagiert.

COACH: Was passiert noch? Bleib bei dem Gefühl.

JOCHEN: *(Schließt kurz die Augen und spürt nach)* Da zieht sich etwas zusammen … da braut sich was zusammen.

COACH: Kannst du das körperlich wahrnehmen? … Wie kriegst du das mit?

JOCHEN: *(Fasst mit der Hand aufs Zwerchfell)* Ganz deutlich, hier im Bauch.

COACH: Was für eine Gefühlsqualität schwingt da mit? … Bleib mal für einen Moment dabei.

JOCHEN: Da ist eine richtige Wut. Die Kollegen glauben, sie können mich für dumm verkaufen und unsere Vereinbarungen einfach über den Haufen werfen … Die nehmen mich nicht ernst!

COACH: O.k., bleib bitte bei dieser Wut, nicht verändern, einfach noch ein bisschen deutlicher wahrnehmen … Was passiert als Nächstes?

JOCHEN: *(Nimmt sich Zeit nach innen zu spüren, es vergehen ein paar Sekunden)* Ich sage mir innerlich, „Lass dich nicht provozieren. Das bringt doch eh nichts.“ *(Schaut den Coach sehr erstaunt an und fährt dann fort)* Ja, genau, und dann fange ich an, den Leuten zu erklären, was wir verabredet hatten. Es ist fast so, das spüre ich jetzt deutlich, als ob ich mich rechtfertige. Das fühlt sich ziemlich defensiv an. Ohne Grund!

COACH: Da scheint es also eine Stimme, eine Seite in dir zu geben, die sich erklären muss?

JOCHEN: Ja, stimmt. Das kenn’ ich gut.

COACH: Magst du mal hinspüren, was sich da meldet, was in diesem Moment innerlich passiert? … Nicht Nachdenken, sondern mehr hinfühlen zu diesem Augenblick.

JOCHEN: *(Er nimmt sich einen Moment Zeit und schließt dabei die Augen)* Interessant … Ich bin mit meiner Aufmerksamkeit mehr im Kopf, das Hirn rattert, ich überlege, was ich sagen, wie ich es am besten erklären kann.

COACH: Bleib dabei …, lass dich genauer wahrnehmen: Wie fühlt es sich an, während du dich erklären willst?

JOCHEN: Da ist noch was …, das bemerke ich sonst gar nicht …, etwas Mulmiges, nur ein Hauch, ganz diffus …

COACH: O. k., ist das an der Oberfläche oder tiefer innen im Bauch?

JOCHEN: Hm, eher weiter entfernt.

COACH: Dieses mulmige, diffuse Gefühl im Bauch von eben – ist das eher hart oder weich?

JOCHEN: Weich …, aber ich spüre auch so ein Zusammenziehen dabei.

COACH: Und schwingt da etwas gefühlsmäßig mit? Wie fühlt sich dieses Zusammenziehen gerade an?

JOCHEN: *(Sprich etwas langsamer und leiser)* Irgendwie besorgt …, auch etwas unsicher.

COACH: Etwas in dir fühlt sich unsicher?

JOCHEN: Ja genau. So infrage gestellt.

Im Verlauf dieser Sequenz kann Jochen klarer erkennen, dass der Trigger der automatischen Reaktion das Gefühl ist, infrage gestellt zu werden. Diese Unsicherheit löst wiederum den Impuls aus, sich zu erklären und etwas richtigzustellen. In der Nachbesprechung mit dem Coach betrachten die beiden den Ablauf noch einmal: Zuerst spürt er einen Anflug von Unsicherheit, gefolgt von Ärger, und dann entsteht der Drang, sich zu erklären. Die ursprünglichen Gefühle fühlt er nicht mehr. Die Argumentation ist jedoch wirkungslos, weil sie so nüchtern hervorgebracht wird und defensiv klingt – leicht gefärbt von dem Gefühl der Unsicherheit und des Sich-infrage-gestellt-Fühlens. Jochen kommt zu einer wichtigen Erkenntnis: Wenn er sich nicht so unsicher fühlen würde, könnte er seinen Ärger eher zeigen. Weil er sich in der besagten Situation infrage stellt und unsicher ist, ob er sich damals klar genug ausgedrückt hat, fühlt es sich für ihn nicht angemessen an, ärgerlich zu werden. Obwohl es, vernünftig betrachtet, absolut richtig wäre.

Das Wesentliche in diesem Prozess ist das Aufspüren und Erkunden der körperlichen Signale und der damit einhergehenden Gefühle und Gedanken. Das „Zusammenziehen“ ist eine wichtige Körperempfindung – sie taucht gleich zu Beginn des Erforschens auf und später wieder. Deshalb lädt der Coach Jochen ein, noch mal zu dem Moment zurückzukehren, in dem er den provozierenden Satz hört – und dabei besonders auf die erste körperliche Reaktion, das Zusammenziehen, zu achten. Als Jochen die Situation ein zweites Mal innerlich durchspielt, kann er wahrnehmen, dass mit dem Zusammenziehen eine Verunsicherung einhergeht, die er bis dahin noch nicht so wahrgenommen hat.

Das gegenwärtige Erleben

Beim Accessing ist es wichtig zu wissen, dass die Fragen nicht rational beantwortet werden sollen, sondern zum Nachfühlen einladen. Wir achten währenddessen darauf, dass weder wir noch die Klienten nach logischen Zusammenhängen suchen, denn das würde vom Erleben ablenken.

Entscheidend ist, den Klienten genug Zeit zu lassen, damit sie achtsamer und differenzierter nach innen spüren können. Gefühle genauer wahrzunehmen ist eine langsamere Geschwindigkeit als das Denken im Alltag. Auch Gesprächspausen, eine langsamere, ruhige Sprache sowie eine interessierte, fragende Haltung und ein entsprechender Tonfall schaffen gute Bedingungen dafür, dass die Person sich differenziert erkunden kann.

Wirkfaktor für Veränderung

Wenn wir die Bedeutung und Ursachen von Gefühlen, inneren Zuständen, Verhaltensmustern und Überzeugungen emotional tiefer verstehen und begreifen, sind wir ihnen weniger stark ausgeliefert. Mit dem Verstehen wichtiger Zusammenhänge innerer Dynamiken und Vorgänge haben diese weniger Macht über uns.

Die Achtsamkeit ist wie ein Scheinwerfer. Mit ihr kann der Fokus auf das ausgerichtet werden, was beleuchtet und verstanden werden will.

4. Achtsamkeit

Achtsamkeit oder Meditation ist als regelmäßige Übung in den vergangenen Jahren für viele von uns so selbstverständlich geworden wie das Trainieren körperlicher Fitness. Wir empfinden eine große Sehnsucht nach mehr Achtsamkeit im Leben, denn ständig stürmen Eindrücke und Anforderungen auf uns ein, die wir gut handhaben müssen. Oft bemerken wir erst am Ende des Tages oder nach einer Reihe von Meetings, wie es uns geht. Erst zeitverzögert wird uns bewusst, wie angespannt, müde oder aufgekratzt wir uns fühlen. Angesichts der üblichen Geschwindigkeit und Hektik und des Drucks, schnell reagieren und viel erledigen zu müssen, ist Achtsamkeit im Alltag auch für Geübte eine ziemliche Herausforderung. Wir sind so sehr gefordert, auf die Außenwelt zu achten und auf sie zu reagieren, dass die Wahrnehmung für uns selbst zu oft auf der Strecke bleibt. Daniel Goleman schreibt dazu in seinem Bestseller *Emotionale Intelligenz* (1996): „Unsere Emotionen sind immer bei uns – aber wir selten bei ihnen."

Um besser mit uns selbst im Kontakt zu sein, müssen wir die Antennen mehr nach innen ausrichten. Differenzierte Information über die eigene Innenwelt bekommt man nicht so nebenbei und „im Vorbeirauschen". Ein bewusstes Lenken der Wahrnehmung, ein genaues Beobachten und Nach-innen-Spüren machen einen großen Unterschied. Folgender Vergleich mag das verdeutlichen: Legt man eine Strecke, für die üblicherweise der Wagen benutzt wird, einmal mit dem Fahrrad oder zu Fuß zurück und betrachtet dabei achtsam und neugierig die Umgebung, wird man erstaunt sein, wie viele Dinge es zu entdecken gibt, die sonst aus Gewohnheit übersehen oder bei der schnellen Fahrt gar nicht wahrgenommen werden. Bezogen auf die Selbstwahrnehmung im Alltag heißt das: Wir entdecken mehr bei uns, wenn wir die Geschwindigkeit verringern, langsamer werden und beim Gegenwärtigen verweilen. Achtsamkeit heißt, das gegenwärtige Erleben bewusst und genau wahrzunehmen. Es gibt viele Muster, die das verhindern. Eines ist, Gefühle und Empfindungen zu ignorieren, nicht wichtig zu nehmen oder sie zu verdrängen, zum Beispiel durch Ablenkung. Auch das Rationalisieren von Gefühlen und innerliches Abhaken sind häufig – nach dem Motto: „Ist ja klar, dass diese vielen Aufgaben Druck machen. Da muss man durch." Aber Stimmungen und Gefühle, die nicht bemerkt oder ernst genommen werden, wirken dennoch. Sie beeinflussen und steuern – oft ohne unser Wissen – unsere Wahrnehmung, den emotionalen Zustand und das daraus resultierendes Verhalten. Letztlich sind wir mit einer diffusen oder eingeschränkten Selbstwahrnehmung auch in unserer Kommunikation nach außen und im Handeln eingeschränkt.

4.1 Tiefen der Selbstwahrnehmung

Das folgende Beispiel zeigt, wie unterschiedlich differenziert und ausgeprägt Selbstwahrnehmung sein kann: In einem sehr unangenehmen Gespräch mit ihrem Chef wirft dieser Sabine vor, sie würde in letzter Zeit auf ihre Mitarbeiter und Kunden distanziert, weniger engagiert und gelegentlich auch abwesend wirken. Die unerwartete Kritik trifft Sabine so sehr, dass sie in der Situation kaum dazu Stellung nehmen kann. Nun sitzt sie in der S-Bahn auf dem Weg nach Hause. Die drei folgenden möglichen Varianten illustrieren die Unterschiede, wie sie ihren inneren Zustand erleben kann und wie sich dies auf die gegenwärtige Situation auswirkt.

1. Gefühle werden nicht oder kaum wahrgenommen

Das Gespräch hängt Sabine noch nach. Sie fühlt sich geschafft, möchte abschalten und vertieft sich in ihr Smartphone. Zu Hause reagiert sie gereizt auf ihren Mann und die Kinder. Ihre abweisende Art provoziert die Familie, die Situation spitzt sich zu und während des Abendessens fährt ihre Älteste sie an: „Sag mal, kannst du deinen Ärger nicht woanders ausleben?!“

2. Gefühle werden teilweise wahrgenommen, auf Abstand gehalten oder rationalisiert

Sabine merkt, wie sehr sie sich geknickt fühlt und die Kritik sie belastet. Sie spürt, dass sie etwas an der Art ihres Chefs und im Ablauf des Gesprächs richtig ärgert. Sie vertieft sich in die Zeitung, um sich abzulenken und hat die Hoffnung, so abschalten zu können. Sie redet sich selbst gut zu: „Nimm dir das nicht so Herzen, lass es einfach los.“ Eine Seite von ihr mag sich damit nicht weiter belasten. Zu Hause angekommen merkt sie, wie gereizt sie auf ihre Familie reagiert. Sie versucht, sich zu beruhigen, indem sie sich innerlich sagt, dass sie die Kritik nicht so persönlich nehmen sollte, letztlich weiß sie ja, dass der Chef sie schätzt und gerade durch eine schwierige Phase geht. Sie zieht sich ins Wohnzimmer zurück und versucht, sich mit einem Film abzulenken.

3. Gefühle werden differenziert und achtsam wahrgenommen

Sabine reflektiert das Gespräch auf dem Nachhauseweg genauer und verweilt bei den Gefühlen, die es ausgelöst hat. Sie lenkt ihre Wahrnehmung bewusst auf die starke Betroffenheit, lässt die Szene und die Kritik des Chefs noch einmal auf sich wirken. Sie spürt, dass mehrere Gefühle ausgelöst wurden, die sie mit mehr Abstand jetzt nochmal nacherlebt: Sie fühlt sich enttäuscht, verletzt, verärgert und auch innerlich blockiert. Der Gedanke, ungerecht behandelt zu werden, taucht immer wieder auf und der Wunsch, etwas richtigzustellen. Sie ärgert sich, zu der ungerechtfertigten Kritik nicht klar Stellung bezogen zu haben. Besonders stört sie, dass sie sich auf die kritischen Aussagen des Chefs trotzig rechtfertigte, anstatt sie souverän zu hinterfragen. Sie nimmt auch wahr, wie persönlich und empfindlich sie sich getroffen fühlt – weniger von der Kritik als durch seine kühle und etwas schroffe Art. Sie merkt, dass sie noch etwas Zeit braucht, den Vorfall und ihre Empfindungen zu verdauen. Zu Hause angekommen erzählt sie ihrem Mann, dass sie sich von einer Auseinandersetzung mit ihrem Chef belastet fühlt und sich nach dem Abendessen zurückziehen wird, um sich noch ein paar Notizen für ein Nachfolgegespräch zu machen.

4.2 Der innere Beobachter

Im Alltag ist unsere Aufmerksamkeit nach außen und auf die jeweilige Situation gerichtet. So können wir vieles effektiv und schnell erledigen. Bei emotional schwierigen Situationen, in denen bessere Selbstführung gefragt ist, kann das allerdings limitierend sein. Achtsamkeit ermöglicht vor allem mehr Bewusstheit, was gerade bei Herausforderungen wichtig ist.

Achtsamkeit im Alltag, z. B. während einer Interaktion, bedeutet: Mit etwas Abstand nehmen wir wahr, was gerade passiert und wie wir reagieren. Wir schauen uns gewissermaßen beim Fühlen, Denken und Handeln zu. In diesem achtsamen Zustand kann es sich innerlich anfühlen, als würde sich die Zeit ein wenig ausdehnen oder als würden die Vorgänge langsamer werden. In achtsamen Momenten erleben wir uns zentrierter und auch etwas freier. In gewissem Sinne nehmen wir die Perspektive eines aufmerksamen „inneren Beobachters“ oder „Zeugen“ ein.

Zwei verschiedene Arten, einen Film zu sehen, lassen den Unterschied zwischen einem Erleben mit oder ohne Achtsamkeit deutlich werden.

Angenommen, wir sehen gerade einen ausgesprochen spannenden Krimi, der richtig fesselnd ist, und wir tauchen vollkommen in die Geschichte ein. Die Dramatik steigert sich zunehmend, die Ereignisse spitzen sich zu. Auch die Musik erhöht die Spannung und vermittelt, dass wahrscheinlich gleich etwas Schreckliches passieren wird. Wir sitzen wie gebannt vor dem Bildschirm, emotional ganz in dem Geschehen. Der Körper ist angespannt, die Hände etwas schwitzig, das Herz klopft stärker. Im Moment der höchsten Spannung schwingen wir vielleicht sogar verbal mit, bestätigend: „Genau, weiter so!“ oder wollen warnend rufen: „Nein!“ In diesem Zustand sind wir mit dem, was gerade passiert, mit den Ereignissen und den Personen identifiziert.

Eine andere Erlebensqualität ergibt sich aus der Perspektive des „inneren Beobachters“. Die Reaktionen und Gefühle entstehen in gleicher Weise, aber parallel bleibt eine Wahrnehmung davon, wie wir zunehmend aufgeregter werden und wie das Herz klopft. Wir bemerken, dass der Körper nach vorn gebeugt, die Spannung kaum auszuhalten ist und wir am liebsten den Akteuren etwas Warnendes zurufen würden. Wir realisieren, wie sehr uns das Geschehen unter die Haut geht und es wird bewusst: Fast könnte man vergessen, dass es nur ein Film ist.

In diesem Fall sind wir nicht vollkommen identifiziert mit dem Geschehen. Mit etwas innerem Abstand entsteht eine klarere Wahrnehmung von uns selbst. In diesem Zustand ist ein Teil der Aufmerksamkeit auch nach innen gerichtet, sie ist nicht völlig absorbiert von dem Film. In gewissem Sinn gibt es jetzt einen inneren Beobachter.

Auf Alltagssituationen übertragen heißt das: Wenn wir den Lauf unserer Gedanken und unser Handeln beobachten, können wir subtile, untergründige Signale wahrnehmen – insbesondere solche Signale, die im Modus der Außenorientierung im Alltagsgeschehen oft untergehen.

4.3 Achtsamkeit im Alltag

Achtsamkeit kann man trainieren und entfalten. Vor allem eine regelmäßige Achtsamkeits-Praxis erhöht die Wahrnehmung im Alltag; wir erwerben und stärken so die Fähigkeit, die Perspektive eines aufmerksamen „inneren Beobachters“ einzunehmen. Dies ist besonders bei automatischen Reaktionen entscheidend. Denn mangelnde Achtsamkeit heißt leider oft: Eine Emotion, die unbemerkt entsteht oder schlagartig hochkocht, kann uns vereinnahmen und unbewusst steuern. Mit einem höheren Maß an Achtsamkeit hingegen können wir bemerken, wie der Körper reagiert, welche Empfindungen gegenwärtig spürbar sind und welche Gefühle, Gedanken und Impulse gerade entstehen. Durch die präzise Beobachtung dessen, was da innerlich passiert, werden wir weniger davon vereinnahmt. Wir können den Informationsgehalt unserer Gefühle und Gedanken reflektieren und zugleich bewusster in unsere Handlung einbeziehen. So schafft Achtsamkeit die Voraussetzung dafür, mit mehr Besonnenheit reagieren zu können!

Vor- und Nachbearbeitung wichtiger Ereignisse

Wenn wir im Nachhinein mit einer Situation unzufrieden sind, lohnt es sich, die Hintergründe des eigenen Verhaltens zu erforschen und gegebenenfalls beim nächsten Mal etwas ändern zu können. In einer achtsamen Reflexion können wir mehr über das erfahren, was eigentlich abgelaufen ist. Zunächst lenken wir die Aufmerksamkeit auf den Körper und den Atem. Sobald die Wahrnehmung mehr nach innen ausgerichtet ist, lässt sich genauer fühlen, was der Körper und die Gedanken über den emotionalen Zustand vermitteln. Wo im Körper meldet sich was? Was für eine Art von Empfindung ist das? Wie viel Raum nimmt das Gefühl ein? Was für eine Gefühlsqualität schwingt da noch mit? Wenn ich die Erinnerung oder das Bild weiter auf mich wirken lasse, was taucht da noch auf? Welche innere Stimme meldet sich da? Was genau, welche Seite der eigenen Persönlichkeit ist da getroffen?

Auch vor künftigen Herausforderungen kann man sich so auf die Situation innerlich vorbereiten. Was kann ich über die eigene Stimmung wahrnehmen? In welchem Zustand ist der Körper? Was für Gedanken herrschen vor? Mit welcher inneren Haltung gehe ich in das Gespräch? Was ist innerlich aktiviert oder entspannt? Wichtig ist, tatsächlich hinzufühlen und nicht nur darüber nachzudenken. Das vertraute Nachdenken ist eher ein Aspekt des Alltagsbewusstsein, während Verweilen, Beobachten und Fühlen Merkmale eines achtsameren Bewusstseinszustandes sind.

Achtsame Augenblicke

Achtsamkeit kann für einen kurzen Augenblick oder auch nur für den Bruchteil einer Sekunde andauern: ein kurzes Innehalten, bevor man den Telefonhörer abhebt, einen Raum betritt, eine Frage stellt oder eine Antwort ausspricht. Ein oder zwei bewusste Atemzüge reichen manchmal schon aus, um geistesgegenwärtiger zu sein. Im Tun ist ein Teil der Aufmerksamkeit zugleich nach innen gerichtet. Für einen Moment halten wir das Wahrgenommene in der Schwebe; wir verweilen bei dem, was gerade vorherrscht, ohne es zu verändern oder zu unterdrücken. Mitten in einer automatischen Reaktion halten wir innerlich an und fühlten in uns hinein. Oft bewirkt das genauere Beobachten dessen, was gerade eben passiert, bereits eine Veränderung. So lässt sich mehr Abstand, etwas innerer Spielraum und damit mehr Gelassenheit gewinnen.

Achtsamkeit lässt sich auch auf ein oder zwei Minuten ausdehnen. Kurze Momente der Stille oder der Besinnung, die genutzt werden können, bevor wir uns der nächsten Aktivität zuwenden. Nach einem herausfordernden Telefongespräch bleiben wir noch für eine Weile sitzen und spüren nach, wie es wirkt, welche Spuren es hinterlässt. Auf dem Weg zur Verhandlung nehmen wir uns einen Augenblick Zeit, nach innen zu lauschen und zu bemerken, welche Befürchtungen, Hoffnungen oder sonstigen Gefühle vorherrschen. Man kann im Lauf des Tages unzählige Gelegenheiten nutzen, um auf sich selbst zu schauen, zu horchen, zu fühlen und dabei achtsamer zu werden. Manche Menschen nutzen wiederkehrende Routinen wie Händewaschen oder Zähneputzen als Gelegenheit, innerlich bei sich anzukommen. Auch wiederkehrende kurze Wegstrecken können in Achtsamkeit erfolgen. Je selbstverständlicher und häufiger wir Achtsamkeit praktizieren, desto mehr wird es zur Gewohnheit, mit uns selbst und dem eigenen Zustand in Kontakt zu sein.

Bedeutung des Atems

Viele Menschen empfinden den Atem als hilfreiches Mittel, um achtsamer zu werden. Der Atemfluss, der Luftstrom in der Nase, das Echo des Atems im Körper sind fortwährend spürbar. Ihn bewusst wahrzunehmen hilft, sich auf das Innere zu konzentrieren. Der Atem kann als Ruhepol und Ausgangspunkt für die Achtsamkeit dienen. Egal, ob man für einen kurzen Augenblick oder für ein paar Minuten achtsam ist, wichtig ist, in einer annehmenden, offenen Haltung sich selbst gegenüber zu sein. Das hilft, sich mehr Informationen über den gegenwärtigen Zustand zugänglich zu machen. Interessanterweise ist der Atem auch eine gute Möglichkeit der Selbstregulation. Wenn wir tiefer und länger ausatmen, entspannen sich Körper und Geist, und wenn wir tiefer und bewusster einatmen, können wir Klarheit und Wachheit erhöhen.

Interessierte, offene Haltung

Dass bewertende Gedanken auftauchen, während wir Achtsamkeit üben, oder dass sich kritische Teile zu Wort melden – „Du bist viel zu nervös", „Schon wieder hast du dich in Gedanken verloren", „Der Atem ist so schnell und unregelmäßig" – ist ganz normal. Sobald man das bemerkt, kann man offen und neugierig beobachten, was für eine Stimme das ist und wo sie herkommt. Es ist besser, unangenehme Zustände wie Ungeduld, Konzentrationsschwierigkeiten, Druckgefühl nicht zu bekämpfen, sondern sie möglichst unvoreingenommen wahrzunehmen, denn Bewertungen würden die innere Spannung eher erhöhen. Eine offene und interessierte Grundeinstellung hingegen entspannt. Auch wenn das wesentliche Ziel ist, das Gegenwärtige besser wahrzunehmen und mehr Einsicht in das eigene Innere zu bekommen: Wer darauf verzichtet, sich mit seinen Bewertungen zu identifizieren, findet mehr Gelassenheit mit allem, was ist. Eine freundliche Neugier im gegenwärtigen Moment erhöht den Kontakt und das Gefühl von Verbundenheit mit sich selbst und mit anderen.

4.4 Das Achtsamkeitstraining

Achtsamkeit blickt auf eine lange Geschichte zurück und wird im Buddhismus seit mehr als 2500 Jahren praktiziert. Im Westen sorgte unter anderen Jon Kabat-Zinn (2006) für einen größeren Bekanntheitsgrad. Der Gründer der *Stress Reduction Clinic* und inzwischen emeritierte Professor für Medizin an der Universität Worcester, Massachusetts, war einer der ersten, der die Praxis der Achtsamkeit systematisch in die medizinische Behandlung integrierte und in ihren Auswirkungen erforschte. So konnten er und sein Team nachweisen, dass die tägliche Übung innerer Achtsamkeit die Körperabwehr stärken und eine deutliche Stressreduzierung bewirken kann. Vor allem bei vielen schmerzhaften Krankheiten des Bewegungsapparats kann Achtsamkeit das Leiden subjektiv deutlich reduzieren und oft sogar Krankheitssymptome messbar verringern. „Mindfulness Based Stress Reduction" (MBSR) erfreut sich vieler Anhänger und ist ein ausgesprochen wirksames Programm für Stressbewältigung und zur Stärkung der Resilienz.

Seit den 1970er-Jahren entstanden einige Psychotherapiemethoden, bei denen Achtsamkeit eine wesentliche Grundlage ist: Hakomi – Achtsamkeitszentrierte Körperpsychotherapie (Ron Kurtz, Halko Weiss u. a.), Internal Family System Therapie (Richard Schwartz), Focussing (Eugene Gendlin) und die Achtsamkeitsbasierte Kognitive Therapie (*Der achtsame Weg durch die Depression* von Zindel Segal, Mark Williams und John Teasdale), um nur einige zu nennen. Eine Übersicht findet sich im Buch *Wirkfaktoren der Achtsamkeit: Wie sie die Psychotherapie verändern und bereichern* von Michael E. Harrer und H. Weiss (2018, z. B. S.261).

Achtsamkeit beinhaltet im Kern vier Dimensionen, die unterschiedliche Schwerpunkte verfolgen (siehe Weiss, Harrer & Dietz 2010):

- **Bewusstheit und klare Wahrnehmung:** Mit der Perspektive des „inneren Beobachters" wird Abstand zum Beobachteten geschaffen. Dieser Abstand zu den Gefühlen und Gedanken ermöglicht es, nicht in sie hineingesogen zu werden, sich nicht mit ihnen zu identifizieren, sondern einfach zu beobachten, wie sie kommen und wieder gehen. Das Entscheidende ist die Differenzierung der Bewusstseinsinhalte vom Bewusstsein selbst.
- **Fokus und Konzentration:** Die Aufmerksamkeit wird bewusst auf die jeweils gegenwärtige Innen- und Außenwelt gerichtet. Das Beobachten ist rein rezeptiv, ohne Vorlieben. Diese reine Aufmerksamkeit ist vergleichbar mit einem Spiegel, der reflektiert, was sich ihm zeigt. So wird die Wahrnehmung immer deutlicher und klarer.
- **Gelassenheit:** Um offen für das gegenwärtige Erleben zu sein ist es wichtig, es so anzunehmen, wie es gerade ist. Die Haltung ist offen und neugierig für das, was automatisch passiert, ohne zu kritisieren oder es anders haben zu wollen. Das heißt, hinzuschauen und anzuerkennen, dass etwas ist, wie es ist.

- **Präsenz:** Die Aufmerksamkeit ist auf den gegenwärtigen Fluss des Erlebens gerichtet, der sich ständig verändert. Das bedeutet, sich der Gegenwart ganz zu öffnen und mit der vollen Aufmerksamkeit bei der momentanen Erfahrung zu sein – bei den Gefühlen, Gedanken, Empfindungen, inneren Bilder und Impulsen.

Die Entfaltung von Achtsamkeit ist mit jedem anderen Training vergleichbar, das man konsequent verfolgt. Um bestimmte Muskeln aufzubauen, kann man ins Fitnessstudio gehen. Um eine neue Sportart zu lernen, übt man bestimmte Bewegungsabläufe. Um ein Musikinstrument spielen zu lernen, fängt man oft mit Fingerübungen an. Wenn das Ziel ist, sich besser zu beobachten und achtsamer zu werden, können wir den Geist trainieren, innere Vorgänge wahrzunehmen. Den größten Effekt erzielen wir, wenn Achtsamkeit als regelmäßige Übung zu einem festen Bestandteil des Tagesablaufs wird: Am besten ein paar Minuten zu einer bestimmten Zeit und an einem geeigneten Ort. Lieber kürzer und dafür regelmäßig als gar nicht. Wir empfehlen z. B. fünf Minuten, die wie ein Ritual fest in den eigenen Tagesplan integriert sind – z. B. auf dem Weg zur Arbeit im Zug oder in der U-Bahn, auf dem Parkplatz, bevor man aus dem Auto steigt, natürlich auch zu Hause oder im Büro, wenn es hier die Möglichkeit gibt, ein paar Minuten ungestört zu sein. Manchmal bietet es sich an, Achtsamkeit an alltägliche Routinen zu koppeln: beim Hoch- oder Runterfahren des Computers, nach dem Duschen, Joggen oder sonstigen regelmäßigen Aktivitäten. Ähnlich wie beim Fitnesstraining stellen sich die Erfolge eines Achtsamkeitstrainings nicht sofort ein. Es braucht etwas Geduld, Konsequenz und Ausdauer. Wenn sie zum täglichen Ritual wird, kann Achtsamkeits-Praxis Ihre Langzeitwirkungen entfalten, den Geist zu schulen, mehr in der Gegenwart zu sein und sich besser auf das innere Erleben ausrichten zu können.

> „Achtsamkeit bedeutet, das Bewusstsein für die gegenwärtige Wirklichkeit empfänglich zu halten. Sie ist das Wunder, durch das wir uns überwinden und erneuern.“ – Thich Nhat Hanh

Wirkfaktoren für Veränderung

Menschen, die regelmäßig Achtsamkeit praktizieren, haben bereits nach wenigen Wochen das Empfinden, gelassener und ruhiger zu sein – selbst dann, wenn in der Außenwelt der Druck zugenommen hat. Sie lernen, den Fokus da zu halten, wo sie ihn haben wollen und entwickeln eine höhere Präsenz und Geistesgegenwart.

Achtsamkeit ermöglicht es, wirklich zu erleben, was vorher eher unbewusst abgelaufen ist. Diese Praxis trainiert die Fähigkeit, wahrzunehmen, was gegenwärtig im Inneren passiert, ohne damit identifiziert zu sein. Dies ist eine zentrale Grundlage für Veränderung. Mit dieser Art des Gewahrseins der eigenen Innenwelt werden wir mehr zum „Herrn oder zur Herrin im eigenen Haus“.

4.5 Achtsamkeit in Coaching und Selbst-Coaching

Selbst-Coaching

Achtsamkeit in Alltagssituationen

Zweck: Situationen identifizieren, in denen mehr Achtsamkeit einen Unterschied bewirken könnte
Grobstruktur: Schriftliche Reflexion
Zeitbedarf: 20 Minuten

Nimm dir etwas Zeit, um darüber zu reflektieren, in welchen Momenten deines Alltags Achtsamkeit hilfreich und realisierbar wäre. Mach dir zu deinen Ideen ein paar Notizen.

1. In welchen Situationen möchtest du gerne achtsamer sein? Was wären gute Gelegenheiten, für einige Augenblicke nach innen zu gehen? Wann wäre es hilfreich oder wichtig, innehalten zu können?

2. Wenn du in diesen Situationen innehältst und achtsamer bist, was würde das bewirken? Was wäre dann anders, wie würdest du dich fühlen oder verhalten?

3. Wenn du möchtest, setz dir für solche Situationen das Ziel, künftig etwas achtsamer zu sein. Stell dir das nun für einen Moment möglichst bildhaft und fühlbar vor ... Präge dir ein, an welchem Punkt oder in welchem Moment genau du innehalten und verlangsamen willst.

4. Ist es für dich eine erstrebenswerte und angenehme Vorstellung, dir fünf Minuten Zeit am Tag für innere Achtsamkeit zu nehmen? Wenn ja, was wären eine gute Zeit und ein guter Ort dafür: morgens oder abends, bei Übergängen oder in Pausen, vor oder nach bestimmten Aktivitäten oder Routinen?

5. Vergegenwärtige dir zum Schluss noch einmal, in welchen Momenten, wann und wie du Achtsamkeit zukünftig in deinen Alltag integrieren möchtest.

Anleitung für eine tägliche Praxis der Achtsamkeit

Zweck: Die Fähigkeit zur Achtsamkeit im Alltag langfristig erhöhen
Grobstruktur: Konzentration auf den Atem und achtsames Wahrnehmen von Körperempfindungen, Gedanken und Gefühlen
Zeitbedarf: 5 bis 10 Minuten
Rahmen: Ein möglichst ruhiger Platz, an dem du ungestört bist und bequem und aufrecht sitzen kannst

Achtsamkeit ist lernbar, eine kontinuierliche Entwicklung dieser Fähigkeit ist möglich. Die folgenden möglichen Schritte können für dich zum täglichen Ritual werden.

1. Nimm dir 5 bis 10 Minuten Zeit an einem Ort, an dem du ungestört und nicht ansprechbar bist.

2. Mach dir bewusst, dass du jetzt die Außenwelt loslassen und mit der Aufmerksamkeit für ein paar Minuten nach innen gehen kannst.

3. Setze dich bequem und möglichst aufrecht hin. Sitzen ist besser als liegen, da im Liegen die Gefahr des Einschlafens höher ist. Aufrecht mit beiden Füßen auf dem Boden ist besser als angelehnt, da der Atemraum freier und die Haltung mehr Klarheit, Präsenz und Würde verleiht.

4. Richte die Aufmerksamkeit auf deinen Körper. Nimm den Körper wahr mit allem, was gegenwärtig zu spüren ist. Du kannst auf verschiedene körperliche Empfindungen achten, zum Beispiel auf die Haltung, die Berührungen der Kleidung am Körper, den Kontakt zur Sitzfläche, die Körperspannung in einzelnen Körperbereichen, das Wärme- oder Kälteempfinden auf der Haut, Druck- oder Engegefühle, Anspannung oder Entspannung, den Herzschlag.

5. Lenke dann die Achtsamkeit auf den Atem. Während du beim Atmen verweilst, beobachte den Atemfluss, ohne ihn verändern zu wollen. Spüre die die Bewegung von Brust und Bauch oder den Luftstrom in der Nase. Versuche, die Wahrnehmung konstant beim Atmen zu halten.

6. Während du dich auf den Atem konzentrierst, werden innerlich immer wieder Gedanken, Bilder, Gefühle, Körperempfindungen oder auch Impulse auftauchen. Versuche, die Position des Beobachtens beizubehalten. Halte nicht an diesen Wahrnehmungen fest, versuche auch nicht, sie zu verdrängen, sondern nimm sie einfach freundlich zur Kenntnis ... und kehre zum Atem zurück.

7. Beobachte in einer offenen, neugierigen Haltung, was gegenwärtig im Inneren geschieht. Wenn sich Gedanken oder Gefühle zeigen, ignoriere oder unterdrücke sie nicht. Es geht nicht darum, ihren Inhalt zu analysieren oder zu beurteilen. Stattdessen betrachte so genau wie möglich, was von Moment zu Moment auftaucht.

8. Es wird sicher so sein, dass du immer wieder von Gedanken, Erinnerungen, Bildern oder Vorhaben weggetragen wirst und damit für eine Weile beschäftigt bist. Das ist völlig normal. Wenn du merkst, dass du abgelenkt und woanders warst, kehre einfach zum Atem zurück und konzentriere dich ich wieder auf die Beobachtung des Atemflusses.

Hinweis:

Es ist der Normalfall, dass die Konzentration auf den Atemfluss schon nach wenigen Momenten nachlässt. Wichtig ist, die ablenkenden Gedanken nicht zu bekämpfen. Auftauchende Gefühle, Gedanken, Empfindungen oder körperliche Beschwerden werden bei der Achtsamkeitspraxis nicht ausgeschlossen, im Gegenteil, sie werden ins Gewahrsein gebracht. Wir wollen praktizieren, Gefühle und Gedanken aus einem gewissen Abstand heraus zu beobachten und nicht mit ihnen identifiziert zu sein.

Der Atem und die Konzentration auf den Atem sind ein geeigneter Fokus, zu dem man jederzeit zurückkommen kann und der das Gewahrsein und die Präsenz stärkt.

Coaching

Mehr Achtsamkeit im Gespräch herstellen

Achtsamkeit im Coaching zu nutzen bedeutet in erster Linie, Klienten zu unterstützen, innere Vorgänge genauer wahrzunehmen. Wir helfen ihnen dabei, die Aufmerksamkeit auf ihre Reaktionen, Gefühle, Gedanken und Körperempfindungen zu lenken und spezifische Aspekte ihres Anliegens oder Problems näher unter die Lupe zu nehmen.

In allen Phasen eines Coachings kann man mehr Achtsamkeit einführen. In der Zielklärung zum Beispiel, wenn Klienten nicht differenziert beschreiben können, was ein gutes Ergebnis wäre. Oder beim genaueren Klären und Erkunden eines bis dahin eher diffusen Anliegens. Vor allem während der Prozessarbeit können wir Klienten immer wieder ermuntern, innezuhalten, nach innen zu spüren und sich stärker auf das Erforschen auszurichten. Auch beim Transfer hilft Achtsamkeit, die angestrebten Verhaltensänderungen intensiver zu erleben und emotional zu verankern.

Ein achtsam arbeitender Coach strebt an, die Aufmerksamkeit der Klienten immer auf ihr gegenwärtiges Erleben zu lenken und sie dort für eine Weile zu halten. Hierzu kann man z. B. mit folgenden Worten anregen und einladen: „Wenn du möchtest, kann ich dich dabei unterstützen, diese Situation in die Gegenwart herzuholen und genauer wahrzunehmen, was da emotional passiert." „Hättest du Interesse, mal genauer hinzufühlen oder zu erforschen, was dich da so frustriert oder ärgert?" Verschiedene Interventionen, die die Achtsamkeit und damit die Bewusstheit erhöhen, können sich wie ein roter Faden von der Auftragsklärung bis zum Transfer durch verschiedene Phasen und Vorgehensweisen ziehen.

Achtsame und empathische Haltung

Entscheidend ist, dass wir als Coachs eine interessierte und annehmende Haltung einnehmen. Eine offene und interessierte Haltung gegenüber dem Erleben der Klienten erhöht ihre Neugier auf sich selbst und wirkt sich vor allem auch positiv auf ihre Selbstwahrnehmung aus. Wenn ein Coach ihnen unvoreingenommen und empathisch begegnet, werden sie interessierter, nach innen zu spüren und das auch mitzuteilen. Menschen haben sehr feine Antennen dafür, ob ein Thema, ein Verhalten oder ein Problem willkommen ist oder ambivalent beurteilt wird. Bewusst oder unbewusst überprüfen und schätzen sie fortwährend ein, wie offen das Gegenüber ist und wie sicher und vertrauensvoll sie sich einbringen können.

Klienten lassen sich leichter auf Langsamkeit, Achtsamkeit und das Erforschen von Empfindungen ein, wenn sie die Vorteile verstehen. Deshalb ist es hilfreich, Hintergründe des Vorgehens zu erklären. Zum Beispiel, dass wichtige Zusammenhänge sich leichter klären und verstehen lassen, wenn sie nicht nur abstrakt-mental erörtert, sondern erst körperlich-emotional erlebt und anschließend mental verarbeitet werden. Als Coach muss man selbst entschleunigen und achtsam sein, um Klienten in einen achtsameren Zustand zu führen. Wenn der Coach achtsam ist, werden auch die Klienten automatisch etwas achtsamer. Der Grad der Achtsamkeit, Körperorientierung (Spurenlesen) und Empathie für das gegenwärtige Erleben wirken sich entscheidend auf die Bereitschaft und die Fähigkeit der Klienten aus, mehr nach innen zu gehen.

Kontaktaussagen

Kontaktaussagen beziehen sich auf das gegenwärtige Erleben des anderen. Sie sprechen empathisch das an, was man glaubt, beim Gegenüber zu erkennen. Es sind kurze empathische Sätze, die aus der Resonanz mit dem Zustand der Person entstehen, z. B.: „Da reagiert etwas enttäuscht?", „Macht dich ratlos, oder?", „Fühlst du dich von ihr übergangen?", „Das wundert dich?"

So wie das Spurenlesen und die Accessing-Fragen stammen auch die Kontaktaussagen aus der Hakomi-Psychotherapie. Das Spiegeln von Gefühlen, wie sie aus der Klientenzentrierten Psychotherapie von Carl Rogers stammen, mögen auf den ersten Blick ähnlich erscheinen. Kontaktaussagen beziehen sich nicht auf die gehörten Inhalte – sie beruhen ausschließlich auf Spurenlesen, auf dem Erfassen der Gesamtheit der non-verbalen Äußerungen und sprechen nur den gegenwärtigen, vom Klienten innerlich erlebten Zustand an. Da der Körper dieses innere Erleben spiegelt, kann man sich als Coach recht gut auf die eigene Wahrnehmung verlassen. Kontaktaussagen haben immer einen leicht fragenden Tonfall, weil wir natürlich nicht sicher sein können, inwieweit wir mit unserer Wahrnehmung und Einschätzung richtig liegen. Diese Aussagen signalisieren den Klienten, dass wir uns in sie einfühlen, die fragende Haltung deutet an, dass wir nichts überstülpen oder bewerten. Kontaktaussagen sind kurze Halbsätze, umfassen oft nur ein bis drei Worte. So fühlen sich Klienten in ihrem Redefluss nicht unterbrochen oder abgelenkt.

Mit Kontaktaussagen sprechen wir also die Gefühle oder innere Zustände an, die wir zu erkennen glauben. Wenn wir diese empathisch widerspiegeln, geht die Wahrnehmung des Gegenüber automatisch nach innen – die Klienten spüren nach, ob das, was wir sagen, stimmt oder nicht. Das geschieht spontan und eher unbewusst. Sprechen wir den inneren Zustand in einer neugierigen, offenen, fragenden Haltung an – nicht analysierend, belehrend oder bewertend –, dann bewirkt das automatisch, dass das Gegenüber etwas achtsamer dafür wird. Durch Kontaktaussagen wandert der Fokus der Klienten von den Inhalten und Fakten mehr zum Erleben, zu den Gefühlen, inneren Zuständen oder Herausforderungen. Kontaktaussagen erhöhen die Selbstwahrnehmung, weil die Person automatisch hin spürt: Fühle ich mich wirklich so …? Oder anders? Und dieses kurze Hineinhorchen erhöht bereits die Selbstwahrnehmung. Auch signalisieren Kontaktaussagen, dass es in Ordnung ist, über diese Gefühle zu sprechen und mehr darüber zu erzählen. Empathische Aussagen sind also eine Einladung, bei den gegenwärtigen Empfindungen zu verweilen. Man kann so auf eine unauffällige und empathische Art Gesprächspartner oder Klienten dabei unterstützen, achtsamer zu werden.

Die Selbstwahrnehmung fördern

Als Coachs erhöhen wir mit unserer eigenen achtsamen Haltung, Präsenz und mit unseren Kontaktaussagen auch die Selbstwahrnehmung und Präsenz der Klienten. Mit Accessing-Fragen und anderen sprachlichen Interventionen, die zum Verweilen einladen, können wir Klienten ermuntern, für einen Moment innezuhalten und die Gefühle zu beobachten: „Wärst du neugierig, mal genauer wahrzunehmen, was für eine Gefühlsqualität bei der Vorstellung des Scheiterns mitschwingt …? Interessiert es dich, bei dieser Befürchtung mal zu verweilen …? Wie oder wo nimmst du dieses Enge-Gefühl gerade wahr …? Was für Gedanken oder Bilder tauchen da auf …? Du kannst einfach mal beobachten und wahrnehmen, was da passiert."

Achtsamkeit auf den Körper lenken, Körperwahrnehmung nutzen

- „Kannst du das im Körper bemerken?"
- „Achte mal auf den Körper. Verändert sich etwas, wenn du dich daran erinnerst …?"
- „Gibt es da eine körperliche Resonanz, während du davon berichtest?"

In die Gegenwart kommen, das gegenwärtige Erleben ansprechen

- Aussagen, die die gegenwärtigen Emotionen widerspiegeln.
  Zum Beispiel: „Das regt dich auch jetzt noch auf?", „Das enttäuscht dich?", „Stimmt dich das nachdenklich?"
- Aussagen, die einladen, das Vergangene jetzt noch einmal zu durchleben.
  Zum Beispiel: „Es ist ganz gegenwärtig, wenn du wie jetzt davon erzählst?", „Die Enttäuschung ist auch jetzt spürbar, oder?"

- Fragen, die den Gefühlszustand erkunden.
  Zum Beispiel: „Wenn du da jetzt hinspürst / hindenkst, was taucht auf ...? Was für ein Gefühl nimmst du wahr?"

Beim Gegenwärtigen verweilen

- „Interessiert es dich, da mal zu verweilen ..., mehr Information dazu zu sammeln?"
- „Wenn du dir das noch mal vergegenwärtigst, was du eben beschrieben hast, was wirkt besonders ...? Wo zieht es dich (gefühlsmäßig) hin ...? Was könnten die Knackpunkte sein ...? Wie geht es dir gefühlsmäßig damit?"
- „Bleib doch mal bei der Spannung ... Was kannst du noch bemerken? ... Was taucht da noch auf?"

Das Interesse fokussieren

- „Interessiert es dich, das mal genauer zu betrachten?"
- „Worauf würdest du die Lupe legen?"
- „Wärst du neugierig, das weiter zu erforschen?"
- „Vielleicht wäre es interessant, da mal zu verweilen?"

Achtsamkeit einführen

„Magst du mal nach innen gehen, vielleicht auch die Augen schließen und genauer wahrnehmen, wie dein Inneres auf diese Aussagen von dem Kollegen reagiert?"

„Hast du Interesse daran, genauer zu erforschen, was innerlich auftaucht, wenn du an diese Situation zurückdenkst? ... Erlaube dir, dabei aus dem Blickkontakt mit mir zu gehen und die Antennen nach innen auszurichten."

Achtsamkeit beim Coach

So zu arbeiten erfordert vom Coach spezifische Qualitäten und Fähigkeiten, ein langsames Vorgehen und Genauigkeit. Ein Coach muss in der Lage sein, sich fein auf die Befindlichkeit des Klienten einzulassen. Achtsamkeit will glaubwürdig und fühlbar vorgelebt werden und kann dann regelrecht „ansteckend" wirken. Den eigenen Geist zu schulen, im Hier und Jetzt zu sein, Ablenkungen und eigene innere Reaktionen frühzeitig zu bemerken – das alles sollte auch der Coach kultivieren. Zwei Aspekte von Achtsamkeit sind im Coaching besonders förderlich und ergänzen sich wechselseitig: Einerseits schafft ein Coach mit achtsamer Präsenz und warmherziger

Zugewandtheit ein Klima hohen Vertrauens. Auf der anderen Seite bietet der Fokus auf die inneren Zustände, die Gefühle und Körperempfindungen den Klienten in ihren Entwicklungsprozessen das, was gutes Coaching ausmacht: emotionale Tiefe, Intensität, Erfahrungsorientierung und Nachhaltigkeit.

Wirkfaktor für Veränderung

Entscheidend beim tieferen Erkunden ist, dass ein Coach die Phänomene, die sich in dem Prozess zeigen, nicht zu korrigieren, zu lösen, zu verändern oder zu kontrollieren versucht. All dies ist kontraproduktiv, wenn es darum geht, tiefgreifende Veränderungen zu ermöglichen. Denn das Entgegenwirken unterdrückt die gerade ins Bewusstsein gerückten Erfahrungen oder Erkenntnisse. Deshalb ist es so entscheidend, dass wir als Coaches den Klienten helfen, gegenwärtig im Kontakt zu bleiben, die Phänomene so wahrzunehmen und zu erleben, wie sie gerade sind.

Anstatt das Problematische schnell lösen und verändern zu wollen, verweilt und verlangsamt man genau dort. Auf diese Weise können Klienten ihre emotionale Wahrheit bewusst ins Gewahrsein holen, sie annehmen und integrieren.

5. | Vielfalt von Persönlichkeitsteilen

Schon in unserer Sprache drückt sich aus, dass wir unterschiedliche Zustände und Teile unserer Persönlichkeit wahrnehmen können. Viele Menschen sprechen spontan von Teilen oder inneren Stimmen, wenn sie über ihre Gefühle, Gedanken und Reaktionen berichten. Bei einer Entscheidung beispielsweise, wenn man noch hin- und hergerissen ist: „Ein Teil von mir würde gerne zusagen, ein anderer zögert noch", „Eine Seite hat Lust, eine andere ist etwas unsicher". Oder bei einer Provokation „kommt mal wieder der Zyniker in mir durch" oder „Die Kämpferin ist angesprungen". Persönlichkeitsanteile machen sich bemerkbar, wenn wir von einem Moment zum nächsten in einen anderen inneren Zustand geraten. Eben noch waren wir in einem Gespräch entspannt und interessiert. Und dann – mit dem Ärger über eine Aussage des Gegenübers – verändern sich unsere Stimmungslage und unsere Haltung schlagartig. Anspannung, Empörung, Gereiztheit oder Ungeduld machen sich breit und wir geraten beispielsweise vom Zuhör- in einen Verteidigungsmodus. Anteile der Persönlichkeit können sich auch in unseren Stimmungen bemerkbar machen. Es gibt Tage, da fühlt man sich bereits beim Aufstehen anders, „nicht so ganz ich selbst", etwas verquer, überfordert oder unbeholfen im Kontakt mit anderen und würde sich am liebsten verkriechen. Wollte man diesem Zustand einen Namen geben, würde man ihn vielleicht den „Zurückgezogenen" nennen.

5.1 Der Mensch – ein facettenreiches Wesen

Der Mensch hat eine äußerst komplexe Psyche. Mit seiner Beschreibung von Es, Ich und Über-Ich machte Freud (1923) einen ersten Schritt zur Erforschung dieser Vielschichtigkeit. Eine der einflussreichsten späteren Theorien stammt von Melanie Klein (1948), die davon ausging, dass unsere innere Erfahrung von ganzheitlichen inneren Repräsentanzen der wichtigsten Menschen in unserem Leben geformt wird. Auch Jung führte den Gedanken, dass wir viele Bewusstseinsformen in uns tragen, einen Schritt weiter. 1935 beschrieb er einen Komplex als etwas, das „die Tendenz hat, eine kleine eigene Persönlichkeit zu bilden …, er benimmt sich wie eine Teilpersönlichkeit". Jungs Zeitgenosse Assagioli und dessen Schüler Ferrucci entwickelten mit ihrer Schule der Psychosynthese wohl den ersten und bereits sehr ausgefeilten Ansatz, die Psyche als eine Ansammlung von verschiedenen, individuell sehr unterschiedlichen Teilpersönlichkeiten zu sehen. Ferrucci (1986) bietet zahlreiche praktische Übungen an, um das Potenzial aller Teilpersönlichkeiten zu entwickeln. Gerade in den letzten Jahrzehnten wurde die Vorstellung wieder aufgegriffen und erweitert. Bekannt sind z. B. die „Parts Party“ von Virginia Satir (2004), der „Voice Dialog“ von Hal und Sidra Stone (1994), das „Innere Team“ von Friedemann Schulz von Thun (1998) sowie die „Ego-States“ von John und Helen Watkins (2003).

1995 haben wir Richard Schwartz und sein Modell der „Internal Family Systems Therapy“ (IFS) kennengelernt. Seitdem arbeiten wir damit im Coaching, und die Arbeit mit Persönlichkeitsteilen ist ein zentraler Bestandteil unserer Coaching-Weiterbildung. Mit seinem systematischen Vorgehen und dem systemischen Verständnis des Zusammenwirkens der Teile scheint uns das IFS-Modell für eine bewusste Selbstführung am besten geeignet. Unsere Erfahrung mit vielen Klienten, Ausbildungsteilnehmern und mit uns selbst ist, dass es sehr hilfreich ist, manche Zustände, innere Stimmen oder Impulse als Teile unserer Persönlichkeit zu betrachten.

Wie Teile uns steuern

Wir können Persönlichkeitsteile als eingeschliffene Zustände oder Wahrnehmungs- und Reaktionsmuster betrachten, die sich über längere Zeiträume entwickelt und verfestigt haben. Sie sind das Ergebnis lebenslanger Vorerfahrungen und Lernprozesse. Ändert sich die Situation, ändert sich oft auch das innere Reaktionsmuster – ein anderer Teil wird aktiv. Forschungsergebnisse lassen vermuten, dass dieses Umschalten so schnell passiert, dass man es frühestens eine Viertelsekunde später bewusst bemerken kann (Liebet 1985). Diese Zustände oder Teile der Persönlichkeit werden völlig automatisch aktiviert (siehe Kapitel 2.4 zum Thema automatische Reaktionen). Solange dies wie bei einem Autopiloten gut funktioniert und wir mit unserer Wirkung zufrieden sind, machen wir uns kaum Gedanken darüber, wer oder was uns gerade steuert. Die Frage, welcher Teil der Persönlichkeit den Lauf der Gedanken, die Stimmung oder die Reaktionen bestimmt, wird relevant, wenn wir uns damit limitiert oder belastet fühlen.

Wir können eigene Anteile oder Seiten unserer Persönlichkeit bemerken, wenn wir unsere Selbstgespräche, inneren Impulse, Einstellungen, Gefühle und Verhaltensweisen achtsamer wahrnehmen und untersuchen. Bei einem inneren Selbstgespräch zum Beispiel bemerkt man vielleicht die Stimme eines Kritikers: „Mensch, das war ja wirklich daneben!“ oder die eines Skeptikers: „Ob das wohl gutgeht …? Ich glaube nicht.“ In Situationen, in denen fast zeitgleich zwei Einstellungen miteinander ringen – eine Seite möchte etwas zusagen, eine andere appelliert für Abgrenzung – können wir zwei unterschiedliche Facetten erkennen. Wenn auf ein heftiges, verletzliches Gefühl unmittelbar innere Kühle, Distanz oder Abwehr folgt, können wir uns fragen, welche Seite gerade so empfindlich und dann so schnell unempfindlich reagiert. Wenn es widerstrebende Impulse gibt, liegen unter Umständen polarisierte Teile miteinander im Clinch: „Ruh dich aus und lasse los!" versus: „Nein, erst müssen die Mails erledigt werden!" Und weiter: „Das geht doch auch später." – „Nein! Erst die Arbeit und dann entspannen!" – „Etwas Ruhe wäre jetzt wichtig!" – „Aber schau mal, was es alles zu tun gibt!" Gibt man dem „Antreiber" nach, ist der andere Teil, vielleicht ein „Genießer" oder selbstfürsorglicher Teil, unzufrieden – und umgekehrt.

Wenn wir besser verstehen wollen, warum bestimmte Impulse, Gefühle oder Gedanken so stark sind, auf eine bestimmte Weise zu uns reden oder uns steuern, ist es hilfreich, die Überzeugungen und Bedürfnisse der Teile kennenzulernen, die da aktiv sind.

Teile kennenlernen – ein wichtiger Schritt zur Selbstführung

Manche Facetten unserer Persönlichkeit werden nur in spezifischen Situationen oder im Zusammensein mit bestimmten Menschen ausgelöst. Unsere Stimmungen und Reaktionen sind immer auch beeinflusst vom Kontext der Situation, von der Persönlichkeit des Gegenübers und der Qualität der Beziehung zueinander. Im Gespräch mit einer jungen, unerfahrenen Person, die man sehr schätzt und fördern möchte, kommen beispielsweise eher fürsorgliche Seiten zum Vorschein, während der Kontakt mit einem unflexiblen, etwas störrischen Kollegen mit fest eingefahrenen Ansichten dominante oder durchsetzungsstarke Teile auf den Plan rufen kann. Aspekte der Persönlichkeit als Teile zu betrachten und nicht einfach nur als Gefühle oder Charaktereigenschaften, macht sie anschaulicher, greifbarer und den Umgang damit wirkungsvoller.

Unsere Empfehlung ist, im Coaching und Selbst-Coaching die Anteile zu identifizieren und näher zu kennen, die zu inneren oder äußeren Spannungen und Schwierigkeiten beitragen. Ein erster Schritt kann sein, diesen Facetten der Persönlichkeit jeweils einen Namen oder eine Überschrift zu geben, der/die ihre spezifische Rolle und Qualität beschreibt. Man kann einen Teil besser erkennen, mit ihm in Kontakt kommen und bewusster steuern, wenn man ihn, wie einen Menschen, beim Namen nennt. „Ah ja, da meldet sich wieder mein Zyniker!" oder „Mein Antreiber setzt mich gerade unter Druck" oder „Die Ausgeschlossene fühlt sich gerade so verunsichert". Mit einem Namen oder einer Umschreibung wird der Kontakt zu einem Teil intensiver und das wiederum ist eine gute Voraussetzung für das Führen der Teile.

Ein Beispiel:

Bodo kommt mit einem Anliegen ins Coaching, das ihn schon seit geraumer Zeit beschäftigt. Er hat häufig Schwierigkeiten, sich gegenüber Forderungen, Bitten und Wünschen anderer abzugrenzen. Im familiären und freundschaftlichen Umfeld ist er äußerst hilfsbereit. Wenn ihn ein Freund um einen Gefallen bittet – zum Beispiel, ihm beim Umzug zu helfen –, ist er sofort bereit, auf ein freies Wochenende in den Bergen zu verzichten. Wenn seine Frau einen erholsamen Urlaub an einem beschaulichen Ort verbringen will, er jedoch gerne ein paar Tage Kultur und Kunst in Paris genießen möchte, ist er derjenige, der nachgibt. Wenn die Kinder mit ihm eine Radtour unternehmen wollen, sein Bedürfnis aber ist, sich in den Hobbyraum zurückzuziehen, können sie ihn schnell umstimmen. Gelegentlich ist er im Nachhinein frustriert, nicht besser auf seine eigenen Bedürfnisse geachtet zu haben, aber im Großen und Ganzen hat er sich damit abgefunden. In jüngster Zeit jedoch gibt es am Arbeitsplatz ganz andere Situationen, die ihn stutzig machen und in denen er sich kaum wiedererkennt. In der Zusammenarbeit mit Heinz, einem neuen Kollegen, der seit ein paar Wochen im Team ist, zeigt er auffällig oft ein anderes Extrem: Er verhält sich ihm gegenüber ziemlich schroff und abweisend.

Im Rahmen eines gemeinsamen Projekts arbeiten die beiden seit einigen Wochen enger zusammen und es gibt vermehrt Kontakte, die Bodo frustrieren: Heinz ruft ihn beispielsweise an und bittet ihn erneut, ihm Konzepte zur Verfügung zu stellen, etwas zum x-ten Mal zu überprüfen oder erwartet ein weiteres Gespräch zur Klärung der bereits seit langem fest abgesteckten Ziele. Bodo geht nicht wie sonst bereitwillig auf diese Bitten ein, sondern findet jedes Mal Gründe, warum er ihm dabei nicht helfen kann. Weiterführende Erklärungen des Kollegen und dessen leicht vorwurfsvoller Ton machen ihn ungeduldig und er versucht, das Gespräch möglichst schnell abzubrechen. Wenn er den Hörer auflegt, empfindet er sein Verhalten noch als ganz angemessen, aber dann beschleicht ihn ein schlechtes Gewissen. Er nimmt sich vor, zukünftig freundlicher zu reagieren. Nur, beim nächsten Mal passiert wieder das Gleiche: Auf eine Bitte oder Frage von Heinz meldet sich eine starke innere Abwehr und er kanzelt ihn kurz angebunden ab. Mittlerweile ist das Verhältnis zwischen beiden zunehmend angespannt und die Ergebnisse leiden darunter.

Bodos Ziel im Coaching ist, Heinz gegenüber eine angemessenere Art der Abgrenzung zu finden. Als er gemeinsam mit dem Coach seine Reaktion näher erforscht, wird deutlich, dass der schroffe, abweisende Ton mit zwei Facetten seiner Persönlichkeit zusammenhängt: Eine unabhängige Seite, die den Anspruch hat, alles allein zu machen und die sich nur in Ausnahmesituationen Hilfe von anderen holen würde. Und eine weitere, eher harte und kritische Stimme, die auf das schwache, unselbstständige Verhalten von Heinz allergisch reagiert. Auf die Frage, was diese Seiten sagen würden, wenn sie es laut in Worte fassen könnten, fragt sich der unabhängige Teil: „Wie kann jemand in der Position von Heinz so unselbstständig und unsicher sein?!" Und die harte, schroffe Stimme, die so kritisch wird, klingt so: „Dieser Schmarotzer, das soll er sich gefälligst selbst erarbeiten! Wie kommt der dazu, mich immer so zu belästigen und auszunutzen?!"

Jeder Teil ist eine komplexe eigenständige „Persönlichkeit"

Dieses Beispiel illustriert, dass ein Teil mehr ist als nur ein ärgerliches Gefühl oder eine Eigenschaft, wie etwa „hilfsbereit". Wir können Teile als komplexe, innere Zustände betrachten, die aus für sie jeweils typischen Gefühlen, Sichtweisen, Gedanken, Erinnerungen, Körperempfindungen und Impulsen bestehen – so, als seien sie innere Programme, die immer wieder neu aktiviert werden. Wenn die harte, kritische Seite das Verhalten steuert, fühlt sich Bodo ungeduldig und überlegen. Sein Körper ist angespannt, der Blick fokussiert und er vermittelt Distanz. Er ist kurz angebunden und spricht kühler und schneller als sonst. In diesem Zustand hört er dem Kollegen kaum noch zu. Wenn jedoch der hilfsbereite oder der „Helfer", wie Bodo ihn mittlerweile nennt, im privaten Umfeld die Führung innehat, dann achtet er auf die Bedürfnisse der anderen, hört aufmerksam zu, ist einfühlsam und geduldig.

Im Coaching interessiert sich Bodo für die Frage, warum sein Ärger auf Heinz so ausgeprägt ist und immer wieder so stark durchbricht. Die Intensität der Schärfe kann er sich nicht allein durch den Ärger des Kritikers erklären. In Coaching-Situationen, in denen sich Klienten fragen, warum ein Anteil so stark ist, warum dieser so heftig, intensiv oder hartnäckig reagiert, können wir das näher erforschen. Wir können mit Klienten achtsam erkunden: Was denkt und empfindet dieser Teil? Weshalb ist etwa der Unabhängige so stark? Was lässt die kritische Stimme so abwertend gegenüber Schwäche und Unselbstständigkeit sein? Verbirgt sich noch etwas hinter dem Ärger, was schwingt da alles mit?

Statt nur darüber nachzudenken, was einem zu schaffen macht oder so bewegt, kann man sich auf eine wahrnehmende, interessierte Begegnung mit dem Persönlichkeitsteil einlassen, der die entsprechenden Gefühle, Gedanken oder Verhaltensweisen verursacht. Mit Unterstützung des Coachs gelingt es Bodo, noch genauer zur kritischen Härte hinzuspüren und zu dem, was sich hinter der heftigen Wut noch verbirgt. So findet er Zugang zu einem weiteren, empfindsameren Gefühl: Enttäuschung und eine gewisse Hilflosigkeit. Weil Bodo in Beziehungen so oft die gebende Person ist, sich selbst keine Unterstützung holt und oft zurücksteckt, ist da ein Mangel entstanden. Hinter den Teilen, die bisher im Vordergrund waren, kann er jetzt einen „Bedürftigen" entdecken. Der ist lange Zeit viel zu wenig wahrgenommen worden und schlicht zu kurz gekommen. Dieser Teil hat einige Gefühle angesammelt: Er fühlt sich alleingelassen, nicht ernst genommen. Und eine andere Seite ist wütend darüber. Ein Ausschnitt aus dieser vom Coach begleiteten Forschungsreise wird unter „Coaching" am Ende dieses Kapitels beschrieben.

Innere Führung

Es ist ein entscheidender Unterschied, ob ein Teil uns führt oder wir einen Teil führen. Innere Führung setzt voraus, frühzeitig wahrzunehmen, wenn ein Teil das Steuer übernimmt. Wenn Bodo spürt, dass er beginnt, sich anzuspannen und innerlich abzuschotten und dass er gerade auf Kritik umschaltet, kann er kurz innehalten. Für sein Ziel, Heinz zukünftig erst mal anzuhören, sich mit ihm auseinanderzusetzen und die Argumente abzuwägen, muss er etwas Abstand zum Kritiker herstellen. Wenn der Kritiker mehr im Hintergrund bleiben kann und nicht gleich ans Steuer greift, ist Bodo in der Lage, aus einem anderen Zustand heraus zu reagieren. Es kann ihm eher gelingen, sich mit einer entspannten Haltung abzugrenzen und, ohne so abweisend zu sein, seine Position trotzdem klar zu vertreten.

Wirkfaktor für Veränderung

Wenn wir schwierige innere Zustände, die mit spezifischen Empfindungen, Überzeugungen und Impulsen einhergehen, als Anteile der Persönlichkeit betrachten, können wir diese leichter im Alltag erkennen. Unser Gehirn kann sich leichter an bildhafte Vorstellungen erinnern. Einen spezifischen Zustand erkennen wir eher, wenn er mit einem anschaulichen Namen verbunden ist. Diese Zustände und Anteile unserer Persönlichkeiten sind dann im Alltag präsenter und können auch dadurch bewusster gesteuert werden.

Wenn wir wahrnehmen, dass ein Teil beginnt, die Führung zu übernehmen, können wir uns fragen: „Was treibt mich gerade an? Ist das ein Gefühl, ein Gedanke oder Impuls eines bestimmten Teils von mir?" Disidentifikation – der Abstand zu einem Teil – ist der entscheidende Unterschied und ausschlaggebend dafür, ob ein Teil uns führt oder wir selbst in Führung sind.

Ein wertschätzender Umgang mit den Anteilen unserer Persönlichkeit macht es leichter, ihre Qualitäten gut zu integrieren, insbesondere dann, wenn wir wertvolle Information über ihre Rollen und Bedürfnisse erhalten.

5.2 Persönlichkeitsteile identifizieren in Coaching und Selbst-Coaching

Selbst-Coaching

Eigene Teile identifizieren und benennen

Zweck:	Zentrale Anteile im Zusammenhang mit einem wiederkehrenden und limitierenden Muster erkennen
Grobstruktur:	In Achtsamkeit ein oder zwei Situationen durchgehen, die du als schwierig erlebst und mögliche auftretende Teile identifizieren Papier und Stift für Notizen
Zeitbedarf:	20 bis 30 Minuten

Setz dich bequem hin und schließ für eine Weile die Augen. Nimm dir einen Moment Zeit, um umzuschalten, die Außenwelt loszulassen und dich auf dich selbst zu besinnen. Um dich besser auf die Innenwelt zu konzentrieren, kann es hilfreich sein, wenn du für ein paar Minuten beim Atemfluss verweilst.

1. Lass nacheinander einige der unten aufgeführten Situationen aus deinem Leben auftauchen. Versuche, dir diese Momente möglichst plastisch und lebendig zu vergegenwärtigen. Wenn du bei einer dieser Erfahrungen ein Muster erkennst, das du gerne näher betrachten möchtest, kannst du mit den Reflexionsfragen unten weiter fortfahren:
   - automatische Reaktionen
   - Streit oder Auseinandersetzung
   - Rede, Präsentation oder Auftritt vor einer größeren Gruppe
   - schwierige Verhandlungen
   - schwierige Entscheidungsprozesse
   - Kritik oder Infragestellung
   - Umgang mit einer für dich herausfordernden Person
   - Kontakt mit deinen Eltern
   - wiederkehrende unangenehme Stimmungen
2. Während du die jeweilige Situation und das Geschehen auf dich wirken lässt, nimm wahr, was sich innerlich verändert. Was für ein Zustand bahnt sich an? In was für eine Stimmung gerätst du? Was für Gefühle herrschen vor? Was denkst du? Welche Impulse entstehen? Verändern sich deine Stimme, dein Atem, die Muskelspannung im Körper? ... Und wenn ja, wie? Lass alles auf dich wirken, ohne es verändern zu wollen.

3. Wenn du diesen Zustand – die Körperempfindungen, Gefühle, Gedanken, ersten Impulse und Reaktionen – jeweils noch etwas genauer erforschst, welche Seite von dir tritt dabei in den Vordergrund? Gibt es innere Worte oder eine Stimme, die sich meldet? Versuch zu erfassen, welcher Teil deiner Persönlichkeit in Resonanz geht bzw. aktiviert wird. Und auch: Was wird vielleicht unterdrückt oder tritt in den Hintergrund?
4. Gibt es gegensätzliche Impulse, widerstreitende oder polarisierte Gedanken? Kannst du hinter diesen noch andere entdecken oder ahnen?
5. Versuch für diese unterschiedlichen Anteile, wenn du sie voneinander abgrenzen kannst, passende Namen zu finden. Das können kurze Worte oder – wenn dir kein klarer Name einfällt – auch erst mal Umschreibungen sein. Zum Beispiel: der „Teil, der sich verteidigt", „eine Seite, die sich nicht gut genug fühlt", „eine Stimme, die Sorgen hat", oder ein „Teil, der sich durchsetzen will ..." Usw.
6. Fahre fort, indem du dir eine weitere Situation aus den Beispielen oben auf diese Weise vergegenwärtigst und sie erforschst. Liste alle Teile deiner Persönlichkeit auf, die dir dabei begegnen.

Coaching

Teile identifizieren

Als Coach können wir stets auf nonverbale Signale achten, die vielleicht Ausdruck eines Persönlichkeitsteils sind. Was erhalten wir, neben den Worten, für Hinweise über das innere Erleben der Person? Wie ist ihr gegenwärtiger Zustand geprägt? Eine plötzliche Veränderung von Gestik und Mimik, des Tonfalls, der Sprachmelodie und der Körperhaltung: Sie alle können auf Persönlichkeitsteile hinweisen, die sich gerade melden. Der emotionale Zustand, in dem die Person ist, während sie spricht, kann Ausdruck eines aktivierten Persönlichkeitsteils sein. Ebenso aufschlussreich sind die Beschreibungen der inneren Selbstgespräche der Klienten. Je achtsamer der Coach für diese Ebenen ist, desto leichter gelingt es, mit den Klienten zu erkunden, was gerade automatisch und vielleicht unbemerkt geschieht. Und von da aus ist es nicht mehr weit, die entsprechenden Teile der Persönlichkeit zu identifizieren. Die plötzlich lauter werdende Stimme, die Rötung des Gesichts, die zusammengekniffenen Augen, die Spannung im Oberkörper, der schneidende Tonfall, der schnellere Redefluss, der vorgeschobene Unterkiefer – all diese Signale zusammengenommen könnten beispielsweise der Ausdruck eines kämpferischen oder rechthaberischen Zustands sein. Diesen kann der Coach mit Kontaktaussagen ansprechen und beginnen, nach möglichen Teilen zu fragen. Wenn der gegenwärtige Zustand im Zusammenhang mit dem Anliegen eine bedeutsame Rolle spielt, empfiehlt es sich, den Teil zu benennen und ihn im weiteren Verlauf gegebenenfalls näher zu erforschen. Das Identifizieren von Persönlichkeitsteilen hilft Klienten, mit einer neuen Perspektive und geschärften Wahrnehmung auf ihre Reaktion zu blicken.

Am Beispiel von Bodo wollen wir anhand eines Ausschnitts aus einer Coaching-Sitzung illustrieren, wie Persönlichkeitsteile identifiziert werden. Wir veranschaulichen so, wie ein Coach den Prozess des achtsamen Erkundens steuert, welche Fragen und Interventionen hilfreich sind. Es ist das erste Coaching nach der vorangegangenen Zielklärung. Bodo hat gerade von seiner schroffen, abweisenden Art gegenüber dem Kollegen Heinz erzählt und dass er nicht versteht, weshalb sie so heftig und schwer kontrollierbar ist.

COACH: Da reagiert also etwas sehr abwertend, unfreundlich … Spür mal genauer hin … Was ist denn das für eine Seite von dir?“

BODO: *(Spricht schneller und lauter, wirkt ärgerlich)* Ich fühle mich von ihm ausgenutzt. Außerdem wundert es mich, dass er so unselbstständig ist.

COACH: Das ärgert dich …?

BODO: Und wie!

COACH: Wenn du in dieser Situation da mal genauer hinfühlst, was ist das für ein Ärger …, was schwingt da noch mit?

BODO: *(Nimmt sich einen Moment Zeit, bevor er antwortet und wirkt nachdenklich)* Ich verstehe nicht, dass jemand ständig nachfragen muss und Hilfe braucht. Ich mach doch auch alles alleine und brauche keine Hilfe. *(Er betont diese Sätze und unterstreicht mit seinen Handbewegungen, dass er keine Hilfe braucht.)*

COACH: Das scheint dir fremd zu sein? … Könnte das eine etwas unabhängige Seite von dir sein, die sich da meldet?“

BODO: Mhm … Ja klar! Unabhängigkeit, vor allem eigenständig und selbstverantwortlich zu sein, ist mir sehr wichtig. *(Seine Stimme wird abwertend und er spricht schneller.)* … Und das erwarte ich von jemanden in seiner Rolle. Wie kann jemand so unselbständig und unbeholfen sein?

COACH: *(Entscheidet sich bewusst, nicht auf die Erklärung einzugehen, sondern auf die emotionale Ladung dahinter)* Das kannst du nicht fassen …, das findest du unmöglich?

BODO: Ja, ich muss mir schließlich auch selbst helfen … *(Es gibt eine Pause, er spürt nach und spricht danach nach einer Weile in einem etwas nachdenklichen Ton weiter.)* … Aber diesen Ärger sollte er so nicht abkriegen, das ist nicht fair!

COACH: Da scheint sich eine andere Seite zu melden. Wenn du dich so abweisend gegenüber Heinz verhältst … Was denkst du dann, was empfindest du dann? Wenn dieser abweisende Teil von dir hervortritt, wie geht es dir damit?

BODO: *(Die Spannung im Oberkörper und im Gesicht lässt nach, die Stimme wird leiser, die Mundwinkel gehen leicht nach unten, er zieht die Schultern kurz hoch und lässt sie wieder fallen mit einem etwas resignierten Gesichtsausdruck.)* Ich fühle mich etwas schuldig, es ist sehr unkollegial …, irgendwie unfair.

COACH: Spür mal nach, woher kommt dieses Gefühl? Welche Seite von dir hat dieses Gefühl, schuldig und unfair zu sein?

BODO: Der Teil in mir, der helfen möchte oder sollte. Ich habe das Gefühl, ich müsste Heinz gegenüber hilfsbereiter und freundlicher sein.

COACH: Ja, das ist sehr verständlich. Hier meldet sich also ein Hilfsbereiter oder so ähnlich?

BODO: *(Spürt vor einen Augenblick nach innen)* Ja, der Begriff passt sehr gut!

COACH: Und es scheint eine Seite zu geben, die das anders sieht oder empfindet?

BODO: *(Ärgerlicher Ton, die Stimme wird wieder lauter, der Blick eindringlich, es kommt mehr Bewegung in den Körper.)* Ja, ich finde, ich habe das Recht, auch mal Nein zu sagen und mich abzugrenzen. In seiner Position und mit seinem Erfahrungsgrund müsste er sich da schließlich …

COACH: Spür mal hin, spricht jetzt gerade der Teil, der dem Kollegen gegenüber so schroff reagiert?

BODO: *(Wirkt überrascht und interessiert)* Stimmt!

COACH: Dann bleib mal dabei. Was schwingt da mit, was für eine Seite von dir meldet sich da? Ist das ein Unabhängiger oder eine andere Seite …?

BODO: *(Es vergehen ein paar Sekunden.)* Hm, tatsächlich. Da ist noch was anderes … Etwas Trotzig-Ärgerliches, was diesen Kollegen am liebsten wegstoßen möchte.

COACH: Da scheint also noch ein Teil zu sein, ein Trotzig-Ärgerlicher? … Stimmt der Name so?

BODO: Da muss ich mal hinspüren … *(schließt die Augen und wirkt neugierig)* … Irgendetwas in mir beginnt da abzublocken … Ja, so ein trotziger „Abschotter" – die Beschreibung passt.

COACH: Magst du mal hinspüren, warum der so stark ist?

BODO: Ja, das würde mich sehr interessieren!

COACH: Gut, wir haben noch ein paar Minuten Zeit und können gerne mal anfangen und beim nächsten Mal dann hier weiter erforschen … Lenke doch mal deine Aufmerksamkeit auf diesen „Abschotter", auf dieses Gefühl, wo und wie du das wahrnimmst. … Und dann spüre mal neugierig hin: Warum ist der Abschotter so stark, was kann er dir dazu zeigen? Was für eine Art von Ärger hat er?

BODO: *(Er ist nach innen gewandt und es vergehen ein paar Sekunden.)* Spannend …! Ich bemerke gerade noch was!

COACH: O. k., bleib dabei. Versuche, es emotional zu fassen, nicht übers Nachdenken.

BODO: Es ist irgendetwas Ärgerliches in mir … Der Ärger ist nicht nur auf ihn gerichtet … Ich bin auf ihn ärgerlich, aber irgendwie auch auf mich … *(Er schaut etwas überrascht.)* Ich merke, mir fehlt auch Unterstützung. Ich komme zu kurz! Hmm, noch nicht so ganz logisch, aber so fühlt es sich an.

COACH: Das wäre sehr interessant, hier noch weiter zu erkunden … Vielleicht nimmst du dir noch einen Moment Zeit, bevor wir abschließen, ob du dem Gefühl, das sich gerade meldet und noch etwas diffus ist, einen Namen geben kannst?

BODO: Ja, es ist ein Gefühl, zu kurz zu kommen, etwas, das auch Bedürfnisse hat und zurücksteckt … So etwas wie ein „bedürftiger Teil" vielleicht. Interessant, das spüre ich sonst nie so deutlich!

Bei diesem Einstieg ins Identifizieren von Anteilen zeigen sich bereits einige wesentliche „Akteure", die mit Bodos schroffer Automatik zusammenhängen: Unabhängiger, Hilfsbereiter, trotziger Abschotter und Bedürftiger.

Hinweise

Wenn man beim Erkunden nach Teilen fragt – „Wer oder was in dir empfindet so?“ –, kommt die Antwort oft in der „Ich“-Form: „Das ärgert mich.“ Das kann ein Hinweis sein, dass sich die Person mit dieser Seite, in diesem Fall mit dem Ärger, identifiziert. Wir empfehlen dann, sofern es passt, weiterhin in einer interessierten, offenen und unaufdringlichen Haltung sprachlich nach Anteilen oder Seiten zu forschen. Im Lauf des Prozesses, mit mehr Zugang nach innen und einer beobachtenden Haltung, können die meisten Klienten Teile ihre Persönlichkeit deutlicher wahrnehmen.

Teile zu identifizieren und dafür Namen oder Umschreibungen zu finden, ist ein gemeinsamer Suchprozess. Klienten dürfen nicht den Eindruck gewinnen, dass ihnen irgendetwas übergestülpt wird. Entscheidend ist, dass sie selbst neugierig und offen sind für das, was sich da im Inneren abspielt. Ein vorläufiger Name kann im Lauf der Zeit auch umformuliert und es kann ein stimmigerer gefunden werden.

Entscheidend ist, dass wir als Coachs während des Erforschens eine Haltung des „Nicht-Wissens“ einnehmen, dass wir unvoreingenommen und offen sind, die Bedeutungswelt des Klienten kennenzulernen. Das heißt, möglichst wenig eigene Annahmen zu treffen, aber vor allem nicht zu versuchen, etwas zu verändern oder zu korrigieren. Frühe Schlussfolgerungen oder das Erklären vermeintlicher Zusammenhänge seitens des Coachs oder auch die Suche nach Lösungen verhindern das Erkunden der Innenwelt. Es ist entscheidend, so lange zu verweilen, bis die Klienten die Bedeutung von Phänomenen selbst entdecken und erfassen.

Wirkfaktoren für Veränderung

Klienten sind häufig erleichtert, wenn sie erkennen, dass bestimmte Verhaltensmuster sinnvolle und intelligente Reaktionen auf etwas sind – und eben nicht so irrational und negativ, wie sie es zuvor immer eingeschätzt haben.

Auch erleben sie es als entlastend, wenn „nur“ ein Teil der Persönlichkeit für das schwierige Verhalten verantwortlich ist und nicht die Gesamtpersönlichkeit. Diese Perspektive verändert bereits die Beziehung zu sich selbst und gegenüber dem Phänomen.

Beim Identifizieren von Persönlichkeitsteilen entsteht eine Zugewandtheit, wo es zuvor keine gute Verbindung oder keinen bewussten Kontakt gab. Das, was wir kennen und wohlwollend ansprechen können, kann sich verändern.

6. Innere Dynamik von Persönlichkeitsteilen

Das Modell „Internal Family Systems“ (IFS) von Richard Schwartz (2003) ermöglicht einen sehr differenzierten und individuellen Blick auf die eigene Persönlichkeit. Das Wertvolle daran ist, dass es die systemische Dynamik zwischen den Teilen beschreibt. Ihr Zusammenwirken kann man sich vorstellen wie ein ökologisches System, in dem kein Element isoliert existiert und alle Anteile miteinander zusammenhängen. Bei näherer Erforschung der Teile wird deutlich, dass sie zueinander in Beziehung stehen und es zwischen ihnen Wechselwirkungen gibt. Es gibt konträre, polarisierte Teile, zum Beispiel einen sicherheitsbedürftigen und einen freiheitsliebenden Teil. Und es gibt Allianzen von Teilen, die ähnliche Interessen verfolgen, sich gegenseitig unterstützen und gemeinsam agieren, wie z. B. eine „Perfektionistin“ und eine „Antreiberin“ oder einen „Planer“ und einen „Vorausschauenden“. Von besonderer Bedeutung ist, dass es Anteile in der Persönlichkeit gibt, die tendenziell versuchen, unangenehme oder schmerzhafte Zustände zu vermeiden. Es liegt in unserer Natur, uns sicher und wohl fühlen zu wollen. So haben wir im Lauf des Lebens viele Strategien entwickelt, um schwierige Zustände zu verhindern oder zu bewältigen. Teile, die die Rolle übernommen haben, empfindsame, sensible und verletzliche Seiten der Persönlichkeit zu schützen, reagieren wie „Beschützer“. Sie versuchen zu vermeiden, dass unangenehme Gefühle wie Unsicherheit, Unterlegenheit oder Ohnmacht entstehen.

6.1 Beschützer

Eine zentrale Aufgabe eines „Perfektionisten“ kann die sein, die Person vor Kritik anderer zu bewahren. Er spornt sie an, stets höchsten Ansprüchen zu genügen und versucht damit zu verhindern, dass die Person etwa nicht gut genug ist oder versagt und unglücklich werden könnte. Würde man den Perfektionisten fragen: „Was befürchtest du, was passieren würde, wenn du weniger stark wärst?“, könnte die Antwort lauten: „Dann sinkt die Leistung, dann kommt’s zu Fehlern …“ Und wenn man weiter forscht: „Was wäre daran so schlimm?“, könnten sich weitere Sorgen zeigen: „Dann verliere ich an Anerkennung, dann sind andere nicht zufrieden“, oder: „Dann droht Versagen“. Ein innerer Perfektionist versucht meistens, empfindsame Zustände zu vermeiden oder einen verletzlichen Anteil der Person zu beschützen – einen, der sich ungenügend fühlt, Angst hat, zu versagen oder unsicher ist. Der Perfektionist setzt sich dafür ein, dass diese Gefühle möglichst nicht ausgelöst werden. Allerdings trägt er paradoxerweise auch dazu bei, dass die Person nicht so leicht zufrieden ist. Denn die hohen Ansprüche und Maßstäbe an sich selbst sind nicht leicht zu erfüllen und das Gefühl, ungenügend zu sein, wirkt latent weiter.

Oder nehmen wir das Beispiel eines Harmonieteils, der stark darauf ausgerichtet ist, für eine ausgleichende, friedvolle, harmonische Stimmung zu sorgen. Ein solcher Anteil ist bemüht, anderen entgegenzukommen und stellt eigene Interessen eher zurück. Dahinter verbergen sich womöglich die Furcht vor Ärger und davor, dass andere sich abwenden könnten, der Verlust von Zuwendung und die damit verbundenen unangenehmen Gefühle.

Nun kommt es natürlich zu Situationen, in denen wir trotz vorausschauendem Handeln und besten Absichten in empfindsame Zustände geraten. Uns unterlaufen Fehler, wir genügen vielleicht nicht dem Anspruch anderer und werden kritisiert. Oder wir fühlen uns gerade nicht zugehörig und isoliert. Oft melden sich dann Anteile, die eher impulsiv, schnell und spontan reagieren, die uns verteidigen oder auf andere Art und Weise die unangenehmen Gefühle zu verhindern suchen. Das könnte eine „Coole" sein, die bei Kritik anspringt und nach außen hin unbeteiligt, unverwundbar und kontrolliert wirkt. Eine Coole, die Kritik und die empfindsamen Gefühle auf Abstand hält und anderen signalisiert, dass sie souverän mit der Situation umgehen kann. Oder ein „Aggressiver Verteidiger", der den Spieß umdreht und das Gegenüber infrage stellt und zurechtweist.

Richard Schwartz hat entdeckt, dass die Art und Weise, wie Persönlichkeitsteile auf die Außenwelt und im inneren System aufeinander reagieren, immer wieder ähnlichen Prinzipien folgt. Teile lassen sich häufig einer von drei Kategorien zuordnen, die jeweils bestimmte Eigenschaften und Funktionen aufweisen und in einer typischen Weise aufeinander reagieren. Dies liefert ein einfaches und doch tiefgründig systemisches Verständnis dafür, warum wir manche stark ausgeprägten Verhaltensmuster oder Gewohnheiten haben, wiederkehrenden Stimmungen ausgesetzt sind oder wiederholt in bestimmte Wechselwirkungen mit anderen geraten. Wenn wir die inneren Dynamiken unserer Persönlichkeitsteile genauer verstehen, erkennen wir eher, wo wir wie ansetzen können.

6.2 Rollen und Funktionen von beschützenden und beschützen Teilen

Manager

Viele Teile der Persönlichkeit setzen sich dafür ein, dass wir den Alltag effektiv und erfolgreich bewältigen. Diese Teile versuchen sicherzustellen, dass wir unsere Ziele erreichen, unsere Bedürfnisse befriedigen, bei anderen gut ankommen und leistungsfähig sind. Sie sind vergleichbar mit Managern in der Führungsetage, die planen, strategisch denken, eine hohe Verantwortung tragen, vieles regeln sowie vorausschauend und überlegt handeln. Es sind die Anteile, mit denen wir uns identifizieren, die wir mögen und schätzen, von denen wir am ehesten sagen: „So bin ich.“ In der Regel machen sie einen guten Job. Sie helfen uns dabei, uns nicht hilflos, unterlegen, ungenügend, klein, unsicher, isoliert, fremd usw. zu fühlen. Wenn wir auf automatische Reaktionen blicken, dann sind das die Teile, die viel dafür tun, dass unangenehme Zustände kontrolliert oder verhindert werden.

Wenn diese Teile uns immer wieder unter Druck setzen, uns einengen oder zu dominant geworden sind, erleben wir sie als limitierend. Beispiele: Ein Antreiber oder eine Kritikerin sitzt uns permanent im Nacken oder ein Sicherheitsbedürftiger lässt uns bei Entscheidungen unentschlossen und unflexibel werden.

Feuerbekämpfer

In heiklen Situationen, die die Manager nicht mehr souverän handhaben, können kurzfristig andere Teile, die wie Feuerbekämpfer agieren, die Führung übernehmen. Sie werden getriggert, wenn wir uns verletzlich, unsicher oder bedroht fühlen und versuchen, unmittelbar diesen „Brand“ der Gefühle „zu löschen“. Beschützende Anteile versuchen, empfindsame, verletzliche Zustände oder Teile zurückzudrängen. Dies geschieht meistens blitzschnell und eher unkontrolliert. Ganz anders als Manager reagieren Feuerbekämpfer impulsiv. Ihre Aufgabe ist, uns vor akuten, schmerzhaften Gefühlen zu schützen. Wenn die Gefahr besteht, dass wir uns schwach, klein, unterlegen oder hilflos fühlen, dann werden sie aktiv.

Bei vielen automatischen Reaktionen sind es Feuerbekämpfer, die so spontan reagieren, zum Beispiel ein Kämpfer, eine Coole oder ein bissiger Zyniker. Werden diese Anteile im Selbstdialog befragt, was sie befürchten, dann ist es oft die Sorge, dass die Person die Situation nicht mehr im Griff haben und es sehr unangenehm werden könnte. Also treten sie sofort auf den Plan und greifen an, blocken ab oder sorgen für Rückzug. Das Problematische an den Reaktionen ist, dass hinterher –

im übertragenen Sinne – der Wasserschaden häufig größer ist als das ursprüngliche Feuer. Nach innen versuchen sie zu verteidigen und zu schützen, nach außen und auf andere wirken sie oft destruktiv. Das Verhalten eines aggressiven Kämpfers, eines Zynikers oder einer schroffen Coolen kann verletzend und provozierend wirken und so eine negative Wechselwirkung auslösen. Im eigenen Inneren können diese Anteile auch zu starken Spannungen und gesundheitlichen Folgen beitragen: Ein süchtiger Teil beispielsweise, der versucht, Traurigkeit oder Einsamkeit zu dämpfen, oder ein arbeitswütiger Teil, der eine innere Leere verdrängt. Auch wenn solche Beschützer eine gute Absicht verfolgen, können ihre Aktionen mit negativen Folgen für die Person verbunden sein.

Verletzliche

Verletzliche Zustände und Teile werden im Alltag von den Beschützern – Managern und Feuerbekämpfern – oft im Hintergrund gehalten und deshalb nicht wahrgenommen. Spürbar werden verletzliche Teile in den Momenten, wo ein „wunder Punkt" oder eine Empfindsamkeit getroffen wird. Dann werden die Beschützer meist so schnell aktiv, dass die unangenehmen Gefühle rasch wieder verdrängt sind. Gelegentlich können jedoch die starken Emotionen dieser Teile trotzdem durchbrechen. Dann sind sie schwer zu stoppen und können die Person regelrecht überschwemmen. In Situationen, die sich per se unsicher anfühlen, kann das belastend sein. Solche Erfahrungen, wenn sie nicht gut verarbeitet oder integriert werden, führen meist dazu, dass Beschützer in ihren Befürchtungen bestätigt werden und sie noch mehr Kontrolle ausüben.

Geprägt sind die verletzlichen Teile von Erfahrungen aus der Kindheit. Viele ihrer Gefühle und unmittelbaren Reaktionen stammen aus frühen Erlebnissen. Besonders schmerzhafte Gefühle und Erinnerungen wurden von anderen Teilen ausgeblendet oder verdrängt und so haben wir heute zu den verletzlichen und manchmal auch verbannten Anteilen keinen oder nur wenig Zugang. Mit verschiedenen Strategien haben Beschützer oft schon ein Leben lang vermieden, ähnliche schmerzhafte Erfahrungen wieder zu fühlen und sie versuchen, zukünftige, ähnliche partout zu vermeiden.

Verletzliche Teile nehmen wir am ehesten in einem sicheren Umfeld wahr, in dem wir uns mit diesen empfindlichen Seiten angenommen fühlen und sie zeigen können. Mit dem Partner fühlt sich eine Unsichere beispielsweise unterstützt und geliebt oder ein einsamer und isolierter Teil kann sich mit engen Freunden gesehen und angenommen fühlen. Verbunden mit den verletzlichen Teilen sind interessanterweise oft genau die Seiten in uns, die Nähe, Intimität und Verbundenheit herstellen und zulassen können.

Wirkfaktor für Veränderung

Bei den meisten automatischen Reaktionen sind es die verletzlichen Teile, die unmittelbar und zuerst getroffen werden. Dann läuft in Bruchteilen von Sekunden alles weitere fast unwillkürlich ab. Deshalb haben wir hier einen zentralen Hebel: In dem Moment, wo wir die verletzlichen Gefühle bewusst und annehmend wahrnehmen, bevor die Beschützer reagieren, wird eine andere Form von Selbstführung und Handeln möglich.

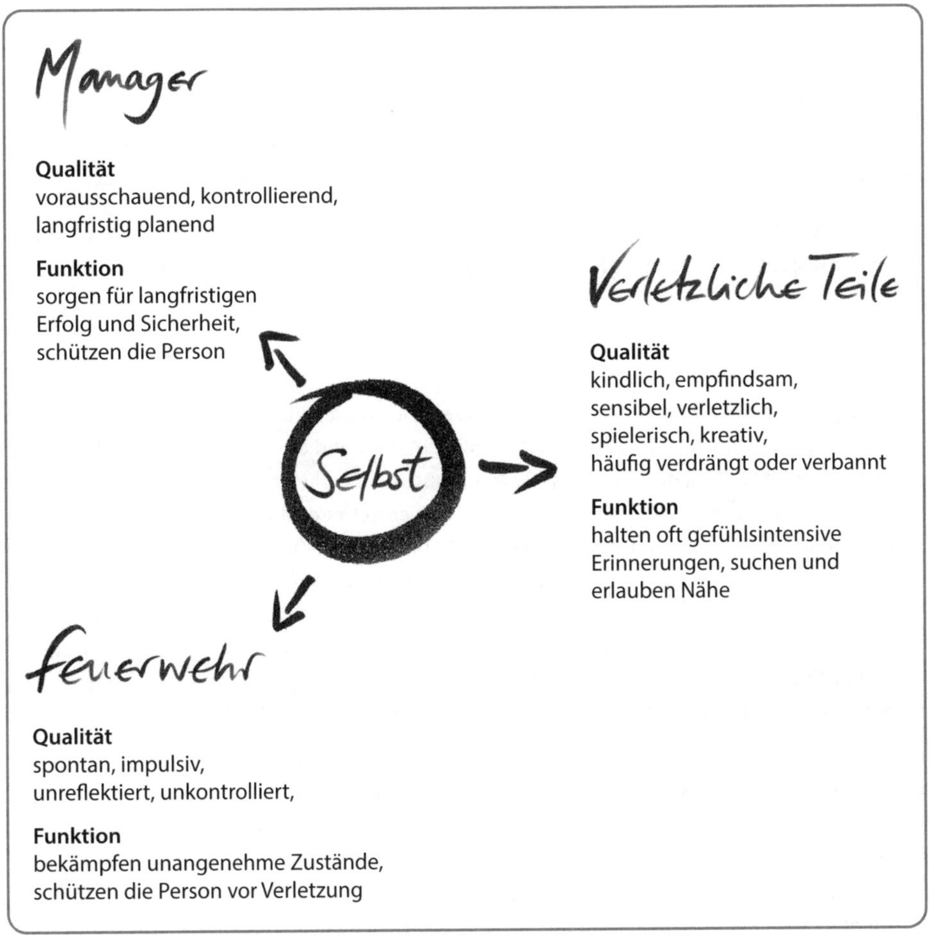

Abbildung 2: Persönlichkeitsteile – Merkmale. Überblick nach Richard Schwartz

Die Kategorisierung in Manager, Feuerbekämpfer und Verletzliche hat für uns einen pragmatischen Wert. Wir nutzen sie primär, um die innere Dynamik von Abläufen in der Innenwelt zu verstehen. Wir folgen dabei aber immer den Spuren des Klienten, und wenn damit noch keine Erfahrungen gemacht wurden, erklären wir das Modell so gut wie nie. Es ist stimmiger und interessanter, wenn Klienten selbst entdecken, welche Anteile es bei ihnen gibt und wie sie zusammenhängen. Bei extremen Reaktionen mit anscheinend beschützender Funktion halten wir Ausschau nach dem Beschützten. Wenn es starke Polarisierungen gibt, erkunden wir die Befürchtungen und die Interessen der Teile. Es geht nicht darum, innere Anteile einer Kategorie zuzuordnen, sondern vielmehr darum, sensibler für ihre Aufgaben und Strategien zu werden und mögliche Zusammenhänge und Wechselwirkungen zwischen ihnen zu verstehen. Wenn wir ihre Absichten besser verstehen, können wir leichter neue Optionen finden. An dieser Stelle auch eine Bemerkung zum Begriff „Teile“ und zu den Bezeichnungen „Manager“, „Feuerbekämpfer“ oder „Verletzliche“. Wer sich daran stört, kann gerne andere Begriffe verwenden, etwa Zustand, Facette oder Seite.

Wir greifen das Beispiel von Bodo (aus Kapitel 5) wieder auf und betrachten unter diesem Gesichtspunkt seine Teile, ihre Rollen und Qualitäten genauer.

Beispiel:

Manager und Feuerbekämpfer als Beschützer: Der Helfer kümmert sich viel um andere Menschen und sorgt dafür, dass es der Familie gut geht und die Wünsche anderer befriedigt werden. Er trägt stark dazu bei, dass Bodo ein rücksichtsvoller, fürsorglicher und liebevoller Ehemann und Vater ist. Von seinen Mitmenschen erntet er deshalb viel Dankbarkeit, Zuneigung und Beliebtheit. Sein Unabhängiger strebt innere Stärke und Eigenständigkeit an. Bodo kommt gut allein klar, ist nicht von anderen abhängig oder auf ihre Hilfe angewiesen. Dieser Teil sorgt dafür, dass er sich nicht bedürftig oder schwach fühlt. So ist Bodo gewissermaßen selbstgenügsam und erlebt selten, dass er von anderen enttäuscht oder im Stich gelassen wird. Beide Teile, der Unabhängige und der Helfer, arbeiten eng zusammen und tragen dazu bei, dass Bodo die Wünsche anderer wichtiger nimmt als seine eigenen.

Nun löst Heinz bei ihm eine Reaktion aus, die er im Privatleben in dieser Form so nicht kennt. Dessen Unselbstständigkeit, seine selbstverständliche Erwartung, dass man sich nach ihm richtet und sein anspruchliches Fordern sind für Bodo, der sich so etwas selbst nie zugestehen würde, eine Provokation. Weil dieser Stil ihn so provoziert, reagiert er schroff, ärgerlich und abweisend. Neben dem Kritiker, der das Verhalten des Kollegen abwertet, tritt nun spontan auch ein Abschotter auf den Plan. Er wehrt sich gegen die unverhältnismäßig starken Wünsche und Ansprüche und hält sich damit den Kollegen vom Leib. Diese Reaktion ist nicht geplant oder überlegt, sondern passiert blitzschnell und unbewusst. Nach außen hin sorgt der Abschotter – von seiner Qualität her ein Feuerbekämpfer – für Distanz und Abgrenzung gegenüber den Erwartungen. Nach innen setzt er sich dafür ein, dass der bedürftige Teil nicht getriggert wird. In privaten Kontakten tauchte der Abschotter äußerst selten auf. Hier herrscht in erster Linie der Helfer vor, der ihn auffordert, andere nicht im Stich lassen.

Verletzliche Teile wirken im Untergrund: Der bedürftige Teil, den Bodo im Coaching entdeckt, wird schon lange weit in den Hintergrund gedrängt. Wenn andere ihre Wünsche und Bedürfnisse äußern, stellt Bodo seine hinten an. Tatsächlich hat er in solchen Momenten wenig oder nur flüchtig Kontakt zu seinen Bedürfnissen und Interessen. Deshalb nimmt er sie nicht ernst. Die Empfindungen des Teils – nicht wahrgenommen und ernstgenommen zu werden – sind letztlich ein maßgeblicher Auslöser für Bodos schroffe Reaktion. Dieser bedürftige Anteil wird vom Verhalten des Kollegen empfindlich getroffen und meldet sich jetzt deutlicher: „Was ist mit mir? Wer nimmt mich wahr und ist für mich da?“ Oder, anders ausgedrückt: Der „wunde Punkt“, der von Heinz getroffen wird, sind Gefühle des bedürftigen Teils.

Auch das Verhalten von Bodos Helfer hängt eng mit dem bedürftigen Teil zusammen. Der Helfer kennt Bedürftigkeit sehr gut und tut deshalb viel für andere Menschen. Sowohl Helfer und Unabhängiger bewirken, dass Bodo keine Unterstützung von anderen erwartet und nicht auf die Idee käme, danach zu fragen. Damit bleiben aber ein selbstverständlicher Austausch von Geben und Nehmen und die Befriedigung seiner eigenen Bedürfnisse auf der Strecke. Obwohl beide Teile überaus positive Absichten hegen, haben sie über die Jahre dazu beigetragen, dass Bodos Wünsche zu kurz kamen und kommen. Den bedürftigen Teil mit seinen Gefühlen und Interessen haben sie im inneren System regelrecht verdrängt, wodurch zunehmend innere Spannungen entstanden sind.

Ein verletzlicher Teil wirkt auch dann, wenn er nicht bewusst wahrgenommen wird. Bei Kritik beispielsweise meldet sich nur für den Bruchteil einer Sekunde das unangenehme Gefühl, nicht zu genügen. Doch sofort bezieht ein beschützender Teil dazu Stellung und unterdrückt die empfindlichen Gefühle. Eine Person spürt ihre Unsicherheit dann nur ganz kurz, und zwar in dem Augenblick, in dem sie sich infrage gestellt fühlt. Im nächsten Moment wird dieses Gefühl bereits von einem anderen Teil, z. B. einem defensiven Erklärer, verdeckt. Wenn Bodo sich um die eigenen Bedürfnisse mehr kümmern würde, müsste der Abschotter nicht so heftig reagieren. Aber bislang kommt er gar nicht auf die Idee, Heinz gegenüber in ruhigem und um Verständnis bittenden Tonfall den Wunsch vorzubringen, dass er ungestört arbeiten möchte. Auch sagt er Heinz nicht freundlich, aber bestimmt, er möge sich erst selbst schlau machen, bevor er etwas fragt.

Zusammenfassend lässt sich sagen: Wenn verletzliche Teile nicht wahrgenommen, abgelehnt oder verdrängt werden, erhöht sich deren emotionale Ladung. Und je mehr Druck ein Beschützerteil ausübt, um einen unerwünschten, verletzlichen Zustand zurückzudrängen, umso stärker wird der Druck des verletzlichen Teils werden. Ein Ziel im Coaching und Selbst-Coaching kann sein, diese inneren Dynamiken aufzulösen.

Beispiele einer inneren Dynamik

Die zurückgezogene Trainerin

Elisa ist eine erfahrene Trainerin und Beraterin. Sie hat viel Routine im Kontakt mit Menschen, bei öffentlichen Auftritten und mit Präsentationen vor größeren Gruppen. Die Arbeit und auch die damit einhergehende Bestätigung machen ihr Freude. Sie kann es genießen, im Mittelpunkt zu stehen. Hin und wieder jedoch erlebt sie sich in Gruppensituationen – in Seminaren, aber auch bei Empfängen oder Partys – unvermittelt als zurückgezogen und unsicher. In diesem Zustand fühlt sie sich gehemmt, unbeholfen und kommt sich selbst fremd vor. Es fällt ihr immer dann schwer, mit den anderen gut in Kontakt zu kommen, wenn sie sich als nicht zugehörig erlebt. Wenn etwa in einer Pause alle Teilnehmer und Teilnehmerinnen rege miteinander im Gespräch sind, sie aber allein in einer Ecke steht und niemand Kontakt zu ihr sucht, beginnt ein innerer Rückzug. Umso mehr, wenn es davor schon Momente gab, in denen sie nicht die gewohnte interessierte Aufmerksamkeit bekam und sich trotz – oder vielleicht sogar wegen ihrer Rolle – ausgeschlossen fühlte. Ein Teil, den sie die „Kühl-Distanzierte" nennt, schiebt sich dann in den Vordergrund und beginnt, aus dem Kontakt gehen.

Wenn sie in diesem Zustand ist, wirkt sie auf ihr Umfeld zurückgezogen und abweisend. Zwar fühlt sie sich unwohl und isoliert, aber das ist für sie immer noch angenehmer, als sich im Kontakt mit anderen so fremd, unwohl und gehemmt zu fühlen. Einen Tag oder auch schon ein paar Stunden später blickt sie selbstkritisch auf sich und hadert damit, dass sie sich wieder so zurückgezogen und abweisend verhalten hat. Die Seite in ihr, die darüber richtig verärgert ist, nennt sie die „Professionelle Darstellerin". Diese ist rhetorisch sicher und kommunikativ, im Auftritt kompetent und souverän und kann Menschen in den Bann ziehen. Dieser Teil steht in einer starken Polarisierung mit dem unsicheren Zustand, den Elisa die „Gehemmte" nennt. Letztere hat ihren Ursprung in der Schulzeit, als sie nicht zu den Beliebten gehörte, in den Pausen oft alleine da stand und nicht so recht wusste, wie sie gut mit den anderen ins Gespräch kommen konnte. Sie hatte damals keine engen Freundschaften und fühlte sich sehr einsam. Heute hat die Kühl-Distanzierte den Effekt, dass die Personen um sie herum ihr eher aus dem Weg gehen, was die Gefühle der Gehemmten verstärkt, und dies wiederum feuert die Aktivität des kühl-distanzierten Teils noch mehr an.

Die hier beschriebene Dynamik ist natürlich eine sehr individuelle. Ein anderer Mensch könnte bei einer ähnlichen Empfindlichkeit – sich fremd und abgekoppelt zu fühlen – mit ganz anderen Strategien reagieren. An diesem Beispiel wird jedoch deutlich, dass es bei inneren Dynamiken oft Polarisierungen gibt. Bei Elisa steht die Professionelle Darstellerin mit dem Anspruch an einen zugewandten, selbstbewussten Kontakt mit anderen in deutlicher Spannung zur Kühl-Distanzierten. Ungünstige und bereits länger andauernde Polarisierungen verhärten sich oft und stehen einer Veränderung im Weg.

Der Oberlehrer

Otto, Mitte 50, ist Projektleiter. Ein Kollege, mit dem er regelmäßig in Machtkämpfe gerät, neigt dazu, ihn in Projektsitzungen im Beisein von anderen mit zynischen, flapsigen und auch abfälligen Kommentaren zu provozieren. In diesen Situationen reagiert Otto besserwisserisch und oberlehrerhaft. Der „Oberlehrer", so bezeichnet er diesen Teil, weist den Kollegen schulmeisterlich zurecht. Das passiert meistens vollkommen automatisch und unkontrolliert. Dahinter verbirgt sich eine Seite, die sich angesichts einer Konkurrenz und in Machtkämpfen schnell bedroht und unterlegen fühlt. Der Oberlehrer versucht, im Gespräch Oberwasser zu behalten, Stärke zu demonstrieren, dem anderen die Stirn zu bieten und stachelt genau damit den jüngeren Kollegen weiter an. Die Reaktion des Oberlehrers ist zwar mit einer positiven Intention unterlegt – er möchte eine unterlegene Position vermeiden –, löst aber eine negative Wechselwirkung aus. Auf den empfundenen Angriff reagiert der Kollege mit weiteren zynischen Bemerkungen.

Gute Absichten, aber extreme Rollen

Wie diese Beispiele zeigen, haben Beschützer gute Absichten. Aber die heftigen, unkontrollierten Reaktionen von Feuerbekämpfern können auf die Außenwelt abweisend, kämpferisch, verletzend oder bedrohlich wirken. Das ruft später wiederum Manager auf den Plan, die mit dem Ergebnis unzufrieden sind, denn ihre Aufgabe ist es ja, in der Außenwelt gut anzukommen und vernünftig zu sein. Aber auch Manager können in extremere Rollen hineingeraten. Manchmal verhalten sie sich wie Top-Manager in einem Unternehmen: Sie sind ständig im Einsatz, arbeiten ohne Unterlass, gönnen sich keine Pause oder Auszeit, laufen auf Hochtouren und sind in Gefahr, an Burn-out zu erkranken. Manager-Teile können so dominant und überkontrollierend in Führung gehen und andere Teile derart stark verdrängen, dass kaum mehr Raum ist für andere Qualitäten. Das innere System gerät zunehmend aus der Balance.

Ein leistungsorientierter Teil kann so übermäßig stark werden, dass eine Person keine Entspannung im Leben mehr findet. Durch den Dauereinsatz und das Tempo, in dem sie alles erledigt, können sich Schlafstörungen entwickeln. Durch den Druck, alles zu schaffen, jagt sie möglicherweise von einem Ziel zum anderen und wird extrem ungeduldig mit sich und anderen. Sie kann Angst davor haben, loszulassen, die Geschwindigkeit zu reduzieren, sich Pausen zu gönnen. Diese nicht rational, sondern emotional begründete Angst könnte bedeuten: Loslassen ist mit Scheitern, Stillstand oder Chaos verbunden. Auch kann ein rationaler Teil so stark ausgeprägt sein, dass die Person Emotionen sofort im Keim erstickt, alles nüchtern, distanziert und sachlich betrachtet und damit kaum Nähe und Emotionalität zulässt. Die Sorge eines solchen rationalen Manager-Teils könnte sein, dass das Wahrnehmen von Gefühlen sie zu weich und berührbar werden lässt.

Unsere Erfahrung zeigt: Solange die Absichten und Bedenken von Beschützer-Teilen nicht in der Tiefe gesehen und verstanden werden, entwickeln sie nicht das Vertrauen, dass man mit den verletzlichen Teilen – und vor allem mit ihren Gefühlen – dahinter besser umgehen könnte. Die Beschützer-Teile werden versuchen, um fast jeden Preis ihren Einfluss zu behalten. Für gute Selbstführung heißt das: Bevor sich eingeschliffene Verhaltensmuster verändern können, müssen die Befürchtungen und Intentionen von Beschützern näher erforscht und verstanden werden.

6.3 Die Rolle von Teilen näher erkunden

So, wie wir ein emphatisches Gespräch mit einem Menschen führen, dessen Verhalten wir besser verstehen wollen, so ist es möglich, die Hintergründe von Verhaltensweisen unserer Teile zu erforschen. Entscheidend sind unsere Neugier und unser Interesse, tiefer zu verstehen, warum wir auf eine bestimmte Weise fühlen, denken und handeln bzw. warum ein Anteil so fühlt, denkt und handelt. Der Dialog mit einem Persönlichkeitsteil ist das wirksamste Instrument in der Selbstführung – ähnlich wie Gespräche in der Familie für ein gutes Miteinander wichtig sind oder das Mitarbeitergespräch so entscheidend ist für eine gute Führung.

Ein Beispiel:

Jan ist eine junge und ehrgeizige Führungskraft und Vater einer neunjährigen Tochter. Er kommt zum Coaching, weil er bei einem Mitarbeiter-Feedback kritische Rückmeldungen zu seinem Mangel an Empathie erhalten hat. Er sagt von sich, er interessiere sich als „klassischer Ingenieur“ nicht so sehr für den Menschen, sondern sei mehr auf die Sache, auf Ergebnisse und Zielerreichung fokussiert. Was in seiner Fachkarriere bislang gut funktioniert hat, trägt in seiner Ehe jedoch schon seit geraumer Zeit zu Spannungen und Konflikten bei. Seine Frau ist besonders unzufrieden, dass es wenig gemeinsame Zeit und Austausch gibt. Er ginge so wenig auf sie ein, sagt sie und sie kritisiert den unverhältnismäßig großen Druck, den er auf die schulischen Leistungen der Tochter ausübt.

Im Betrieb fühlen sich viele Mitarbeiter nicht einbezogen und oft von ihm überrollt, worunter die Stimmung im Team leidet. In seiner neuen Rolle als Führungskraft reicht die hohe fachliche Kompetenz nicht mehr aus und mit dem Mangel an Mitarbeiterorientierung und Empathie gerät er an seine Grenzen. Seine ausgeprägte Leistungsorientierung war bislang für ihn ein wertgeschätztes Wesensmerkmal und ein Fakt, mit dem er selbstverständlich lebte und das er nie infrage stellte. Aber die Rückmeldungen des Teams und seines Vorgesetzten sowie die belastenden Konflikte mit seiner Frau sind für ihn motivierend genug, hier genauer hinzuschauen und sich für das Thema Empathie zu öffnen. Eins seiner Ziele im Coaching ist, eine interessierte Haltung gegenüber Menschen zu entwickeln und in der Lage zu sein, situativ Empathie zu zeigen. Ein weiteres Entwicklungsziel ist, dem „Menschlichen" mehr Raum zu geben. Insgesamt möchte Jan also den Fokus etwas mehr auf den Menschen, die Beziehungsebene und die Qualität des Zusammenseins legen und nicht mehr so stark auf die Sach- und Leistungsebene ausgerichtet sein.

Schritt für Schritt kommt er mit dem Thema weiter und in der vierten Coaching-Sitzung ist es nun sein Wunsch, besser zu verstehen, warum die Leistungsorientierung ihn so stark prägt. Nicht nur im Job, sondern auch im Privatleben gibt es so wenig Raum und Aufmerksamkeit für andere Lebensbereiche, und das irritiert ihn zunehmend.

Im Dialog mit dem Teil, den er selbst den „Leistungsorientierten" nennt, fängt Jan an, diesen mit dem Coach achtsam zu erkunden. Seit der Schulzeit ist dieser Teil schon aktiv, aber geprägt haben ihn vor allem die Erfahrungen als Jugendlicher und als Student. Soweit sich Jan erinnern kann, wurde er von den Eltern finanziell kurzgehalten. Er musste viel arbeiten, früh Geld dazu verdienen, um sich die Dinge zu leisten, die ihm wichtig waren: Als Jugendlicher ein schickes Fahrrad und angesagte Turnschuhe, als Student ein eigenes kleines Zimmer oder sein erstes gebrauchtes Auto. All das waren Anschaffungen, die seine Eltern nicht finanzieren wollten. Er erinnert sich, dass er parallel zum Studium viele Stunden gejobbt hat, um sich über Wasser zu halten, und er kommt in Kontakt mit den damit verbundenen starken Gefühlen, „nie von den Eltern zu kriegen, was ihm wichtig war", immer „kurz gehalten" worden zu sein, obwohl sie ihn hätten unterstützen können. Auch Erfahrungen und Gefühle in Verbindung mit seiner ersten Arbeit tauchen auf: Immer unter Druck sein, sich bewähren und beweisen zu müssen und mehr zu tun als andere. Beim achtsamen Erkunden der Erinnerungen dieses Anteils spürt er jetzt deutlich eine Angst dahinter, dass so vieles, das ihm Anerkennung und ein Gefühl von Wert gab, nicht selbstverständlich und ständig bedroht war. Es ist die alte Angst, er könne etwas Wertvolles wieder verlieren, etwas, das er sich aufgebaut hat. Und er kann deutlich wahrnehmen, wie diese Befürchtungen ihn auch heute antreiben, immer etwas zu tun und zu erreichen.

Diese Erkenntnis ist für ihn sehr tiefgehend und erhellend. Aber noch bedeutsamer ist für ihn der Moment, als Jan mit dieser Einsicht auf sein gegenwärtiges Leben blickt und zum ersten Mal das tiefe Gewahrsein erlebt, dass er alles, was ihm jemals wichtig war, bereits erreicht hat. Er spürt intensiv, dass er nicht noch mehr haben muss. Vielmehr möchte er das, was alles in seinem Leben schon so gut ist, mehr schätzen und genießen. Es ist eine tiefe Erkenntnis, die mit einer zufriedenen, gelassenen Stimmung einhergeht und die ihn emotional sehr berührt. Von außen betrachtet wirken diese Zusammenhänge und Einsichten selbstverständlich und man könnte sich fragen, warum ihm das nicht vorher klar war. Aber in der Tat leben wir oft mit unbewussten Prägungen, ohne diese infrage zu stellen oder ihre Zusammenhänge zu verstehen. Wir kennen unsere Muster und wissen nicht, woher sie kommen. Wenn sie aufgedeckt werden ist es vergleichbar mit etwas, das nachts nicht sichtbar war und erst im beginnenden Tageslicht erkennbar wird. Es war immer da, konnte aber nicht gesehen oder wahrgenommen werden.

Bei Jan tragen die Erkenntnisse zu einer bemerkenswerten Wende bei: Er gönnte sich nun, an den Wochenenden nicht mehr so viel zu planen und zu erledigen, sondern entspannter in den Tag hineinzuleben. Er gibt sich und der Familie mehr Raum zum Abhängen und für gemeinsame Ausflüge. Im Job kann er sich häufiger und besser auf andere einstellen. Er nimmt sich Zeit für die Belange und Vorstellungen der Mitarbeiter und fragt auch mehr nach. Er ist auf einer neuen Spur im Leben.

Wirkfaktoren für Veränderung

Bei starken Prägungen heißt Veränderung fast immer, dass man etwas hinzu entwickelt. Wenn Menschen die Hintergründe und Überzeugungen ihrer Teile tiefer verstehen, können sie oft auch eine neue Perspektive auf ihr gegenwärtiges Leben entdecken. Und durch die veränderte Haltung oder Perspektive entstehen Räume für neue Erfahrungen.

6.4 Persönlichkeitsteile in Coaching und Selbst-Coaching

Selbst-Coaching

Ein Bild der eigenen Teile

Zweck:	Ein Bild von ein paar zentralen Persönlichkeitsteilen bekommen, das veranschaulicht, wie sie zueinander in Beziehung stehen
Grobstruktur:	Aufbauend auf der Liste aus dem Selbst-Coaching des letzten Kapitels wird intuitiv ein Bild entworfen, in dem die Teile symbolisch, grafisch oder illustrativ dargestellt werden. Benötigt werden dafür Papier und Buntstifte.
Zeitbedarf:	20 bis 30 Minuten

1. Schau dir die Liste der Persönlichkeitsteile aus dem Selbst-Coaching-Abschnitt in Kapitels 5 an. Vervollständige diese gegebenenfalls um ein paar weitere Anteile, die du noch für wichtig erachtest. Vielleicht sind dir beim Lesen dieses Kapitels noch Teile eingefallen, die bei wiederkehrenden Stimmungen, Verhaltensmustern oder spezifischen Herausforderungen im Alltag eine Rolle spielen.
2. Du kannst nun ein Bild anfertigen und dabei ausdrücken, welche Teile vorherrschend sind. Es geht dabei nicht um Vollständigkeit, sondern eher um einen Überblick über Anteile, die dir bisher bewusst geworden sind. In diesem Bild kannst du darstellen, welche Zusammenhänge zwischen den Teilen bestehen, welche tendenziell beschützen und welche eher beschützt werden. Diese intuitive Darstellung kann die Bedeutung der einzelnen Teile und deren Beziehung zueinander noch anschaulicher und greifbarer werden lassen. Manche sind groß, andere kleiner, einige befinden sich mehr im Vordergrund oder im Hintergrund usw. Entwerfe auf Papier mit Farbstiften intuitiv eine symbolische „Draufsicht“, eine Art „Landkarte“, die dir stimmig erscheint. Es sind keinerlei künstlerische Talente nötig, eher ein bisschen Experimentierfreude und Neugier.
3. Für dieses Bild empfehlen wir, dich von der Kategorisierung „Manager“, „Feuerbekämpfer“ und „Verletzliche“ zu lösen, denn oft gibt es Teile, die sich mit ihren Eigenschaften und Qualitäten nicht eindeutig diesen Kategorien zuordnen lassen. Entscheidend ist vielmehr, den Anteilen, die in deinem Leben eine Rolle spielen, einen Platz zu geben.
4. Erlaube dir, deine eigene Form dafür zu finden. Dafür sind deiner Fantasie keine Grenzen gesetzt. Einige Möglichkeiten könnten sein:
   - Verschieden große Kreise, die wichtigsten größer in der Mitte, die anderen kleiner drum herum oder am Rand.
   - Verschiedene symbolische Flächen (rund, eckig, gezackt, wolkig ...) in verschiedenen Farben, die am besten zu der jeweiligen Qualität des Teils passen.

- Verschiedene Figuren, Gestalten und / oder Symbole.
- Ein Torten- oder Balkendiagramm, das anteilig die verschiedenen Größen bzw. die Wichtigkeit der einzelnen Teile ausdrückt.
- Die Form eines Mind-Maps oder die eines Baums mit verschiedenen Ästen oder die einer Blume mit unterschiedlichen Blüten.

5. Für die Übersicht empfiehlt es sich, die Namen der Teile jeweils dazuzuschreiben.

6. Wenn du das Bild gezeichnet hast, kannst du auch mit deinem Partner / deiner Partnerin oder einer guten Freundin darüber sprechen und die Person nach ihrer Sicht fragen. Kann sie das so nachvollziehen? Hat sie andere oder ähnliche Eindrücke, sieht sie noch ganz andere Anteile? Auch über die Wirkungen und Wechselwirkungen deiner Persönlichkeitsteile kannst du so vielleicht noch Interessantes erfahren. Wenn du magst, kannst du auch die nachfolgenden Fragen reflektieren, für dich allein oder mit einem Gegenüber.

Weiterführende Fragen

- Wie fühlst du dich gegenüber diesen einzelnen Teilen? Wenn es eine kritische oder ambivalente Haltung gegenüber einem Teil gibt, kannst du dich fragen, wer in dir auf diesen reagiert.
- Wann und wie werden die Teile ausgelöst? Woran könntest du früher erkennen, dass bestimmte Teile „anspringen“ und in Führung gehen? Gibt es dafür körperliche Anzeichen, bestimmte Gedanken oder Impulse?
- Wie stehen die Teile zueinander in Beziehung? Gibt es Allianzen oder Polarisierungen?
- Was verstehst du über die Rolle des einen oder anderen Teils?
- Was weißt du über die Wirkung der Teile auf andere Personen?
- Auf welche Teile möchtest du mehr achten? Welche möchtest du noch bewusster steuern? Gibt es Situationen, wo du innerlich anders aufgestellt sein möchtest?

Coaching

Vorgehen beim Selbstdialog mit einem Beschützer

Wenn Klienten im Verlauf eines Coachings neugierig sind, einen Teil ihrer Persönlichkeit besser zu verstehen oder wenn es für das Ziel hilfreich ist, tiefer zu erfassen, was die Hintergründe von bestimmten Reaktionen sind, kann der Coach den Dialog mit einem Teil vorschlagen.

Hier wollen wir aus der Perspektive des Coachs beschreiben, was die einzelnen Schritte sind, um Klienten auf diesen Schritt vorzubereiten. Auch, was es im Detail zu berücksichtigen gilt, damit sie in Kontakt und anschließend in den Dialog mit einem Teil treten können. Wir werden in diesem Abschnitt den Dialog mit einem Beschützer erläutern und an späterer Stelle die Arbeit mit verletzlichen Teilen (Kapitel 8 „Transformatorische Erfahrungen“). Ausgangspunkt für die Wahl dieses Vorgehens ist das Interesse der Klienten, besser zu verstehen, warum ein spezifischer Zustand, ein Verhalten oder Teil der Persönlichkeit so stark ist – meistens verbunden mit dem Ziel, sich anders fühlen oder verhalten zu können. Wenn der Begriff Teil für die Person nicht passt, können wir eine andere Bezeichnung wählen und das zu untersuchende Phänomen Seite, Stimme, Facette, Gefühl oder Zustand nennen. Im Folgenden bleiben wir sprachlich vorwiegend bei „Teil“ und in der Ansprache bei einem männlichen Klienten.

1. Phase: Den Teil finden und Kontakt herstellen

Stell sicher, dass dein Klient interessiert ist, diesen Teil (diese innere Stimme, Seite, Facette seiner Persönlichkeit) näher zu erforschen.

Frage ihn, wie er den Teil bemerken kann. Gibt es bestimmte Worte, innere Sätze oder Einstellungen, die damit einhergehen? Gibt es eine körperliche Empfindung und wenn ja, wo und wie im Körper scheint sich der Teil bemerkbar zu machen?

2. Phase: Beziehung zum Teil aufnehmen

Schlage dem Klienten vor, sich vorzustellen, dieser Teil oder Zustand sei eine Facette der eigenen Persönlichkeit, der er sich wie in einem Gespräch mit einer Person „unter vier Augen“ zuwenden kann. Dieser Schritt ist oft der herausforderndste, weil er für die meisten neu und sehr ungewöhnlich ist. Deshalb ist es wichtig, neugierig und geduldig verschiedene Möglichkeiten anzubieten und auszuprobieren, was es

Klienten am ehesten ermöglicht, mit dem Teil innerlich in Kontakt zu kommen. Unterstützend können folgende Anregungen sein:

- Mach dir bewusst, dass es ein Teil von dir ist und dass du dich ihm zuwenden kannst – ähnlich, wie du dich einem Menschen zuwendest, der dich interessiert.
- Kannst du den Teil mit etwas Abstand betrachten …, wie von etwas weiter weg oder von außen …, von einer Außenperspektive? So ähnlich, als würdest du dich in diesem Zustand auf einer Leinwand sehen …
- Schau mal, ob der Teil einen Platz einnehmen kann, an dem du dich ihm zuwenden kannst. Vielleicht dir gegenüber, an deiner Seite oder irgendwo hier im Raum …
- Vielleicht kann der Teil eine Gestalt annehmen, sodass du ihn sehen kannst? Wenn du ihn nicht sehen kannst, vielleicht kannst du ihn hören, ihn mit seinen Gefühlen und Impulsen wahrnehmen oder ihn auf andere Art im Körper oder auch außerhalb bemerken?

3. Phase: Die Beziehung fokussieren

Stell sicher, dass der Klient in einem achtsamen Zustand und in einer neugierigen, wohlwollenden Haltung in Kontakt mit dem Teil ist. Frage ihn, wie er sich dem Teil oder Zustand gegenüber fühlt. Dies ist wichtig, denn wenn die Haltung nicht annehmend, sondern eher kritisch ist, besteht gerade keine gute Verbindung zu diesem Teil. Dann hat sich ein anderer, kritischer oder ambivalenter Teil dazwischen geschoben, der auf die Fragen antworten könnte. Als Coachs achten wir darauf, dass sich eine vertrauensvolle Beziehung zwischen dem Klienten und dem spezifischen Teil entwickelt.

Wenn es Vorbehalte oder Bedenken gibt und es nicht möglich ist, mit dem Teil in Kontakt zu kommen, brauchen als Erstes diese Bedenken Aufmerksamkeit, bevor der Dialog fortgesetzt werden kann. Der Dialog mit genau diesem polarisierten oder beschützenden Anteil kann dann sinnvoll sein!

4. Phase: Den Teil näher kennenlernen und sich mit ihm vertraut machen

Ermutige den Klienten, in dieser offenen, neugierigen Haltung zu bleiben und dem Teil die Fragen zu stellen, die ihn interessieren. Wenn Klienten verstehen möchten, warum ein Teil so dominant auftritt, so heftig reagiert, so stark ausgeprägt ist usw., kann man sie bitten, den Teil genau danach zu fragen. Als Coachs können wir auch Fragen anbieten, die natürlich immer vom Verlauf des Prozesses und vom Interesse des Klienten abhängen. Hier einige Möglichkeiten:

- Kannst du dem Teil innerlich zeigen oder sagen, dass es dich interessiert, dass du neugierig bist, ihn näher kennenzulernen?
- Kannst du den Teil beschreiben? Was siehst du? Was macht er, was sagt er?
- Was befürchtet er, wenn er das, was er tut, nicht oder weniger tun würde?
- Wofür setzt der Teil sich ein?
- Was beschützt er?
- Wo hat der Teil das (was er denkt oder empfindet, wovon er überzeugt ist) gelernt? Welche Erfahrungen hat er gemacht, dass er das glaubt, so denkt oder fühlt?
- Was braucht der Teil von dir? Was wünscht er sich?

Selbstdialog anhand eines Coaching-Beispiels

Um die Dynamik zwischen Teilen und dann im Detail den Dialog mit einem Teil zu veranschaulichen, wollen wir das Coaching mit dem Beispiel des Klienten Jochen (Kapitel 3, „Emotionen und Körpersignale") weiter fortsetzen. Sein Ziel war, wirksamer und souveräner zu reagieren, wenn die Kollegen sich nicht an die in den Projektbesprechungen getroffenen Verabredungen halten. In einer vorherigen Coaching-Sitzung erkannte er, dass er sich infrage gestellt und unsicher fühlt, wenn die Kollegen die getroffenen Vereinbarungen negieren. Zwei Teile, die dann reagieren, wurden im Coaching bereits herausgearbeitet: ein wütender Teil, den er Tiger nennt, und der Unsichere.

Ausgangspunkt für die nun vorgestellte weitere Arbeit mit dem Selbstdialog ist Jochens Satz: „Wenn ich mich nicht so unsicher fühlen würde, könnte ich meinen Ärger eher zeigen."

COACH: Wenn du die Unsicherheit, so wie jetzt gerade, wahrnimmst … Wie geht es dir damit? Was empfindest du gegenüber diesem unsicheren Gefühl?

JOCHEN: *(Verzieht sein Gesicht und sagt in einem abwertenden Ton)* Fühlt sich unangenehm an.

COACH: Was in dir, welche Seite von dir, lehnt die Unsicherheit ab?

JOCHEN: *(Er antwortet sehr schnell.)* Ich finde Unsicherheit in dieser Situation einfach unangemessen, unangebracht und unprofessionell.

COACH: Ja, das verstehe ich. Es ist für dich sehr unangenehm, dich da nicht souverän zu fühlen …?

JOCHEN: Genau!

COACH: Ich möchte dich bitten, doch noch etwas differenzierter hinzuspüren, was genau innerlich geschieht, wenn die Unsicherheit auftaucht. Da scheint es eine Seite in dir zu geben, die auf diese Unsicherheit stark reagiert. Es kann wichtig sein, diese klarer zu fassen, um mit der Situation in Zukunft besser umzugehen.

JOCHEN: *(Nickt zustimmend und wirkt nachdenklich)* Na ja, da ist der Anspruch, den ich an mich habe, professionell und souverän zu sein. Ich habe die Erwartung, in so einer Situation gelassen zu bleiben, über den Dingen zu stehen und so etwas nicht so persönlich zu nehmen. Es nervt mich, dass ich da so empfindlich bin … *(Der Tonfall wird etwas lauter und leicht ärgerlich)*

COACH: Dieser anspruchsvolle Teil in dir mag also die Unsicherheit nicht?

JOCHEN: Oh ja. Da habe ich einen sehr hohen Anspruch an mich.

COACH: Hm. Scheint also ein wichtiger Teil von dir zu sein.

JOCHEN: *(Nickt, schweigt und sinnt nach)*

Hinweis: Weil es Jochen noch nicht möglich ist, in einer wohlwollenden und neugierigen Haltung die Unsicherheit zu betrachten, identifiziert der Coach in dieser Phase die Teile, die ablehnend auf den „Unsicheren" reagieren. Auf den hohen Anspruch geht der Coach nicht weiter ein, sondern registriert das, falls dieser Anteil ebenfalls eine wichtige Bedeutung in dieser spezifischen Interaktion mit den Kollegen spielen sollte. Er hält den Fokus von Jochen also da, wo er persönlich motiviert ist, sich besser zu verstehen und – wenn möglich – zu verändern.

COACH: Und der Ärger, der sich gerade gemeldet hat, was ist mit dem? Was reagiert da? Spüre da mal hin.

JOCHEN: Ja, das ist die Wut, dieser Tiger, der an die Decke gehen könnte, wenn die Kollegen mich so hängen lassen … *(Jochens Gesicht wird etwas rot, er spricht schneller und wirkt aufgebracht und empört.)* … Der reagiert sofort, wenn ich mich unsicher fühle und das Ganze nicht mal meine Schuld ist!

COACH: Interessiert es dich, zu verstehen, warum der sofort so schnell reagiert?

JOCHEN: *(Nickt neugierig)* Mmhm!

COACH: Dann frage ihn doch mal, warum er so heftig anspringt. Konzentriere dich auf den Tiger und stell ihm diese Frage.

JOCHEN: *(Schließt für einen Moment die Augen und sinnt nach. Seine Gesichtszüge entspannen sich.)*

Hinweis: Der Coach achtet sehr genau auf die Körpersprache. Jochen hat einen entspannten, interessierten Gesichtsausdruck und der Coach geht davon aus, dass er in diesem Moment genügend inneren Abstand zum wütenden „Tiger" hat und der Dialog möglich ist.

JOCHEN: Es hat irgendetwas mit der Unsicherheit zu tun … *(Seine Stimme bekommt einen nüchternen Tonfall.)* … Aber meine Vernunft sagt mir, dass es unangemessen ist, unsicher zu sein, weil ich ganz genau weiß, was ich mit den Kollegen vereinbart habe, und weil ich schließlich doch schon einige Erfahrung in dem Bereich habe … Ich muss die Kollegen einfach besser überzeugen … Und der Ärger steht mir da im Weg. Der hilft mir auch nicht weiter. Ich sollte einfach souverän bleiben, klar und deutlich Stellung beziehen. *(Inzwischen hat er offensichtlich keinen Kontakt mehr zu dem Ärger, in seinem Tonfall schwingt eine überzeugen wollende, erklärende Qualität mit.)*

COACH: Ja, wenn du das Ganze so vernünftig und logisch betrachtest wie jetzt, ist alles ganz klar. Was ist das denn für eine Seite, die sich jetzt gemeldet hat und alles erklärt? Ist das auch ein Teil?

JOCHEN: *(Öffnet überrascht die Augen)* Na ja, das ist für mich so selbstverständlich. Dinge erklären, begründen, logisch betrachten … Das ist wohl so etwas wie ein Erklärer, der auch den Kollegen alles noch mal im Detail erläutert.

COACH: Ja, ich verstehe. Dieser Erklärer scheint sich, so wie jetzt eben, sofort zu melden, wenn Gefühle wie Unsicherheit oder Ärger auftauchen.

JOCHEN: Stimmt! Ja, so ist es.

COACH: Jochen, würde es dich interessieren, zu erforschen, warum dieser Erklärer so eine zentrale Rolle spielt, jetzt gerade eben und auch in diesen Ausgangssituationen?

JOCHEN: Ja, schon. Denn mit dem Erklären bin ich in der Projektsitzung ja nicht besonders wirkungsvoll!

Hinweis: Der Coach bietet ihm an, mit dem „Erklärer" weiterzuarbeiten und nicht mit dem „Tiger", weil der Erklärer in der Projektsituation den Ärger unterdrückt und dadurch eine entscheidende Rolle zu spielen scheint.

COACH: *(Spricht etwas langsamer und lässt mehr Pausen, damit Jochen Zeit hat, seine Erfahrungen und Gefühle genauer zu beobachten)* Dann bitte ich dich, dir die Situation innerlich, vor deinem geistigen Auge, wieder hervorzuholen … Und konzentriere dich auf den Moment, in dem der Erklärer sich meldet … Was passiert innerlich, bevor du mit den Erklärungen anfängst?

JOCHEN: Da ist Wut! Am liebsten würde ich auf den Tisch hauen und den Kollegen ordentlich die Meinung sagen.

COACH: O. k. Spür mal nach. Ist das der Tiger, der diese Wut hat?

JOCHEN: Ja, der fühlt sich eingesperrt, wie in einem Käfig.

COACH: Jochen, lass dich noch mal für einen Moment bei dem Erklärer verweilen. Hast du noch Kontakt zu ihm? … *(Jochen nickt.)* Gut, dann stell ihm mal folgende Frage und beobachte genau, wie er darauf reagiert. Frage ihn, was befürchtet er könnte passieren, wenn er nicht so stark wäre?

JOCHEN: *(Schließt die Augen und geht mit der Aufmerksamkeit nach innen)* Ich glaube, der hat Angst vor der Wut.

COACH: Frag den Erklärer, was er befürchtet, was passieren könnte. Und bitte achte darauf, dass der Erklärer antwortet und nicht dein Verstand.

JOCHEN: *(Nickt und spürt nach)* Interessant … ein Bild taucht auf. Diese Wut hat eine unbändige Kraft, eben wie ein Tiger. Und platzt aus mir raus, geht auf den anderen los, völlig unkontrolliert … *(Ein fragender, verwunderter Ausdruck breitet sich auf seinem Gesicht aus.)*

COACH: Hm, bleib dabei.

JOCHEN: Der Tiger könnte den anderen richtig fertigmachen und ich kann ihn nicht mehr bändigen.

COACH: Frag den Erklärer, ob es das ist, wovor er Angst hat – was er versucht zu vermeiden.

JOCHEN: *(Es vergehen ein paar Sekunden, bevor er antwortet.)* Ja, das wird gerade ganz deutlich. Obwohl es ja Unsinn ist, ich würde niemals so ausrasten.

COACH: Wer sagt, dass das Unsinn ist?

JOCHEN: Na ja, meine Vernunft.

COACH: Das kann ich verstehen. Aber spür bitte noch mal hin, was der Erklärer selbst dazu sagen möchte.

JOCHEN: *(Schließt für einen Moment die Augen und fühlt nach innen)* Ja … Ich kann spüren, dass der Erklärer wirklich die Sorge hat, der Tiger könnte auf den anderen losgehen. Der hat so eine unbändige Energie und Wut!

COACH: Also, der Erklärer hat diese Angst, auch wenn die Seite der Vernunft sie für unbegründet hält.

JOCHEN: *(Nickt bestätigend und atmet etwas tiefer durch)* Ja, richtig.

COACH: Jochen, wenn du magst, kannst du den Erklärer fragen, was ihn so überzeugt sein lässt, dass das passieren könnte.

JOCHEN: Ja, das würde ich schon gerne verstehen.

COACH: Dann bitte ihn doch, dir dazu etwas zu sagen oder zu zeigen.

Hinweis: Jetzt beginnt der Coach, nach den Erfahrungen des Teils zu fragen, die zu dieser Überzeugung geführt haben. Der Coach muss darauf achten, dass der Teil antwortet und Jochen nicht rational das berichtet, was er schon weiß. Ein Coach erkennt das vor allem daran, ob und inwieweit Klienten mit ihrer Aufmerksamkeit nach innen gerichtet sind. Auch an der emotionalen Färbung der Stimme der Klienten, dem achtsamen oder nicht achtsamen Tonfall usw.

JOCHEN: *(Ist eine Zeitlang nach innen gewandt, wirkt ruhig und konzentriert. Nach ein, zwei Minuten öffnet er die Augen.)* Es tauchten eben Erinnerungen an meinen Vater auf. Er ist ein ausgesprochener Choleriker und rastet oft aus. Er hat sich früher häufig nicht im Griff gehabt, mir und auch meiner Mutter gegenüber nicht. Als Kind haben mir seine Wutausbrüche immer Angst gemacht. Zu Recht, denn er hat ab und zu auch ordentlich zugelangt. Wir alle haben uns damals von ihm bedroht gefühlt. Ich wollte nie so werden! … Das ist wirklich interessant. Ich hätte das nie in Verbindung gebracht mit meiner eigenen Zurückhaltung.

COACH: Schön, dass für dich da etwas deutlicher wird. Das scheint gerade viel Sinn zu machen … Du kannst besser verstehen, warum der Ärger so stark vom Erklärer unterdrückt wird … Bevor wir für heute abschließen, hätte ich noch eine Frage an den Erklärer. Geh bitte noch mal in Kontakt mit ihm. *(Jochen nickt.)* Und zeige ihm innerlich, was du gerade besser verstehen kannst … Und dann frag ihn doch mal: Wenn er sicher sein könnte, dass du nicht so ausrastest und aggressiv wirst, ob er dann etwas loslassen könnte. Ob er sich dann erlauben könnte, etwas zurückzutreten?

JOCHEN: *(Antwortet sehr schnell)*: Interessante Frage. Natürlich!

COACH: Bitte fühl noch mal nach, frag den Erklärer.

JOCHEN: *(Spricht etwas nachdenklich und langsamer)*: Der kann sich das noch nicht so ganz vorstellen. Irgendwie glaubt der nicht, dass der Tiger nicht angreift … Aber mal angenommen … und ich weiß ja selbst, dass ich mich gut im Griff habe … Ja, das wäre gut. Dann könnte der Erklärer zurücktreten. Und ich könnte freier reagieren.

COACH: Freier reagieren? Spür mal nach, wie sieht das aus? Wie fühlt sich das an?

JOCHEN: Der Ärger dürfte mehr da sein. Ich könnte ihm etwas mehr freien Lauf lassen. Nicht ausrasten, aber mir auch nicht alles gefallen lassen.

COACH: Und was sagst du dazu?

JOCHEN: *(Lächelt)*: Das fühlt sich gut an. Und es kommt mir wie eine angemessene Reaktion vor.

COACH: Noch eine Frage zum Schluss an den Tiger. Spür doch noch mal hin, mit der Frage, was er sich von dir wünschen würde.

JOCHEN: Hmm … *(Er schließt noch einmal die Augen und sagt ein paar Sekunden später:)* Er möchte mir zeigen, dass er es gut meint … Ja, genau … Und er möchte, dass ich ihn zukünftig nicht einfach nur wegschiebe.

COACH: O.k., wenn du magst, könnest du dem Teil innerlich zeigen, dass du das verstehst. *(Jochen nickt interessiert.)* … Und vielleicht könnest du ihm sagen, dass du darauf zukünftig mehr achten magst.

JOCHEN: Ja. Das kommt gut an. Das mach ich! Spannend … Jetzt spüre ich auch weniger Abwehr gegenüber der Unsicherheit … Ich glaube, das ist ein guter Weg.

Bei Jochen gab es zwei innere Polarisierungen: Der ärgerliche Tiger war polarisiert mit dem unsicheren und gehemmten Zustand und der Erklärer in Spannung mit dem Tiger. Als Jochen diese tiefer liegenden Erfahrungen, Zusammenhänge und Interessen der beschützenden Teile besser verstand, zeigten sich fast von allein neue Lösungswege.

Weitere Hinweise

Wenn sich andere Teile im Selbstdialog melden oder sich „einmischen", suchen wir als Coachs Wege, wie diese genug Vertrauen in den Coaching-Prozess bekommen, um für eine Weile beiseitezutreten (und „zuschauen") können. In der systemischen Familientherapie ist das ähnlich. Hier muss man sich auch manchmal länger um die Eltern und älteren Geschwistern kümmern, bis die bereit sind, sich so rauszuhalten, dass sich das Kind wirklich frei und ungestört äußern kann. Dazu mehr im nächsten Kapitel.

Um den Selbstdialog professionell und sicher durchzuführen, muss man selbst und mithilfe professioneller Beratung genügend reflektierte Erfahrung mit eigenen emotionalen Prozessen gemacht haben! Wem diese Kompetenz fehlt, der begibt sich unter Umständen in Situationen, die er nicht souverän und sicher steuern kann.

Kontakt zum gegenwärtigen Erleben

Das Spurenlesen hilft zu erkennen, ob der befragte Teil oder die Ratio, ein Erklärer oder ein anderer vernünftiger Teil antwortet. Auch die Antworten von Klienten geben hier Hinweise, wenn sie beispielsweise sagen: „Ich glaube ...", oder „ich kann mir vorstellen, ...", oder „es könnte sein, dass ..."

Wenn Antworten von Abneigung, Unmut oder Kritik gefärbt sind, können wir davon ausgehen, dass Klienten dem Teil gegenüber keine interessierte, unvoreingenommene Haltung einnehmen. Dann sind die Antworten von anderen Teilen gefärbt, die dazwischenfunken. Über das achtsame Beobachten des Gesichtsausdrucks und der Körperhaltung, aber auch über den Tonfall der Stimme bekommen wir Hinweise, ob sich die Person dem Teil gegenüber entspannt oder angespannt, offen oder abwehrend fühlt.

Wenn die Haltung nicht offen oder neutral, sondern kritisch oder ambivalent ist, wird der Teil nicht viel von sich zeigen und man wird ihn nicht gut erforschen können – ähnlich wie ein Mensch, der sich nicht offen mitteilt, wenn er bemerkt, dass er abgelehnt wird.

Wirkfaktoren für Veränderung

Im Dialog mit einem Teil erkunden wir als Coachs möglichst konkret und erfahrungsbezogen die Gedanken, Gefühle, Befürchtungen und Bedürfnisse der Teile der Klienten. Im Anschluss an den Selbstdialog können Klienten mit dem Coach das emotional Gelernte weiter erforschen, z. B. was konkret diese Verhaltensmuster bislang aufrechterhalten hat. Mit Achtsamkeit, Accessing-Fragen und weiteren Interventionen können wir das früher emotional Gelernte ansteuern und darauf fokussieren.

Im Unterschied zum Modus des „Darüber-Redens" werden den Klienten während des Dialogs mit einem Teil die früheren Erfahrungen und vor allem das daraus Gelernte unmittelbar und spürbar bewusst. Ohne zu interpretieren oder theoretisieren wird das so Gefühlte als evident erlebt.

Ein wichtiges Prinzip ist das der De-Polarisation, denn polarisierte Anteile lösen Spannungen im inneren System aus und kosten viel Kraft. Wenn diese Teile im Dialog mehr von ihren Perspektiven, Erfahrungen, Befürchtungen und Bedürfnisse zeigen können und sich verstanden fühlen, entsteht zwischen ihnen mehr Verständnis. Spannungen können sich lösen und neue Perspektiven und Handlungsoptionen werden potenziell möglich.

7. Selbstführung

Wir vergleichen Selbstführung gerne mit der Führung in einem gut eingespielten Arbeitsteam. Solange alles optimal läuft, wird sie nicht weiter hinterfragt. Die Teammitglieder und die Führungskraft sind zufrieden, vieles funktioniert reibungslos, die Führung des Teams braucht nicht viel Aufmerksamkeit. Im Inneren ist es ähnlich: Wenn wir mit unserem Handeln wirksam sind, unsere Ziele erreichen, im Tun und Sein weitgehend zufrieden sind, dann beschäftigen wir uns in der Regel nicht mit Selbstführung. Bewusste Selbstführung wird dann ein Thema, wenn wir mit inneren oder äußeren Spannungen oder Konflikten konfrontiert werden. Wenn es wiederkehrende innere Zustände oder Muster gibt, die sich limitierend auf unsere Lebensqualität oder auf unsere Beziehungen auswirken. Wenn sich Schwierigkeiten im Umgang mit uns selbst oder anderen zeigen, wir mit wichtigen Vorhaben oder Ziele scheitern oder wir an wiederkehrende automatische Reaktionen etwas ändern wollen, dann können wir uns wie eine Führungskraft um unser eigenes inneres Team kümmern.

Selbstführung entsteht aus einer übergeordneten Perspektive – einer allparteilichen Sicht auf die eigene Person. In Mediationen und Vermittlungen zwischen Konfliktparteien beschreibt das Wort „allparteilich", dass Mediatoren für die Sichtweisen aller Konfliktparteien denselben Grad an Verständnis aufbringen, also aufseiten aller Parteien stehen. Die vermittelnde Person hat nicht die fertige Lösung parat, aber sie hat die Weisheit und Kreativität, die beteiligten Personen so anzusprechen, dass sie sich selbst in Richtung neuer Lösungen bewegen können. Allerdings können Mediatoren oder Moderatoren nur wirken, wenn alle Parteien, alle Teammitglieder – und vor allem die bisherige Leitung – ihnen diese Rolle überlassen.

Mit einem ähnlich umfassenden und allparteilichen Blick auf die eigene Innenwelt können Erfahrungen, Sichtweisen und Interessen von verschiedenen Teilen wahrgenommen und besser berücksichtigt werden. Ohne diese Perspektive und innere Haltung ist die Wahrscheinlichkeit hoch, dass gerade die Teile, die gewöhnlich in Führung sind, neue Optionen erschweren oder blockieren. Das ist vergleichbar mit Team-Leads, die kein Vertrauen in die Führung externer Moderatoren entwickeln, wenn sie diese als voreingenommen erleben. Polarisierte Zustände im Inneren erfordern eine interessierte Haltung gegenüber den widerstreitenden Anteilen in gleichem Maße. Polarisierungen sind bei limitierenden Verhaltensmustern ein häufiges Phänomen. Ein Rationaler, der üblicherweise alles durchdenkt und analysiert, kann beispielsweise Empathie verhindern. Eine Macherin, die schnell loslegt, lässt tendenziell wenig Raum für Besinnung und Reflexion. Eine Anspruchsvolle tendiert dazu, besonders kritisch zu sein und kann nicht so leicht loslassen und gute 80-20-Lösungen als gut genug akzeptieren. Wenn es darum geht, neue Wege oder Lösungsansätze für eingefahrene Verhaltensweisen und Muster zu finden, ist es aus unserer Sicht hilfreich, mit mehr Distanz und einer annehmenden, interessierten Haltung auf die verschiedenen Anteile zu blicken. In diesem Kapitel betrachten wir Wege der Selbstführung, bei denen wir uns aus einem achtsamen und „selbstnäheren" Blickwinkel heraus beobachten. Wir können Qualitäten eines guten Coachs kultivieren, um uns selbst bewusster zu führen und innerlich weiterzuentwickeln.

7.1 Wer kann am besten führen?

Das bewusste Ich oder Selbst, wie auch immer man es nennt, ist die Instanz in uns, die Grundwerte vertritt und bei der inneren Steuerung Orientierung geben kann. Es ist auch der besondere Zustand, in dem wir offen, interessiert und vorbehaltlos auf uns selbst blicken können. Und genau wie ein Moderator braucht diese Instanz das Vertrauen der Teile, um Führung zu übernehmen. Die Anteile, die bisher die Führung innehatten oder sie in heiklen Momenten impulsiv übernahmen, müssen sich darauf einlassen und verlassen können, dass es auch anders geht. So ist es meist ein längerer Prozess im Coaching wie auch in der eigenen Entwicklung, dass Teile, die bisher eine beschützende Rolle hatten, die Führung mehr abgeben und in den Hintergrund treten. Sie müssen sicher sein, dass die Person mit den dahinterliegenden Gefühlen oder verletzlichen Seiten gut umgehen kann.

Angenommen, jemand neigt dazu, in Verhandlungen schnell, bestimmend und aggressiv in Positionskämpfe zu gehen. Dann ist ein durchsetzungsstarker, aggressiver Kämpfer hier in Führung. Wenn nun die Person ein paar Mal erlebt, dass sie sich auch weniger kämpferisch für ihre Interessen einsetzen und zu guten Ergebnissen kommen kann, entsteht das Vertrauen, dass der Kämpfer sich nicht mehr so schnell in Verhandlungen einschalten muss. Oder eine Person hat die Tendenz, bei Entscheidungsprozessen in der Gruppe sehr bestimmend und dominant den Ton anzugeben, weil sie befürchtet, dass sonst nichts vorangeht. Bemerkt sie jedoch, dass sie in der Lage ist, in diesen Situationen die unangenehme Spannung bei längeren, scheinbar unergiebigen Diskussionen besser auszuhalten, wird sie sich leichter zügeln und den anderen mehr Raum geben können. Das Vertrauen, dass „nichts Schlimmes passiert", ist gewachsen. Vielleicht gehen die anderen in der Gruppe sogar mehr in die Eigenverantwortung, wenn der dominierende Anteil etwas zurücktritt. Aber auch unabhängig davon kann die betreffende Person in diesen Situationen entspannter und mit sich selbst zufriedener sein. Sollte tatsächlich nichts vorangehen, kann sie immer noch, aber dann gelassener und nicht so dominant, die Führung wieder übernehmen.

Der Vergleich des „inneren Teams" mit Arbeitsteams hinkt allerdings an einer Stelle: Er suggeriert, Teammitglieder, die nicht dazu passen, auswechseln zu können. An diesem Punkt erweist sich das Bild der inneren Familie als stimmiger: Man bleibt mit den eigenen Teilen verbunden, wie mit leiblichen Familienmitgliedern – selbst dann, wenn man versucht, sich von ihnen zu trennen oder sie zu vergessen. Der entscheidende Schritt bei der Selbstführung im Alltag ist, eine annehmende innere Haltung für schwierige oder problematische Teile zu finden. Erst dann kann sich die Beziehung zu den Teilen verbessern. So lassen sich innere Spannungen lösen und extreme Reaktionen reduzieren. Gleichzeitig liegt hier wahrscheinlich die größte Hürde. Denn der Ausgangspunkt für bessere Selbstführung sind ja gerade die Aspekte der eigenen Persönlichkeit, mit denen wir nicht zufrieden sind und auf die wir eher kritisch blicken. Wir wollen etwas verändern, und das mit einer annehmenden und wohlwollenden Haltung in Einklang zu bringen ist nicht leicht. Wer will wen ändern, welcher Teil will welchen anderen Teil verändern? Dieser Frage wollen wir hier etwas näherkommen.

In diesem Kapitel geht es darum, den Zustand von Gleichmut, Weisheit und Verbundenheit als den inneren Platz kennenzulernen, von dem aus das System der Persönlichkeitsteile am besten gesteuert werden kann und der auch die Entwicklung einzelner problematischer Anteile ermöglicht. Wir suchen dabei nach einer Instanz in der „Selbst"-Führung, die sich wie ein guter Coach allen Anteilen der inneren Familie zuwenden kann.

7.2 Selbstnahe Qualitäten

Die Frage, wer wir im tiefsten Inneren, in unserem Kern, eigentlich sind, beschäftigt uns Menschen, seit wir über uns nachdenken können. Es gibt Antworten von religiösen Führern, Philosophen, Psychologen, Biologen, Medizinern, Hirnforschern und vielen anderen. Letztlich sucht und versucht sich wohl jeder mit einer für ihn passenden Antwort.

Wir wollen auf den Diskurs zum Thema „Was ist das Selbst?" nicht näher eingehen. Einerseits hat wohl kaum jemand dazu wirklich einen umfassenden Überblick. Andererseits geht es uns vor allem um einen pragmatischen Zugang zu dieser Instanz, die aus unserer Erfahrung am besten die Vielfalt der Persönlichkeitsanteile führen kann. Wir werden in diesem Kapitel reflektieren, wie das Modell des Systems der inneren Familie entdeckt wurde, wie sich ein selbstnaher Zustand anfühlt, welche wesentlichen Merkmale dazugehören und wie sich diese Sichtweise auf eine kompetente Selbstführung entscheidend auswirken kann. Wir verwenden den Begriff „Selbst" trotz seiner unterschiedlichen Bedeutungen und möglichen Problematik. Das hat damit zu tun, dass er am besten zu unserer Alltagssprache passt; wir sprechen z. B. von Selbstvertrauen, Selbstbewusstsein, Selbstsicherheit, Selbstfürsorge, Selbstbestimmung usw. Auch wird die Bezeichnung Selbst bereits im IFS und ähnlichen anderen Psychotherapieansätzen benutzt.

Zur Geschichte des Systems der inneren Familie

Richard Schwartz war in den 1980er-Jahren in den USA ein bekannter Familientherapeut. Er hatte ein Standardwerk über systemische Familientherapie (1988) herausgebracht und war enttäuscht über die Grenzen dieses Vorgehens. Ihm war aufgefallen: Wenn eine Familie nach den Vorstellungen der Therapeuten eigentlich schon gesund war und alle wesentlich besser miteinander kommunizierten als vorher, war oft das kranke Kind, dessentwegen die Therapie begonnen wurde, immer noch nicht „geheilt". Seine Neugier ließ ihn etwas versuchen, was unter Familientherapeuten damals verpönt war. Er begann mit Einzelgesprächen, um herausfinden, was im Inneren des kranken Kindes oder Jugendlichen vorging. Dabei begegneten ihm ganz ähnliche Mechanismen wie vorher in der Familie. Bei dem Versuch, sich dem Symptom, etwa einer Ess-Brech-Sucht, zuzuwenden, erzählte eine Patientin darüber selbstkritisch herablassend, auch abwehrend und mit einer Haltung, die ausdrückte: „Ich krieg' das schon alleine in den Griff!" Das erinnerte sehr stark an den Vater, der meinte: „Wenn sie nur wollte und sich beherrschen würde, dann müsste sie nicht so mit dem Essen rummachen!" Genau wie in der ersten Familientherapiesitzung, wo es nicht möglich war, mit dem Kind direkt zu sprechen, weil erst die Erwachsenen ihre Sichtweisen erzählen mussten, war es hier nicht möglich, mit der Seite in Kontakt zu treten, die problematisch war. Richard Schwartz begann nun, auf die inneren Persönlichkeitsteile dasselbe Vorgehen wie mit der Familie anzuwenden: Er sprach so lange mit dem Teil, der sich in den Vordergrund drängte, bis dieser entspannte und sich sicher fühlte. Im weiteren Verlauf konnte er sich dann mehr zurückhalten und den Kontakt zu anderen Teilen des Systems zulassen.

Richard Schwartz entdeckte, dass der Ablauf sehr oft einem ähnlichen Muster folgte: Zuerst musste er sich um die Anteile kümmern, die die Kontrolle innehatten – die eher vernünftigen Manager. Dann kamen die impulsiven Feuerbekämpfer dran und erst zuletzt konnte sich das zeigen, was an Empfindlichkeit und Verletzlichkeit dahinter versteckt war. Abgeleitet aus der Familientherapie bat er jeweils den Teil, mit dem gerade gesprochen worden war, sich im weiteren Gespräch mit dem nächsten

Teil nicht mehr einzumischen. Wenn der Teil dazu bereit war, sollte er im inneren System etwas beiseitetreten – so, als würde er sich auf einen entfernteren Beobachtungsplatz im Bewusstsein zurückziehen.

Den meisten Patienten gelang es mit etwas Geduld erstaunlich gut, Teile „beiseite zu bitten". Was Richard Schwartz am meisten überraschte und was die nachhaltigste Wirkung für seine Arbeit hatte, war die Entdeckung des inneren Zustands, der entsteht, nachdem alle Teile sich separiert haben. Auf die Frage „Was ist das jetzt für ein Teil?" oder „Wäre der Teil bereit, etwas beiseitezutreten?" kamen von den Patienten in einem bestimmten Moment konstant sehr ähnliche Antworten: „Das ist jetzt kein Teil mehr, das bin ich selbst … Ich selbst in meinem tiefsten Inneren!" Für diesen Zustand, der deutlich andere Qualitäten hat als die Teile und der so zentral und kernhaft für jeden Menschen zu sein scheint, leitete Schwartz einfach aus der Beschreibung seiner Klienten „Das bin ich selbst" oder „Das ist mein wahres Selbst" die Bezeichnung das „Selbst" (englisch: The „Self") ab.

Seit den 1980er-Jahren ist viel Zeit vergangen. Vor allem in USA, aber auch in vielen europäischen Ländern, ist IFS inzwischen zu einem weit verbreiteten Modell geworden, mit dem viele in Psychotherapie und Coaching arbeiten. Und alle machen immer wieder dieselbe Erfahrung: Die meisten Klienten können früher oder später dieses „Selbst" oder Annäherungen an diesen Zustand in sich finden. Es scheint, als würde der Mensch hier eine innere Weisheit und mitfühlende Zugewandtheit gegenüber seinen Teilen entfalten, auch gegenüber den schwierigsten, sodass er mit großer Sicherheit die richtige Richtung findet, um dem Teil zu helfen.

Wir wollen hier Richard Schwartz selbst zu Wort kommen lassen, wie er sich fasziniert über seine ersten Erfahrungen mit dem „Selbst" seiner Klienten äußert:

„In diesem Zustand von Sanftmut und Mitgefühl fragte ich diese Klienten, was für eine Stimme oder welcher Teil gerade anwesend war. Sie alle antworteten in etwa Folgendes:

‚Das ist kein Teil, wie jene anderen Stimmen es sind, das entspricht mehr dem, wie ich wirklich bin, das ist mein Selbst.' Ohne es zu wissen und unerwartet war ich auf eine neue Möglichkeit gestoßen, Menschen dabei zu helfen, einen Zugang zu dem Selbst zu finden, von dem viele spirituelle Traditionen sprechen. Begriffen hatte ich dies aber erst Jahre später. An dem Punkt wühlte mich die Erkenntnis regelrecht auf, einen Weg gefunden zu haben, durch den die Therapie für meine Klienten und für mich so viel anstrengungsloser und effektiver wurde. (…) Am erstaunlichsten war die Tatsache, dass Klienten, sobald sie sich im Zustand des Selbst befanden, zu wissen schienen, was zu tun oder zu sagen war, um einer jeden inneren Persönlichkeit zu helfen. Es wurde immer deutlicher, dass ich sie nicht zu lehren brauchte, wie sie sich gegenüber den verschiedenen Gedanken und Emotionen, die sie Teile nannten, verhalten sollten, denn

sie fingen entweder automatisch an, zu tun, was der Teil brauchte, oder sie begannen Fragen zu stellen, die zu Antworten führten, wie dem Teil zu helfen war. Meine Aufgabe bestand hauptsächlich darin, ihnen dabei zu helfen, im Zustand des Selbst zu bleiben und dann aus dem Weg zu gehen, wenn sie selbst zu Therapeuten für ihre eigenen inneren Familien wurden.“[1]

Vielleicht passt diese Erfahrung am ehesten zur Jahrhunderte alten buddhistischen Weisheit, dass mit zunehmender Übung auf dem Weg der Achtsamkeit sich Weisheit und Mitgefühl als zentrale menschliche Qualitäten von innen entfalten.

7.3 Selbstnaher Zustand im Coaching

Im folgenden Beispiel veranschaulichen wir, wie Klienten mit Hilfe eines Coachs diesen selbstnahen Zustand entdecken.

Ein Beispiel:

Erich, mittlere Führungskraft in einer Bank, ein exzellenter Fachmann auf seinem Gebiet, ist oft bei Sitzungen mit Vorständen und obersten Führungsebenen mit dabei. Ihn stört es sehr, dass er in diesen Gremien oft viel zu zurückhaltend ist. Immer wieder hat er den Eindruck, von seiner Fachkompetenz her wäre es wichtig, sich einzubringen, aber er lässt diese Momente einfach verstreichen und ärgert sich hinterher, dass er wieder mal den Mund nicht aufbekommen hat. Während er im Coaching darüber spricht, wirkt er angespannt und mit sich selbst ungeduldig. Wenn er seine Zaghaftigkeit beschreibt, klingen seine Worte hart und vorwurfsvoll. Der Coach fragt ihn, ob es sein könnte, dass dieser Tonfall von einer kritischen Seite seiner Persönlichkeit stammt, die sich über die Zurückgezogenheit und Zaghaftigkeit ärgert. Erich, dem das Modell der Persönlichkeitsteile aus einem früheren Coaching bekannt ist, bestätigt dies nach kurzem Nachsinnen. Der Coach fragt ihn dann, ob er diesen kritischen Teil bitten könnte, innerlich beiseitezutreten und sich für einige Minuten zurückzuhalten, damit er, Erich, mehr über die Zaghaftigkeit und deren Gründe erfahren kann. Als der kritische Teil gefühlt etwas auf Abstand geht, geschieht eine subtile, aber bemerkenswerte Veränderung: Erich wirkt nicht mehr so angestrengt und hart, er wird etwas ruhiger.

Mit sanfter und klarer Stimme sagt er: *„Ja, das geht. Ich bin ganz überrascht. Das fühlt sich deutlich besser an … weniger kritisch.“* Der Coach bittet ihn dann, sich dem Teil zuzuwenden, der sich in der Situation oft so zaghaft und zurückhaltend fühlt, und fragt ihn, ob er diesen Teil spüren kann. Erstaunt sagt Erich: *„Ja, diese Seite kann ich jetzt deutlicher wahrnehmen. Diese Ängstlichkeit ist mir irgendwie vertraut.“* Und auf die Frage: *„Wie fühlst du dich denn jetzt gerade diesem zaghaften, etwas ängstlichen Teil gegenüber?“* antwortet er: *„Eigentlich ganz*

1 Zitiert nach: ↗ https://www.ifs-europe.net/ifs-modell/text-von-dick-modell/

o. k. jetzt gerade, ich bin ich neugierig auf ihn." Nach kurzem Schweigen fährt er fort: *„Und er tut mir eher ein wenig leid. Er wirkt eingeschüchtert …*" Seine Gesichtszüge wirken gelassener, etwas weicher und drücken Verständnis aus. An dem inneren Platz, von dem aus er jetzt spricht, scheint er weniger gefangen zu sein in seinen vorherigen Gedanken und Emotionen. Trotzdem wirkt er nicht distanziert, sondern wohlwollend und annehmend gegenüber dem inneren Geschehen. Und er will jetzt die Gründe für die ängstliche Zurückhaltung besser verstehen. Der Coach ermuntert Erich, sich dem Teil zuzuwenden und ihn zu fragen, woher das Gefühl kommt, warum er so ängstlich ist.

Auf Erichs Frage an den „Ängstlichen", warum er so furchtsam ist, kommen alte, lang vergessene Bilder ins Bewusstsein zurück. Der Teil fühlt sich wie der siebenjährige Junge, der mit den Eltern umgezogen ist und in eine neue Klassengemeinschaft kommt, die ihn lange Zeit nicht aufnimmt. Wegen seines fremden Dialekts wird er ständig gehänselt und ausgelacht. Auch wenn das schon so lange her ist: Emotional ist der Teil immer noch darin gefangen. Aufgrund der emotionalen Ladung, die in diesem ängstlichen Jungen heute noch lebt, hat Erich bis zu diesem Zeitpunkt nur selten den Mut gefunden, in größeren Gruppen, in denen er sich nicht wirklich zugehörig fühlt, unaufgefordert etwas zu sagen. In solchen Situationen gerät er automatisch in den schüchtern-zurückgezogenen Zustand. Rational konnte er das bislang weder wirklich nachvollziehen noch sich anders fühlen oder steuern.

Dass der ängstliche Junge immer noch in diesen alten Erlebnissen feststeckte, war für Erich eine überraschende Erkenntnis. Ihm war überhaupt nicht bewusst, dass das eine so starke Wirkung auf sein gegenwärtiges Verhalten hatte. Mit diesem Verständnis konnte er fortan entspannter mit der Ängstlichkeit umgehen. Und weil er sie mit den Erfahrungen des Jungen in Verbindung bringen konnte, war es leichter, sie anzunehmen. Wann immer sie sich in den entsprechenden Situationen wieder zeigte, konnte er innerlich etwas Abstand zu dem Gefühl gewinnen, den Jungen innerlich fürsorglich wahrnehmen und als Erwachsener handeln.

Wenn eine Person nicht mehr oder deutlich weniger mit Teilen identifiziert ist, zeigen sich einige der Qualitäten eines achtsamen und „selbstnahen" Zustands:

- *Gelassenheit:* Die Person ist ruhig, entspannt, innerlich zurückgelehnt.
- *Zuversicht:* Sie hat eine innere Sicherheit, aus der heraus sie auch „schwierige" Teile betrachten kann.
- *Neugier:* Sie ist offen, neugierig und nicht wertend.
- *Mitgefühl und Verbundenheit:* Sie empfindet eine annehmende, mitfühlende Haltung und kann mit dem Teil in eine wohlwollende Beziehung treten.
- *Weisheit und Kreativität:* Sie weiß von innen heraus, was ein sinnvoller oder hilfreicher nächster Schritt wäre.

Im Lauf der Zeit haben Therapeuten, Coachs und andere Personen, die mit IFS arbeiten, bei selbstnahen Zuständen immer wieder die o. g. Merkmale beobachten können. Gelassenheit, Zuversicht, Neugier, Mitgefühl und Verbundenheit, Weisheit und Kreativität, all das sind Eigenschaften, mit der man in der Außenwelt auf gute Weise Führung übernehmen kann. Auch im inneren System kann eine Instanz mit diesen Qualitäten dafür sorgen, dass zwischen den Teilen mehr Harmonie herrscht, sie gut integriert sind und die gesamte Persönlichkeit sich stimmig weiterentwickeln kann. Das Selbst, oder ein selbstnaher Zustand, kann innere Führung übernehmen – der Begriff „Selbst-Führung" bekommt so eine tiefgründigere Bedeutung.

Wirkfaktoren für Veränderung

Durch die interessierte und offene Haltung im Kontakt und im Dialog mit einem Teil entsteht eine neue oder veränderte Beziehung zu ihm. Das tiefere Verständnis löst Selbstmitgefühl und Selbstfürsorge aus.

Mit dem Selbstdialog entfaltet man mehr Selbstvertrauen – Vertrauen der Teile in das Selbst und Vertrauen des Selbst in die Teile. Mit diesem Vertrauen in die Selbstführung können bislang dominante Teile zurücktreten, wodurch Raum für Neues entsteht.

Das Annehmen der Ursachen, die die Schwierigkeiten bewirkt haben, ist genau das, was den Veränderungsprozess fördert. Von C.G. Jung stammt das Zitat „Wir können nichts verändern, bevor wir es nicht akzeptieren. Verurteilung befreit nicht, sie unterdrückt." Und Werner Bock hat gesagt: „Was ist, muss sein dürfen und was sein darf, kann sich verändern."

7.4 Selbstführung im Alltag

In diesem Abschnitt wollen wir betrachten, was Selbstführung, auch ganz praktisch im Alltag, bedeutet und wie sich diese Kompetenz weiter entfalten lässt. Sich gut zu führen beruht immer auf Bewusstheit: Wissen, wer ich bin und wo ich hin will im Kontext von Raum und Zeit, sozialen Beziehungen und materiellen Rahmenbedingungen. Die Bedingungen in der Außenwelt können oft nicht verändert oder beeinflusst werden, allerdings sehr wohl die eigenen Reaktionen darauf. Wie wir uns auf die Außenwelt – auf wichtige und herausfordernde Umstände oder Handlungen anderer beziehen –, darin sind wir frei. Wir können recht weitgehend beeinflussen, wie „Selbst"-bestimmt wir uns fühlen und verhalten.

Innehalten und Annehmen

Achtsamkeit fördert Selbstführung, weil sie sowohl die Bewusstheit im Sinne von Klarheit entfaltet wie auch die Akzeptanz – im Sinne von Annehmen der gegenwärtigen Erfahrung. Es entsteht eine Lücke zwischen Wahrnehmung und Handlung. Eine achtsame und annehmende Haltung spielt bei der Selbstführung immer eine zentrale Rolle, aber gerade im Umgang mit verletzlichen Teilen ist sie entscheidend. Wenn diese nicht wahrgenommen oder bekämpft werden und keinen guten inneren Platz haben, werden problematische Reaktionen wiederkehren und uns weiterhin immer wieder mal steuern.

Ein Beispiel:

Hilke hat die Rückmeldung bekommen, ihre Mitarbeiter und Mitarbeiterinnen nicht genug ins Boot zu holen, auf ihre Bedenken, Meinungen und Interessen nicht hinreichend einzugehen oder sie nicht ausreichend zu berücksichtigen. Ihre Härte führt zu vielen negativen Wechselwirkungen, worunter auch das Klima und die Motivation im gesamten Team leiden.

Der Coach beginnt, gemeinsam mit ihr den „wunden Punkt" zu erforschen. Es ist der Moment, in dem sie bemerkt, wie sie sehr es sie aufregt, wenn jemand auf ihre Vorschläge oder Entscheidungen mit starken Vorbehalten reagiert oder einfach nur überzeugt eine andere Meinung vertritt. In diesem Prozess fällt ihr auf, wie stark sie die Vorstellung steuert „Ich muss was dagegen setzen, sonst wirke ich schwach, und das darf nicht passieren". Beim genaueren Erkunden dieser Sorge zeigt sich ein empfindsamer Teil, der es gut kennt, dominiert zu werden und sich unterlegen zu fühlen. Der Coach bittet sie, an dieser Stelle für einen Moment innezuhalten und zu verweilen. Sie spürt noch deutlicher, wie stark der Drang ist, sofort und entschieden ihre Meinung kundzutun und zu kontern, um nicht in diese gefühlte Unterlegenheit zu geraten. Und – das ist ihr auch klar – das gewohnte Argumentieren wäre genau die typische und unsympathische Reaktion, die sie verändern will.

In diesem Spannungsfeld ermutigt der Coach sie, bei dem empfindlichen Punkt zu verweilen und eine Haltung zu finden, in der sie die verletzlichen Gefühle aus einem gewissen Abstand spüren kann, so wie jetzt gerade. Das ist ihr möglich. Und dann, als nächsten Schritt, innerlich anzuerkennen, dass sie die Sorge vor dem Unterlegenheitsgefühl gegenwärtig wahrnehmen und damit in Kontakt sein kann. Auch das geht – für wenige Augenblicke. Der Coach fragt nach, ob sie wahrnehmen kann, wie sie in dieser Haltung das Gespräch im Alltag weiter fortsetzen würde. Was ist möglich, wenn sie das schwache, empfindliche Gefühl für einen Moment innerlich halten kann? Mit dieser vom Coach ermutigten achtsamen und annehmenden Haltung stellt Hilke mit Staunen fest, dass sie sich freier fühlt. Die Spannung wird etwas weniger. In dieser Haltung ist sie in der Lage, nicht sofort in Abwehr zu gehen und Fragen zu stellen. Auch wenn sich die Ausgangslage nur innerlich vergegenwärtigt – der unsichere Zustand fühlt sich sehr real an –, kann sie damit jetzt ruhig und präsent in Kontakt sein. Diese Erfahrung ist für sie so eindrücklich und ermutigend, dass sie auch zukünftig bewusster auf die Empfindsamkeit achten kann. Es gelingt ihr, häufiger das automatische Muster zu stoppen, stattdessen Fragen zu stellen und die Meinungen der anderen erstmal anzuhören. Sie muss vor diesen Momenten nicht mehr zurückscheuen, sondern kann ihnen mit mehr Selbstvertrauen begegnen.

Selbstausdruck

Wenn ein Teil andere unerwünschte oder empfindsame Teile verdrängt, werden diese oft so sehr in den Hintergrund gedrängt, dass auch ihre Gefühle und wichtige Informationen zurückgehalten werden. In einem vom Erklärer aktivierten Zustand spürt Jochen seinen Ärger nicht mehr (siehe Kapitel 6). Bodo (siehe Kapitel 5) nimmt seine eigenen Bedürfnisse nicht mehr wahr, wenn der Unabhängige und der Abschotter so stark sind. Kommunikation kann kraftlos und unlebendig wirken, wenn der emotionale Gehalt fehlt, wenn den Worten die Energie und der Ausdruck der Gefühle abgehen. Wir empfehlen deshalb, beim Selbstausdruck bewusst innezuhalten und tieferliegende Teile und ihre Gefühle wahrzunehmen. Man kann dann situativ für die eigenen Teile sprechen, das heißt, ihre Gefühle, Bedürfnisse, Interessen und Sichtweisen auch mit emotionaler Kraft kommunizieren – sofern es angemessen und sinnvoll ist.

Für einen Teil sprechen heißt, ihm nicht das Steuer zu überlassen, ihn aber auch nicht zu verdrängen. Innerlich ist man mit den Gefühlen in Kontakt, ohne von ihnen vereinnahmt zu werden. Mit diesem Abstand ist es leichter, die Gefühle, Gedanken und Interessen des Teils wahrzunehmen und davon dann so viel wie nötig und möglich in die Kommunikation einfließen zu lassen.

Ein Beispiel:

Petra kommt mit einem Anliegen zu ihrer Führungskraft. Sie hat einen kreativen Verbesserungsvorschlag, der ihr sehr am Herzen liegt. Der Vorgesetzte reagiert darauf kurz angebunden und etwas abwehrend – und das nicht zum ersten Mal. Er signalisiert ihr häufiger, dass er ihre Ideen nicht wertschätzt, was bei Petra für Frustration und Unverständnis sorgt. Bei den ersten so vertrauten Kommentaren des Chefs reagiert ein resignierter Teil, der davon ausgeht, dass die Führungskraft schwer zu überzeugen ist. Innerlich gibt dieser Teil auf, nach dem Motto: „Das bringt nichts mehr.“ Ein sachlich-rationaler Teil setzt sich jedoch weiter für die Sache ein, zählt vernünftige, logische Gründe auf und hinterfragt die Argumente des Chefs. Mit ihren visionären, kreativen Ideen und ihrer Begeisterung ist Petra kaum noch in Kontakt, da der resignierte Anteil sich dazwischen geschoben hat. Die Art, wie sie argumentiert, wirkt so vorsichtig und gebremst, dass es ihrem Chef leichtfällt, ihre Vorschläge zu überhören und nicht auf sie einzugehen. Es kostet Petra innerlich viel Energie, ihre Resignation, Enttäuschung und Frustration zu regulieren, aber diese Empfindungen lassen sich nicht so leicht „wegmanagen". Der sachlich-rationale Teil ist zwar klar in Führung, die Gefühle des Resignierten wirken jedoch untergründig weiter.

Würde Petra erkennen, dass der sachlich-rationale Teil keine überzeugende Wirkung hat und sie ihre Enttäuschung und Frustration ernst nehmen würde, anstatt sie wegzudrücken, könnte sie mit etwas innerem Abstand zu ihnen hin spüren und diese Empfindungen auch aussprechen: „Ich bin sehr enttäuscht, dass Sie den Vorschlag so schnell von der Hand weisen. Es ist frustrierend, wenn wir uns nicht gemeinsam über die Visionen des Teams – unsere und Ihre Gedanken – differenzierter auseinandersetzen. Deshalb würde ich mir sehr wünschen, dass Sie sich diese Ideen noch mal durch den Kopf gehen lassen und wir das, gerne auch zu einem anderen Zeitpunkt, weiter vertiefen." Die Kunst beim Selbstausdruck ist, die emotionale Ladung des Teils angemessen zu übersetzen – nicht zu kämpferisch, aber auch nicht wehrlos; nicht zu dominant, aber auch nicht schwach; nicht zu überzeugt, aber auch nicht zaghaft.

Natürlich gibt es dafür keine Standardrezepte. Was tatsächlich in einer Situation kommunikativ angemessen und hilfreich ist, hängt von vielen Faktoren ab: von der Persönlichkeit des anderen, der Beziehung zueinander, dem Kontext und den eigenen Zielen. Wenn beispielsweise Petra aus Erfahrung wüsste, dass der offene Ausdruck von Gefühlen für ihren Chef äußerst befremdlich ist, dann wäre es möglicherweise wirksamer, nicht den enttäuschten, sondern eher den visionären Teil mehr nach vorne treten und reden zu lassen.

Teile bewusst einsetzen

Wie wir auf Personen in unserem Umfeld wirken, hängt stark davon ab, welche Teile unserer Persönlichkeit in der jeweiligen Interaktion und Beziehung vorherrschend sind. Oft gestaltet sich der Kontakt mit anderen dann schwierig, wenn die Teile, die gerade in Führung sind, die Situation verschlimmern oder eskalieren lassen. In solchen Fällen lohnt es sich, darüber nachzusinnen, welcher Teil beim bisherigen Verhalten im Vordergrund war. Auch, welche anderen Qualitäten, Fähigkeiten oder Teile einem noch zur Verfügung stehen könnten, um mit der Herausforderung optimal umzugehen. Ähnlich wie die Führungskraft eines Teams kann man auch das innere Team zurate ziehen und fragen, ob nicht ein anderer Persönlichkeitsteil hilfreicher wäre, die vorliegende Aufgabe zu bewältigen. Oder – gemäß der IFS-Familien-Metapher – einen inneren Familienrat abhalten und dann einen Sprecher oder ein Sprecherteam in die Situation schicken.

Ein Beispiel:

Josef, Personalchef eines mittelgroßen Unternehmens, gerät in Gesprächen mit dem Betriebsratsvorsitzenden immer wieder in die gleichen Schwierigkeiten. Wenn dieser resolut und bestimmend seine Positionen vertritt, beispielsweise sagt: „Das haben wir so entschieden und das ist Fakt!“, dann fängt Josef regelmäßig an, mit ihm zu kämpfen. Das hat zur Folge, dass der Betriebsratsvorsitzende noch unnachgiebiger wird und sich beide schnell in erstarrten Fronten wieder finden.

Josef will an diesem Ablauf endlich etwas ändern und nimmt sich eines Abends Zeit, sein Verhaltensmuster zu reflektieren. Er beginnt damit, den letzten Vorfall in der Fantasie hervorzuholen, sich die Äußerungen des Betriebsrats zu vergegenwärtigen und dann genauer zu erforschen, welcher Anteil innerlich reagiert. Als er sich sein Gegenüber vorstellt, merkt er augenblicklich, wie er körperlich angespannter und starrer wird und dass er entschlossen gegen ihn angehen will. Er kennt die Reaktion gut und hat diesen entschiedenen Persönlichkeitsteil mal seinen „Leader“ genannt. Der will sich einfach nichts vorschreiben lassen und sieht überhaupt nicht ein, auf unsinnige Beschlüsse anderer Rücksicht nehmen zu müssen. In der Fantasie betrachtet Josef dann die gesamte Situation von außen, mit mehr innerer Distanz. Schnell wird ihm bewusst, dass es seinem Gegenüber vermutlich ähnlich geht und dieser genauso wenig nachgeben kann wie er. Josef sieht ganz klar, dass sein Leader in solchen Situationen zur Zuspitzung neigt. Solange der Leader allerdings am Steuer bleibt, fällt ihm auch nichts anderes ein.

Josef probiert dann in seiner Vorstellung, den Leader zu bitten, etwas zurückzutreten. Sogleich zeigt sich eine neue Möglichkeit: Als erfahrener Personaler hat Josef in unzähligen Gesprächen sehr gute Erfahrungen mit seinem neugierigen „Beraterteil“ gemacht. Da war er zwar selten so unter Druck, aber mit dem inneren Berater könnte er es hier doch einmal versuchen. Er stellt sich vor, was der Berater sagen würde (in der Fantasie klingt das ziemlich anders): „Mhm, Sie haben das also ausführlich besprochen ... Ich würde gerne Ihre Überlegungen besser verstehen. Es wäre schön, wenn Sie mir die Hintergründe erläutern könnten.“ Er versetzt sich noch einmal in sein Gegenüber hinein und ist sicher, dass dieser überrascht wäre und weniger Grund hätte, zu kämpfen. Einen Versuch wäre es wert.

Ein paar Wochen später ist Josef ganz zufrieden. Dieser Lösungsansatz war ein Schritt in die richtige Richtung und die letzten beiden Verhandlungen sind besser gelaufen. Auch wenn sein Leader immer noch dazu neigt, das Steuer in die Hand zu nehmen, kann er diesen Impuls besser regulieren, wenn er sich seinen inneren Berater vergegenwärtigt.

Das Selbst als „Fußballcoach“

Nehmen wir einmal an, die Persönlichkeitsteile sind Spieler einer Fußballmannschaft. Dieses Bild kann helfen, sich das bewusste Einsetzen eines Persönlichkeitsteils besser vorzustellen. Bei automatischen Reaktionen hat sich einer der Spieler den Ball geschnappt und versucht verbissen, allein durchzukommen. Er übersieht jedoch völlig, dass noch mehr Spieler auf dem Platz stehen und ein anderer für den nächsten Zug möglicherweise viel besser positioniert ist.

Um im Bild zu bleiben: Das Selbst ist bei der Selbstführung vergleichbar mit dem Trainer. Die Spieler agieren auf dem Platz und der Trainer bzw. Coach sitzt am Spielfeldrand. Es liegt bei den Spielern, ob sie sich jetzt im Ernstfall an die Möglichkeiten erinnern, die sie im Training (oder im Coaching) mit dem Trainer erkannt haben. Bei einer automatischen Reaktion muss sich also der Teil, „der sich den Ball geschnappt hat“, daran erinnern, dass er nicht der Einzige ist und dass es oft besser ist, rechtzeitig eine andere Strategie zuzulassen.

Der Vergleich lässt sich übrigens noch weiterführen: Um zu erkennen, welcher Teil im Vordergrund ist (wer den Ball hat), sind somatische Marker sehr hilfreich. Eine Person erkennt ihren Kämpfer möglicherweise daran, dass der Oberbauch anspannt und die Stimme lauter wird. Eine andere bemerkt ihren – viel zu nachgiebigen – Gute-Miene-Teil am automatischen freundlichen Gesichtsausdruck und der Wahrnehmung, innerlich gebremst zu sein. Ein zurückgezogener Zustand kann am flachen Atem, einem Engegefühl in der Brust und fehlendem Blickkontakt erkannt werden. Diese Körpersignale sind in unserem Bild die Nummern auf dem Trikot, die eine schnelle Identifizierung ermöglichen. Und das Innehalten entspricht einem kurzen Blick über den Platz zum Coach (dem „Selbst“), um einen besseren Überblick zu bekommen und sich auf die verabredeten Spielzüge zu besinnen.

7.5 Selbstdialog und der Umgang mit Befürchtungen

Im Coaching ist, wie wir schon gesehen haben, der Dialog mit einem Teil ein wesentlicher Prozessschritt auf dem Weg zur Veränderung. Wir können uns aber auch im Selbst-Coaching inneren Teilen zuwenden und mit ihnen in den Selbstdialog treten.

Ein solches Selbstgespräch ähnelt in gewissem Sinne einem Gespräch in einem realen Team: Gut moderierte Gespräche finden im Allgemeinen nicht während der „regulären Arbeit“ statt. Für bewusste Selbstführung heißt das, dass wir uns außerhalb einer Situation die Zeit nehmen müssen, uns einem Teil zuzuwenden. Diese Reflexion kann im Anschluss an eine Herausforderung stattfinden, die man genauer erforschen möchte, oder sie kann im Vorfeld einer noch bevorstehenden Herausforderung dazu dienen, sich innerlich gut vorzubereiten.

Wenden wir uns beispielsweise einem Beschützer-Anteil zu und befragen ihn, warum er so stark ist, beginnen wir, seine Absichten und Interessen besser zu verstehen. Eine spannende Frage ist die nach den Befürchtungen: Was würde passieren, wenn er nicht so stark wäre oder etwas weniger stark tun würde? Es gibt ein paar typische Befürchtungen, die Beschützer häufiger zeigen: verletzlich zu sein oder verletzt zu werden, Anerkennung zu verlieren, zu scheitern, unzufrieden oder unglücklich zu sein / zu werden. Beschützerteile sorgen sich, dass ein Zustand eintreten könnte, der sich unangenehm oder schlimm anfühlt. Und diese Befürchtungen von starken Beschützern, die bereits viele Jahre eine aus ihrer Sicht überlebensnotwendige Aufgabe übernommen haben, lassen sich nicht mit rationalen Antworten beschwichtigen. Es ist wichtig, sich darüber im Klaren zu sein: Befürchtungen von Beschützern beruhen oft auf frühen, langandauernden, wiederholten Erfahrungen und daraus entstandenen Überzeugungen, die in dieser Klarheit oft nicht bewusst sind. Beschützer lassen sich nicht rational von etwas anderem überzeugen oder beschwichtigen. Die Hintergründe müssen emotional tiefer verstanden werden und die Beschützer müssen sicher sein können, dass die Person heute mit der dahinterliegenden Verletzlichkeit anders umgehen kann oder dass diese Verletzlichkeit nicht mehr so stark ist wie früher. Versteht man, was die Beschützer so reagieren lässt und woher ihre Befürchtungen stammen, ergibt das, was zuvor sinnlos erschien, einen Sinn. Und es entsteht mehr Verständnis und Fürsorge für verletzlichen Zustände, die vorher in hintere Ecken der Persönlichkeit verbannt waren.

Erinnern wir uns an das Beispiel von Jan (Kapitel 6). Der Leistungsorientierte steuert ihn seit mehr als 20 Jahren mit folgenden Resultaten: schneller Aufstieg auf der Karriereleiter, sehr ergebnisorientiert im Umgang mit anderen, materieller Wohlstand. Für Muße und Beziehungen ist wenig Raum. Als Jan wahrnehmen und spüren kann, wie stark der Leistungsorientierte in der Jugend gegen das Gefühl „zu kurz zu kommen" gekämpft hat, dass er sich heute aber alles leisten kann, was ihm wichtig ist, ist das für ihn ein Wendepunkt. Für ihn ist es erhellend zu erkennen, dass er immer noch ganz viel dafür tut, um das, was er hat, nicht zu verlieren. Als Jan die Befürchtung des Teils – dass er sich als der zu kurz gekommene, unglückliche, abhängige Junge fühlen könnte – wahrnehmen kann, kann er auch dieser Sorge bewusster begegnen.

Wir wollen nun veranschaulichen, wie wir im Coaching mit Befürchtungen von Teilen umgehen und was das an Veränderung in der Selbstführung und der persönlichen Weiterentwicklung bedeuten kann.

Ein Beispiel:

Ron ist seit vielen Jahren für einen internationalen Konzern tägig, der sehr hohen Wert auf einen wertschätzenden, menschlichen Umgang legt. Mit seiner ausgleichenden Art ist Ron für die Zusammenlegung von zwei größeren Abteilungen in Frankfurt die ideale Besetzung einer neuen Stelle. Er kommt ins Coaching, weil er merkt, dass er einen starken „Pleaser" hat. Ron schätzt die Qualität, andere gut im Blick zu haben und ins Boot zu holen. Allerdings müsse er sich in manchen Situationen mit Interessen und Zielen „von oben" durchsetzen, und damit tue er sich im Kollegenkreis schwer. Im Dialog mit dem Teil kann er spüren, wie stark sich der Pleaser dafür einsetzt, dass er von anderen Bestätigung und Anerkennung bekommt. Würde er von seinem bisherigen Weg abweichen, würde Ron sich egoistisch und von sich selbst enttäuscht fühlen; davon ist der Pleaser überzeugt. Sollte Ron etwas tun, das zu Distanz oder „disconnect" mit anderen führen oder sie unter Umständen verletzen würde, würde der Pleaser das verurteilen.

An einer Stelle sagt Ron: „Für mich ist ganz klar, dass ich sehr wach und aufmerksam bin und eigentlich immer darauf bedacht, in einer zugewandten Haltung und guten Verbindung mit anderen zu sein." Interessanterweise tauchen daraufhin Situationen aus der Vergangenheit auf. Damals, als junge Führungskraft, war er recht tough und „eher wie ein Macho" unterwegs. Ron kann gut nachempfinden, dass es dieses Verhalten ist, auf das der Pleaser reagiert. Deutlich kann er spüren, dass der Pleaser kein Vertrauen hat, dass er sich nicht wieder wie ein Macho verhält. Auf die Frage an den Pleaser, ob er ihm nicht vertraut, sagt dieser: „Manchmal ja, aber es gibt Situationen, wo du nicht genug darauf achtest, und das finde ich sehr kritisch." Diese Antwort stimmt Ron neugierig. Der Coach bittet ihn, den Pleaser zu fragen, ob er ihm mehr zu dem zeigen kann, was er befürchtet und was er kritisch findet. Ron spürt für eine längere Weile nach innen, man sieht, dass es in ihm arbeitet. Dann antwortet er und wirkt dabei recht überrascht. Der Pleaser zeigt ihm, dass er unzufrieden damit ist, wie Ron mit seinem jüngeren Bruder umgeht. Vor ein paar Monaten hat er sich stark von ihm abgegrenzt und damit von einigen Mitgliedern seiner Familie Unverständnis und teilweise auch Enttäuschung geerntet.

Man muss dazu wissen: Als Südamerikaner hat Ron eine enge Bindung zu seiner Familie und spürt hier eine hohe Verantwortlichkeit. Wie eng und wichtig diese Beziehungen für Ron sind, weiß der Coach zu dem Zeitpunkt noch nicht. Unabhängig davon kann er bei der Erforschung der inneren Zusammenhänge offen und neugierig dabei sein. Im Selbstdialog kann Ron die Sorgen des Pleasers anerkennen und verstehen, ebenso, wie sehr ihn Rons Verhalten gegenüber dem Bruder enttäuscht. Er zeigt dem Teil, dass es für ihn innerlich o. k. ist, sich in der beschriebenen vergangenen Situation vom Bruder abgegrenzt zu haben. Auch, dass es sich heute noch stimmig anfühlt und dass er, Ron, sich damit nicht egoistisch fühlt und diese Abgrenzung mit gutem Gewissen vertreten kann. Und er kann anerkennen, dass an der Sorge des Pleasers etwas dran ist, denn früher war er in der Tat oft nicht sehr empathisch.

Im weiteren Verlauf der Sitzung kann der Pleaser Ron dahingehend vertrauen, dass eine gewisse Abgrenzung vom Bruder wichtig war und weiterhin wichtig ist. Und, noch viel wichtiger: Heute kann Ron mit der Enttäuschung anderer empathisch und verständnisvoll umgehen.

Diese Erfahrung ermöglicht es ihm, die Rolle und das Verhalten des Pleasers besser zu verstehen. Als junger Manager lebte er vor allem den einen Pol – seine Position durchzusetzen und sich zu behaupten. Er machte so eine sehr erfolgreiche Karriere. Seit einigen Jahren schon kultiviert er nun viel stärker den anderen Pol: Empathie. Nach der Verhandlung mit dem Pleaser gelingt es Ron, sich gegenüber konträren Interessen und Zielen anderer bewusster abzugrenzen, seine eigenen Interessen klarer zu vertreten und trotzdem die Beziehungsqualität gut im Blick zu behalten.

Wirkfaktoren für Veränderung

In dem Moment, in dem wir eine neue Erfahrung machen, kommt auch die Möglichkeit, die Welt so zu erfahren, neu im eigenen Wahrnehmungsspektrum an. Das ist wie ein Geräusch, das schon vorher da war, das wir aber nicht wahrgenommen haben. Haben wir es einmal bewusst erlebt, rückt es in unser Wahrnehmungsfeld und wird künftig selbstverständlicher bemerkt. In gewissem Sinne ist die Weltsicht oder der persönliche Wahrnehmungsfilter um diese Erfahrungsmöglichkeit erweitert. So, wie wir das Geräusch neu entdeckt und danach die Wahrnehmung dafür geschärft haben, können sich uns jetzt neue Perspektiven in vielen – ansonsten unveränderten – Alltagssituationen eröffnen. Auch sie waren schon da, nur wir konnten sie nicht wahrnehmen.

Wenn Klienten mit der Unterstützung des Coachs innerlich eine neue Begegnungserfahrung mit einem Teil oder Zustand gemacht haben, kann sich das grundlegend auf die Selbstführung auswirken. Wir erleben immer wieder, dass Klienten in einem selbstnahen Zustand, wenn sie nicht mehr mit dem Teil identifiziert sind, ganz von allein stimmige Optionen erkennen und weisere Entscheidungen treffen. Sie spüren genau, was stimmig ist und ihnen guttut.

Menschen sind genetisch so ausgestattet, dass sie „wissen", was sie von ihren Bezugspersonen brauchen. Das wird allerdings verlernt, wenn die Bedürfnisse und Gefühle keine angemessene Resonanz und Antwort bekommen. Anstelle einer selbstverständlichen Wahrnehmung und Äußerung der eigenen Bedürfnisse werden Notprogramme gelernt, mit denen man – unter den gegebenen Umständen – die Schmerzen der alten Enttäuschungen nicht mehr spürt und noch bestmöglich durchs Leben kommt. Im achtsamen Dialog mit einem Teil, insbesondere in Verhandlungen mit den Beschützern, entsteht ein Raum und in diesem Raum kann das „genetische Wissen" angezapft werden.

7.6 Selbstführung in Coaching und Selbst-Coaching

Selbst-Coaching

Selbstdialog mit einem Beschützer bei einer automatischen Reaktion

Zweck: Mehr über die Hintergründe und die Interessen eines beschützenden Anteils bei einer automatischen Reaktion oder ausgeprägten Eigenschaft kennenlernen. Erkunden, welche mögliche Verletzlichkeit dahintersteckt.

Grobstruktur: Eine automatische Reaktion in der Fantasie hervorholen.
Die dabei ausgelösten Teile der Persönlichkeit identifizieren.
Zu einem Teil, den man näher kennenlernen möchte, Kontakt herstellen und mit ihm in einen inneren Dialog treten. Papier und Stift in Reichweite.

Zeitbedarf: 20 bis 30 Minuten.

Wir empfehlen, den Selbstdialog als Erstes mit Beschützern und noch nicht mit beschützten Teilen zu machen. Für den Dialog mit einem verletzlichen Teil braucht es mehr Erfahrung und wir gehen darauf im nächsten Kapitel ausführlicher ein. Den Selbstdialog, wie wir ihn hier beschreiben, kannst du auch gut durchführen, wenn du statt eines Automatismus lieber eine ausgeprägte Eigenschaft oder einen spezifischen Zustand – z. B. Perfektionismus, Dominanz oder Unabhängigkeit – näher unter die Lupe nehmen möchtest.

Um dich während des Selbstdialogs zu orientieren, kannst du dir vorab aufschreiben, was du von dem Anteil besser verstehen und welche Fragen du stellen möchtest.

Es kann sein, dass während der Übung Gedanken, innere Stimmen oder ein anderer Teil „dazwischenfunken“. Innere Kritiker oder rational-vernünftige Teile sind häufige Kommentatoren, die unter Umständen den Kontakt erschweren. Registriere dies wohlwollend – vielleicht kannst du auch wahrnehmen, wer da gerade mitreden möchte –, und kehre dann zum Teil zurück.

Auch die Konzentration kann zwischendurch nachlassen, du kannst müde werden oder abgelenkt sein. Wenn dies geschieht, hol dir die letzten Momente und Erkenntnisse wieder her und konzentriere dich erneut auf den Teil, um den Dialog fortsetzen. Ein Wechsel zwischen Achtsamkeit für den Teil und schriftlichen Notizen ist eine gute Möglichkeit, konzentriert zu bleiben. Du kannst auch ausprobieren, ob es dich unterstützt, die Antworten laut auszusprechen.

1. Wähle eine automatische Reaktion aus, mit der du unzufrieden bist. Am besten eine, die dir schon etwas vertraut ist, vielleicht eine aus der Reflexion in Kapitel 2.
2. Beginne, mit der Aufmerksamkeit nach innen zu gehen, werde etwas achtsamer für die Innenwelt. Nimm deinen Körper wahr und verweile beim Atemfluss.
3. Lass dann das Geschehen – all das, was in der auslösenden Situation typischerweise passiert – möglichst konkret vor deinem inneren Auge in Zeitlupe ablaufen. Sammle die Eindrücke ein, zum Beispiel den Wortwechsel, die Stimmung, den Gesichtsausdruck des anderen sowie alle weiteren relevanten Aspekte dieses Moments.
4. Beobachte dabei möglichst genau und differenziert, in welchen Zustand du hineingerätst. Was reagiert innerlich? Kannst du diesem Zustand einen Namen oder eine Überschrift geben?
5. Was ist empfindlich getroffen? Und welcher Teil versucht, die Situation zu bewältigen oder in den Griff zu bekommen? Welcher Teil tritt da in Aktion? Beobachte das Verhalten dieses Anteils: Wie genau reagiert der Teil, was tut er? Konzentriere dich darauf und versuche, ihn noch deutlicher wahrzunehmen. Wenn die Verbindung zum Teil nicht klar und etwas diffus bleibt, ist das für das weitere Vorgehen vollkommen in Ordnung. Es kann sein, dass du manche Merkmale oder Gefühle deutlich wahrnehmen kannst – zum Beispiel Druck oder Unruhe in bestimmten Körperregionen – und andere weniger. Möglich ist es auch, ein Bild von dem Teil zu bekommen, eine Art visuelle Form oder Gestalt, die du vor deinem „inneren Auge" sehen kannst.
6. Beginne nun, dich bewusst auf diesen Teil zu fokussieren. Vielleicht hilft dir die Vorstellung, dass du dich dem Teil so zuwendest, wie du dich einer Person zuwenden würdest, die du grundsätzlich magst. Auch wenn deren Verhalten für dich gerade schwierig ist, möchtest du sie besser verstehen. Mach dir deine Absicht bewusst, dass du diesen Teil besser verstehen willst.
7. Stell sicher, dass du dabei in einer offenen, neugierigen Haltung bist.
8. Sobald du eine innere Verbindung zum Teil wahrnehmen kannst, kannst du ihn das fragen, was du besser verstehen willst. Zum Beispiel: „Was lässt dich so reagieren, denken, fühlen?" Oder „Wofür setzt du dich ein?" Oder „Was befürchtest du, könnte passieren, wenn du das … nicht oder weniger tun würdest?"
9. Warte ab, was der Teil dir dazu zeigt. Die Antwort kann ein Bild, ein Gefühl, ein Satz sein. Wenn eine Antwort eher diffus und nicht greifbar ist, dann bleib einfach noch länger bei der Frage.
10. Du kannst auch fragen: „Was möchtest du mir zeigen?" und „Was soll ich von dir verstehen?" Weitere mögliche gute Frage sind: „Was beschützt du in mir?", „Was versuchst du zu vermeiden, zu verhindern?", „Was lässt dich so sicher sein, dass das passieren würde?"

11. Wenn der Teil dir etwas über seine Befürchtungen zeigt, könnest du ihn auch noch fragen, woher er diese Überzeugungen oder Gefühle hat.
12. Du kannst dem Teil innerlich antworten und ihm sagen oder zeigen, was du verstehst und dass du wertschätzt, wie wichtig er ist oder was du in Zukunft bewusster beachten möchtest.

Schließ diese Übung dann ab, indem du dem Teil das vermittelst, was dir noch wichtig ist. Und ähnlich wie du mit dich von einem Menschen aus einem Gespräch verabschiedest, ist es gut, dich für die Begegnung und die Offenheit zu bedanken und vielleicht etwas für die Zukunft zu vereinbaren.

Coaching

Verhandeln mit Beschützern

Susanne kommt ins Coaching, weil sie im Rahmen eines Auswahlgesprächs nicht für die angestrebte neue Führungsposition ausgewählt wurde. Mehrere Personen hatten sich dagegen entschieden: ihr Vorgesetzter, der Chef des möglichen neuen Bereichs sowie zwei Mitarbeiterinnen aus der Personalentwicklung. Kurz zusammengefasst lautete die kritische Rückmeldung, dass sie „eingehegt" wirke und nicht greifbar. Allein der Begriff „eingehegt" ist fremd für sie. Auf ihre Nachfrage sagte ihr Vorgesetzter, die Anwesenden hätten ihren Zustand als innerlich kontrolliert und eng, etwas abgekoppelt und nicht wirklich im Kontakt wahrgenommen.

Der Coach und Susanne haben bereits einige Sitzungen zu ihrem Anliegen gearbeitet und vieles ist dabei klarer geworden. In der Abschlusssitzung kommt es zu einem überraschenden Schlüsselmoment. Die beiden reflektieren, womit Susanne im Coaching weitergekommen ist, was sie weiterentwickelt hat und was ihr in Zukunft helfen wird, an ihren Vorhaben dranzubleiben. Sie spricht davon, dass es für sie etwas ganz Besonderes gewesen sei, im Coaching so viel Raum für sich zu bekommen und sich in der Tiefe zu reflektieren. Insbesondere die emotionale Resonanz vom Coach sei für sie so hilfreich gewesen – dass jemand ihr gegenüber so präsent und zugewandt ist, mit hohem Interesse zuhört und ihr das Verstandene widerspiegelt. Ihr Blick und Tonfall signalisieren, dass diese Art von Aufmerksamkeit und Resonanz für sie etwas sehr Wertvolles und Ungewohntes ist.

COACH: Das scheint für dich etwas ganz Besonderes zu sein?

SUSANNE: Ja, das habe ich sonst nicht so in meinem Leben!

COACH: Es könnte also wichtig sein, Räume zu finden, wo du diese Art von Austausch mit jemanden auch zukünftig ab und zu hast?

SUSANNE: Hm … *(sie schaut etwas nachdenklich)* … das wäre schon gut.

COACH: Wer könnte das sein, hast du eine Idee?

SUSANNE: Eigentlich gibt es niemanden, mit dem ich über meine Erfahrungen, meine Ideen und Gefühle so sprechen kann wie hier.

COACH: Auch nicht mit deinem Mann?

SUSANNE: Nein … Also ganz ehrlich, ich kenne das nicht. Wichtige Pläne, Entscheidungen oder Schwierigkeiten in der Firma, die löse ich selbst, das mache ich mit mir selber aus. Ich käme gar nicht auf die Idee, andere damit zu belasten.

COACH: Das scheint für dich ganz selbstverständlich zu sein?

SUSANNE: Ich kenne das nicht anders. Deshalb sind ja diese Coaching-Stunden so besonders. Es ist schon bemerkenswert, was sich hier entwickelt hat, auf welche

Lösungen ich gekommen bin, allein schon durch die Resonanz und den Austausch mit dir.

COACH: Wie wäre denn für dich die Vorstellung, du würdest dich anderen mit deinen Sorgen, mit deinen Gedanken, Überlegungen oder anderen wichtigen Themen mehr mitteilen?

SUSANNE: Das wäre natürlich schön. Aber ich bin schon unsicher, ob ich damit nicht auf die Schnauze falle, und, wie gesagt, andere damit nicht nerve oder belaste.

COACH: Magst du mal hin spüren, was diese Seite dir zeigen kann oder möchte? Wie es sich anfühlen würde, Persönliches von dir zu teilen? … Wir könnten uns dafür gerne ein wenig Zeit nehmen, wenn du magst.

SUSANNE: Ja, ich glaube, das könnte interessant sein … *(senkt die Augen und spürt für eine Weile innerlich nach)* … Ich glaube, dass das nicht wirklich interessant ist für andere. Dass es sie auch nicht wirklich interessiert … Das fühlt sich irgendwie unsicher an.

COACH: Das scheint eine Seite von dir zu sein, die sich vor ein paar Wochen im Coaching schon mal gezeigt hat, kann das sein? Dieser Zustand von Unabhängigkeit und das Klima, das du aus deiner Herkunftsfamilie so gut kennst. Jeder ist mehr für sich, wie in einer Kapsel, und es gibt wenig herzliche, interessierte Begegnung und Austausch untereinander.

SUSANNE: Ja, ganz genau, so fühlt sich das an! Es gibt keinen Widerhall.

COACH: Magst du mal hin spüren und fragen: Was befürchtet denn der Teil, was könnte passieren, wenn du dich mitteilst und es keine Resonanz gibt?

SUSANNE: *(Schließt die Augen für einen Moment, fühlt nach innen):* Das fühlt sich an wie stehen gelassen, abgekoppelt … sehr unangenehm.

Der Coach und Susanne bleiben noch eine Weile beim Erforschen dieser Befürchtung und den vertrauten Erfahrungen von früher. Dann beginnt der Coach mit dem, was wir eine Verhandlung mit einem Teil nennen. Es beginnt eine gemeinsame Suche nach neuen Perspektiven oder Optionen.

COACH: Susanne, mal angenommen, du könntest mit diesem Gefühl, nicht gesehen und nicht gehört zu werden, heute anders umgehen. Oder es wäre für dich nicht so schlimm wie befürchtet. Wie wäre das für dich?

SUSANNE: Ich kenne das nicht. Ich glaube, die Unabhängige in mir kennt nichts anderes, als die Dinge mit sich selbst auszumachen. *(Es entsteht eine kleine Pause, beide schweigen.)* … Aber ich bin ja gewachsen, seit dieser Zeit, wo ich das erlebt habe. Natürlich könnte ich heute anders reagieren als damals …

COACH: Zeig dem Teil, was du gerade spürst … Zeig ihr, dass du damit – mit dem Mangel an Verbindung, Austausch und herzlichem Kontakt – heute anders umgehen kannst.

Susanne: *(Nimmt sich einen Moment Zeit und öffnet dann überrascht die Augen)* Die Unabhängige ist total erstaunt. Das ist ja verrückt … Die geht ganz automatisch davon aus, es wäre alles wie früher.

Coach: Dann zeig dem Teil mal, wie du heute damit umgehen könntest, wenn es so wäre.

Susanne: Da fällt mir eine Menge ein, wie ich reagieren könnte *(Sie wirkt etwas erstaunt und erleichtert.)* … Ich könnte zum Beispiel die Person einfach fragen, was sie dazu denkt … Oder ich kann meinem Gegenüber sagen, was mir jetzt wichtig wäre.

Coach: Vielleicht magst du mal hin spüren, in welchen Situationen oder mit welchen Menschen du heute Persönliches von dir teilen könntest. Von wem weißt du, dass er oder sie sich für dich interessiert?

Susanne: Ja, da gibt es schon die eine oder andere Person. Auf jeden Fall könnte ich mit meiner besten Freundin einiges teilen. Sie würde sich wahrscheinlich sogar freuen *(Sie wirkt erleichtert und auch erstaunt.)* … Ich habe es einfach bisher kaum getan!

Coach: Zeig dem Teil das, zeige ihm diese Perspektive mit der Freundin und schau, wie er reagiert.

Susanne: Ja, das passt, das geht … *(und eine Weile später)* Ich muss einfach erleben, dass ich heute anders reagieren kann, wenn jemand nicht verständnisvoll oder interessiert ist. Und wenn ich denke, der versteht mich nicht, nicht gleich dicht zu machen.

Coach: Wie wäre das für dich? Wie fühlt sich das an?

Susanne: Ich spüre ganz deutlich: Der Teil muss mitbekommen, dass es für mich ganz o. k. ist …, dass das für mich kein Problem ist oder schwierig wäre.

Coach: Da scheint etwas vertrauensvoller zu sein?

Susanne: Ja, absolut! Es fühlt sich an, als würde sich ein neuer Raum öffnen. Das fühlt sich richtig gut an!

In der anschließenden Reflexion und Nachbesprechung dieses Prozessschritts berichtet Susanne: Es ist wirklich spannend, ich verstehe jetzt noch mal viel besser, was während des Auswahlgesprächs damals passiert ist. Das ganze Setting …, das wegen Corona noch dazu im virtuellen Raum stattfinden musste, der Rahmen und die Personen, alles war distanziert. Ich konnte keine Verbindung zu den Menschen spüren und wurde zunehmend verkrampft und unsicher … Dieses Beziehungslose hat ganz viel in mir getriggert.

Nach ein paar Wochen gibt es noch mal ein kurzes Follow-up-Gespräch mit Susanne und sie berichtet davon, dass sich einiges weiter entwickelt habe. Sie hat regelmäßige Treffen mit ihrer Freundin vereinbart, um über wichtige Entwicklungen zu sprechen. Außerdem fällt ihr auf, dass sie sich Kollegen und Mitarbeiterinnen gegenüber offener zeigt. Sie fühlt sich selbstverständlicher im Kontakt mit anderen und diese persönlichere Note in den Begegnungen fühlt sich sehr befriedigend und freudvoll für sie an.

Kontakt zum gegenwärtigen Erleben

Gerade während des Selbstdialogs ist das Spurenlesen wichtig. So können wir einschätzen, ob die Klienten tatsächlich im Kontakt mit dem Teil sind oder eher darüber reden. Auch können wir über die Wahrnehmung des Zustands – z. B. wie offen, neugierig, wohlwollend oder ambivalent die Person gegenüber der gegenwärtigen Erfahrung ist –, den Prozess klarer dort halten oder dorthin steuern, wo es förderlich ist.

Wir erhalten frühzeitig Hinweise, ob sich, wie in diesem Beispiel, Teile der Persönlichkeit melden. Susannes Blick und Tonfall signalisierten dem Coach, dass die erfahrene Aufmerksamkeit und Resonanz für sie ungewöhnlich und sehr kostbar waren. Mit Kontaktaussagen zu diesem Erleben kamen die beiden auf eine neue Spur und gelangten zu für Susanne sehr wichtigen Erkenntnissen.

Wirkfaktoren für Veränderung

Während der Verhandlung mit einem Beschützer steht die neue gegenwärtige Erfahrung – so wie jetzt die Welt erlebt wird – dem Erfahrungshintergrund und der Weltsicht eines Zustands aus der Vergangenheit gegenüber. Im Beispiel von Susanne konnte sie gerade das Alte fühlen und erleben – nämlich wie selbstverständlich und unabhängig sie alles mit sich ausmacht. Und direkt danach, fast zeitgleich, machte sie eine intensive neue Erfahrung und spürte dabei, wie gut und anders es sich anfühlt, sich in einer vertrauensvollen Beziehung mitzuteilen.

Im Selbstdialog hält ein Coach die Klienten in Achtsamkeit, um das Neue genauer zu erkunden und zu verankern.

Das Verhandeln mit Beschützern im Rahmen des Selbstdialogs ist eine tiefe und nachhaltige Erfahrung in der persönlichen Weiterentwicklung. In der Kohärenz-Therapie spricht man von „Nebeneinanderstellungs-Erfahrung“. In Hakomi von „Missing Experience“ und in der Pesso-Arbeit von „Antidot“. Es sind Erfahrungen, in denen Klienten sich gewahr werden, was die bisherigen Anschauungen oder Überzeugung waren. Und dann – im nächsten Moment – erleben sie, wie sich eine neue Wirklichkeit anfühlt.

Hirnphysiologisch werden die Synapsen entlang des alten Erlebens in den entsprechenden neuronalen Netzwerken zuerst „aufgeschlossen“, sodass genau dort die neuen Erfahrungsinhalte oder Verarbeitungsweisen künftig repräsentiert und abrufbar gemacht werden. Dabei kann sogar die emotionale Ladung der alten Überzeugung überschrieben werden. Während einer solchen „Nebeneinanderstellung“ ist ein Klient mit beiden Wissens- und Erfahrungsinhalten in Kontakt. Er hat ein Gewahrsein des früher Erlebten, mit den entsprechenden Überzeugungen und Gefühlen. Gleichzeitig ist er in Kontakt mit den neuen Erfahrungen, die dem Alten widersprechen und ein für die Gegenwart stimmigeres Wissen mit sich bringen.

8. | Transformatorische Erfahrungen

Entwicklung ist Veränderung und das heißt fast immer, Neues zu lernen. Wer wir sind, wie wir werden oder wie wir uns entwickeln, ist jedoch weniger Wissenserwerb, sondern vor allem ein implizites Lernen aufgrund von Erfahrungen. Es ist vergleichbar mit dem, was ein Kind lernt, das vor der Einschulung die eigene Muttersprache perfekt spricht, aber nicht erklären könnte, nach welcher Grammatik es die Worte zusammenstellt. Aufgrund eines erfahrungsorientierten Lernens beherrscht es die Regeln der Sprache, auch ohne explizites Grammatikwissen. Auch in anderen Bereichen erwerben wir als Kinder ein umfangreiches implizites Wissen: über uns und die „Grammatik" unserer Beziehungen, über die Welt und unseren Platz in selbiger. Diese frühen Erfahrungen begründen auch heute ganz essenziell unsere Art, mit uns und anderen in Kontakt zu sein, unsere Verhaltensmuster und die Entscheidungen, die wir treffen.

Moderne neurobiologische Forschungen bestätigen weitgehend tiefenpsychologische Erklärungsmodelle, die davon ausgehen, dass vor allem die frühen Kindheitserfahrungen für die Bildung der Persönlichkeit eine entscheidende Rolle spielen. Biologische Voraussetzungen und Lernvorgänge wirken dabei zusammen und schaffen die Basis für unsere Grundeinstellungen dem Leben gegenüber, die zum Beispiel „Anschauungen" genannt werden. Viele Ansätze in Psychotherapie und Coaching beruhen auf der Annahme, dass unsere Persönlichkeit von diesen grundlegenden Überzeugungen geformt und gesteuert wird. Wir machen Erfahrungen und aufgrund dessen, wie diese Erfahrungen innerlich verarbeitet werden, bilden wir Anschauungen über uns und unsere Welt. Das geschieht früh, wird körperlich und emotional verankert und bleibt fast ausnahmslos unbewusst; heute würde man sagen: implizit. Besonders prägend ist das emotionale Klima, in dem ein Kind aufwächst, und die alltäglichen, wiederkehrenden Erfahrungen. Aber auch traumatische, emotional verstörende Erlebnisse im späteren Leben können Anschauungen formen. Wie Situationen erlebt und interpretiert werden, ist ein sehr individueller Vorgang, bei dem selbstverständlich auch genetische Voraussetzungen eine Rolle spielen.

So entwickeln Menschen bevorzugte Denk-, Fühl- und Handlungsstile – fast immer ohne Zugriff auf das Grundwissen, das diese formt. Das Verhalten ist nach außen sichtbar – die Grammatik des Denkens, Fühlens und Verhaltens jedoch ist oft verschlüsselt bzw. verborgen. Tatsächlich hat man in der Regel kaum Zugang zu den steuernden eigenen Anschauungen, da sie sehr früh im Leben und ohne die Möglichkeit bewusster Reflexion entstanden sind. Auch deshalb sind sie sehr machtvoll und bestimmen, wie die gegenwärtige Wirklichkeit gedeutet wird. Das geschieht so automatisch, dass diese Interpretationen unbewusst bzw. implizit bleiben. Und das, obwohl viele unserer Überzeugungen, die aus der Vergangenheit stammen, oft überholt sind. Eine Anschauung, die sich aufgrund lang andauernder und wiederholter Erfahrungen von Kritik und Abwertungen herausbildet, kann „Ich bin nicht gut genug" sein. Der daraus entspringende übergroße Anspruch und die Momente, in denen man dem eigenen Bild nicht genügt, werden als selbstverständliche Wirklichkeitswahrnehmung verkannt. Auch wenn die eigene Leistung heute eine andere und die Bewertung der Umwelt aktuell anders ist: Wir können unser Verhalten nicht so leicht hinterfragen oder verändern. Hinzu kommt, dass unser Erfahrungshintergrund ausgesprochen vielfältig ist, sodass unsere Innenwelt durch mehrere Anschauungen geprägt wird.

Wenn wir Teile im inneren Dialog erforschen, können wir erfahren, welche Erfahrungen diese in sich gespeichert und welche Überzeugungen sie damit entwickelt haben. Der bedürftige Teil einer Person etwa glaubt: „Niemand ist für mich da", während ein unabhängiger Teil nach dem Motto lebt: „Ich brauche niemanden" und somit vermeidet, auf die Hilfe anderer angewiesen zu sein. Diese zwei unterschiedlichen Pole können eine Person in verschiedenen Situationen steuern – beim Geben und Nehmen, beim Delegieren von Aufgaben, angesichts von Herausforderungen, die man eigentlich nicht allein bewältigen kann, um nur ein paar Beispiele zu nennen. Stark leistungsorientierte Persönlichkeitsteile, die unermüdlich und mit viel Energie nach Bedeutung, Anerkennung, Erfolg und sichtbaren Ergebnissen streben, können gesteuert sein von Überzeugungen wie: „Es gibt immer etwas zu tun", „Es ist nicht o.k., nichts zu tun" oder „Stillstand ist Rückschritt". Kleine Misserfolge oder Kritik sind für die Person unter Umständen sehr verunsichernd – sie treffen Teile, die sich im Kern ungenügend, nicht wertvoll oder nicht liebenswert empfinden.

Da unsere Anschauungen so unmittelbar unser Fühlen, Denken und Handeln steuern, wird unser Repertoire an Handlungsmöglichkeiten immens erweitert, sobald sich eine alte und limitierende Grundüberzeugung lockert und verändert. Wenn beispielsweise ein stets angetriebener Mensch mit der Überzeugung „Nur wenn ich Außerordentliches leiste, bin ich wertvoll" jetzt glaubwürdig erlebt, dass er auch ohne herausragende Performance wertgeschätzt wird, könnte er leichter mit sich zufrieden sein und künftig ähnlich erfolgreich handeln, jedoch mit deutlich weniger Anstrengung.

8.1 Lebensthemen

Manche frühen Prägungen verhindern später neues Lernen. Nehmen wir an, jemand wurde in der frühen Kindheit langandauernd und wiederholt allein gelassen und in seinen Bedürfnissen vernachlässigt; er musste mit viel zu wenig Unterstützung und Halt klarkommen. Verdichtet ausgedrückt hat diese Person erlebt, nicht zu bekommen, was sie braucht. Um all die unangenehmen Gefühle von Frustration, Einsamkeit, Angst und Ohnmacht nicht zu fühlen, hat sie hat Anteile und Strategien entwickelt, die geprägt sind von der Anschauung: „Ich muss für mich alleine sorgen." Aufgrund dieser Prägung wird es der Person kaum möglich sein, neue Erfahrungen damit zu machen, Unterstützung anzunehmen oder um Hilfe zu bitten. Es gibt innere Barrieren oder Teile der Persönlichkeit, die dies verhindern. Diese Teile sind wie eingefroren in einer früheren Zeit. Das Kind hat Strategien gelernt, um diesen Schmerz nicht mehr erleben zu müssen; es steckt gewissermaßen noch in der Welt der Vergangenheit fest.

Als Erwachsene wird so eine Person sich schwer damit tun zu glauben, andere könnten verlässlich für sie da sein. Sie hat Anteile entwickelt, die sehr unabhängig und eigenständig durchs Leben gehen und so vermeiden, einen Zustand von Bedürftigkeit, verbunden mit all den frühen, unangenehmen Gefühlen zu erleben. Sie kann die Tendenz entwickeln, sich besser nicht auf eine tiefere Bindung einzulassen und in Beziehungen wird sie eher in einer gebenden Rolle sein. Wichtige Entscheidungen trifft sie dann allein, ohne andere einzubeziehen. Sie mag auf sich selbst gestellt sein und trägt Verantwortung ganz unhinterfragt. Wenn sie von Konflikten oder Herausforderungen belastet ist, neigt sie vielleicht dazu, alles mit sich selbst auszumachen. Menschen in ihrem Umfeld sehen sie so in ihrer Stärke und Unabhängigkeit und bieten möglicherweise kaum Unterstützung, Zuwendung und Hilfe an. Damit gestaltet sich die Umwelt ganz ähnlich, wie sie es von früher kennt und die inneren Muster verhindern so neue Erfahrungen. Erst wenn eine Person mit solchen Anteilen Erfahrungen von Hilfe und Unterstützung positiv und eindrücklich erleben kann, können sich ihre impliziten Anschauungen ändern. Das passiert am besten in einem Rahmen, in dem sie neue Erfahrungen bewusst zulassen, verarbeiten, und in ihr Weltbild integrieren kann.

In unserer Rolle als Coachs und Coaching-Weiterbildner begleiten wir Menschen über einen längeren Zeitraum in ihrer persönlichen Weiterentwicklung. Dabei fällt auf, dass sich manche Themen wie ein roter Faden durch ihr Leben ziehen und dass Veränderungen oft erst dann möglich werden, wenn mit diesen Lebensthemen und deren tieferliegenden Anschauungen gearbeitet wird. Wir wollen in diesem Kapitel betrachten, welche Arten von Veränderung in der Tiefe möglich sind, welche Erfahrungen transformierend wirken und welche Rolle die verletzlichen Teile dabei spielen.

8.2 Persönlichkeit verändern – geht das überhaupt?

Eine kurze Antwort auf eine Frage, die viele beschäftigt: Können Menschen, wenn sie erwachsen sind, ihre Persönlichkeit überhaupt noch weiterentwickeln und Verhaltensweisen verändern? Unsere Erfahrung sagt: Ja – in einem gewissen Maß! Die Ergebnisse der Hirnforschung sprechen dafür.

Ein entscheidender Faktor für Lernen und somit auch für die Veränderung veralteten Wissens ist die emotionale Intensität, mit der etwas Neues erlebt wird. Gerhard Roth beispielsweise stellt schon in seinem Buch *Fühlen, Denken, Handeln* (2003, S. 303) fest, dass „Dinge umso besser erinnert werden, je deutlicher sie von emotionalen Zuständen begleitet waren". Ebenso, wie ein traumatisches Ereignis durch die ausgeprägte emotionale Aktivierung des Gehirns in kürzester Zeit gewissermaßen „die Welt verändern kann", lassen sich durch emotional ebenso intensive positive neue Erlebnisse auch neue Sichtweisen auf die Welt entwickeln. Besonders wirksam ist das emotionale Umlernen bei Anschauungen, wenn genau dort, wo eine Überzeugung im emotionalen Erfahrungsgedächtnis gespeichert wurde, neue, für das gegenwärtige Leben stimmigere und befriedigendere Erlebnisse zugelassen werden. Klaus Grawe (2001, S. 767), einer der wegweisenden Pioniere neurobiologisch fundierter Psychotherapie, betont: „Nur während ein Schema [bei uns: „eine Anschauung"] wirklich aktiviert ist, kann der gewohnte Ablauf unterbrochen und in eine neue Richtung gelenkt werden. Ob in der Therapie ein bestimmtes Schema tatsächlich aktiviert ist, erkennt man am besten daran, ob in diesem Augenblick die dem Schema entsprechenden Emotionen erlebt werden."

Für persönliche Weiterentwicklung und die Entfaltung von Selbstführung im Coaching und Selbst-Coaching heißt das zusammengefasst: In einem ersten Schritt spürt man die inneren Muster oder Persönlichkeitsteile auf, die die alten, limitierenden Erfahrungen gespeichert haben. Und in den weiteren Schritten geht es darum, dass genau hier, wo – oft aufgrund früherer Erfahrungen – eine eingeengte Weltsicht vorherrscht, die neuen Erfahrungen angeboten werden.

8.3 Verletzliche Teilen haben oft keinen guten Platz

Ein häufiges Problem ist, dass verletzliche Teile, die von starken Beschützern kontrolliert oder verdrängt werden, keinen guten Platz im inneren System bekommen. Solange es keinen entspannten Umgang mit einem verletzlichen Zustand gibt, werden die Beschützer machtvoll in Führung bleiben. Ohne das Vertrauen, dass man die schmerzhaften Gefühle gut halten oder aushalten kann, tun andere Teile der Persönlichkeit vieles dafür, diese unangenehmen Zustände weiterhin zu vermeiden. Wenn wir also angesichts limitierender Verhaltensmuster von Beschützern eine Veränderung anstreben, brauchen wir einen veränderten Kontakt zu den dahinterliegenden verletzlichen Anteilen. Wenn wir dann einen längeren Zeitraum erleben, in dem uns die Gefühle verletzlicher Teile nicht mehr überfluten, dass wir sie gut regulieren und halten könnten, gibt uns das mehr Sicherheit und Vertrauen in eine neue und erweiterte Weltsicht.

Tauchen starke, empfindsame Gefühle von verletzlichen Teilen – im Alltag oder auch im Coaching – auf, müssen wir zuerst in der Lage sein, etwas Abstand dazu herzustellen. Denn erst, wenn wir nicht von diesen Gefühlen vereinnahmt werden, können wir sie besser regulieren. Wir müssen uns davon etwas separieren, um in einen achtsamen, selbstnäheren Zustand zu kommen. Bewusst atmen, einen Moment innehalten, sich gut zureden, eine andere Körperhaltung einnehmen, vor allem den Boden unter den Füßen spüren, Gefühle benennen – all das sind wirksame Möglichkeiten dafür. Bereits ein wenig Abstand zu einem Gefühl oder einem Teil bewirkt eine Entlastung in der gegenwärtigen Stimmungslage.

Bei Zuständen wie Einsamkeit, Ohnmacht, Unsicherheit oder Mutlosigkeit stellt sich meistens heraus, dass es verletzliche oder innerlich verbannte Teile sind, die diese Emotionen haben. Dass solche Gefühle ungewöhnlich intensiv erscheinen, hat häufig damit zu tun, dass verletzliche Teile noch im Erleben der Vergangenheit feststecken und ihnen noch positive oder ermutigende Erfahrungen in der Gegenwart fehlen. Auch wenn es inzwischen positive Erfahrungen im Leben gibt, kommen sie bei diesen Teilen nicht an. Das liegt vor allem daran, dass die alten Erfahrungen und die implizit daraus entwickelten Anschauungen in Netzwerken gespeichert sind, die im Alltag eher abgeschottet und nicht zugänglich sind. Man kann sich das so vorstellen, als würden sie noch in der Vergangenheit leben. Verletzliche Teile haben fast immer Situationen erlitten, in denen sie sich zum Beispiel als ungenügend, unerwünscht oder hilflos erlebten. Vor diesem Hintergrund erklären sich die neuen Erfahrungen, die man solchen Teilen ermöglichen kann: sich endlich angenommen und zugehörig zu fühlen, endlich wahrgenommen und in ihren Gefühlen und Bedürfnissen ernst genommen zu werden. Dabei geht es in oft um die Zugehörigkeit zur eigenen Gesamtpersönlichkeit. Es führt zu einer deutlichen inneren Entspannung, wenn die verletzlichen, an den Rand geschobenen Anteile sich wahrgenommen, angenommen und am besten auch geliebt fühlen.

Es ist ein Zeichen von Reife, wenn man gut für seine schwächeren Seiten sorgen kann. Wenn Verletzliche besser integriert sind, man sie liebevoll annimmt und bewusster auf sie achtet, ist das – im wahrsten Sinne des Wortes – ein grundlegender Schritt zur Veränderung und besseren Selbstführung: Es gibt dann einen neuen

Grund und Boden, auf dem man steht, sowie gute „Begründungen" neuer Sicht- und Handlungsweisen. Bemerkenswert ist, dass verbannte Teile umso weniger dazu neigen, eine Person zu vereinnahmen, je selbstnäher der innere Zustand ist, aus dem die Person sich selbst wahrnimmt. Das ist wie bei einer realen Arbeitsgruppe: Wenn ein Moderator aus einer Haltung heraus handelt, die allen Anwesenden glaubhaft vermittelt: „Hier wirst du akzeptiert, hier wirst du gehört und hier werden deine Interessen und Befürchtungen ernst genommen", dann können auch emotional aufgebrachte Personen sich leichter zügeln und warten, bis man sich ihnen zuwendet.

Im Dialog mit einem verletzlichen Teil kann vieles, das wir beschrieben haben, erlebt und erreicht werden. Deshalb wollen wir diesen Prozessschritt hier näher erläutern.

8.4 Der Selbstdialog mit einem verletzlichen Teil

Eine kleine Anmerkung zur Arbeit mit verletzlichen Teilen vorweg: Ohne eigene Erfahrung mit dem Selbstdialog ist es kaum realistisch, für sich allein die nötige Konzentration zu erreichen und die entsprechende Haltung einzunehmen. Wir wollen aber einen Einblick vermitteln, was mit einer professionellen Begleitung möglich ist und so vielleicht Neugier dafür wecken. Vor dem Lesen dieses Dialogs möchten wir anregen, das Buch für einen Moment aus der Hand zu legen und sich einen eigenen verletzlichen Anteil zu vergegenwärtigen. Es kann eine Weile dauern, bis man das Gefühl hat, mit diesem in Kontakt zu kommen. Dann: Zu dem Teil hin spüren und beobachten, was auftaucht bei der Frage, was er oder sie braucht oder sich wünschen würde.

Für die Beschreibung des Selbstdialogs greifen wir das Beispiel von Elisa auf (siehe Kapitel 6), die sich in bestimmten Kontaktsituationen mit anderen gehemmt fühlt und deren kühl-distanzierte Ausstrahlung auf andere abweisend wirkt. Ihr ist bewusst, dass sie manches davon aus der Schulzeit kennt – sowohl eine gewisse Einsamkeit wie die Zurückgezogenheit. Da Elisa große Schwierigkeiten mit diesem belastenden Zustand hat, ist es ihr sehr wichtig, im Coaching damit weiterzukommen. Im Ausschnitt aus dem Coaching-Prozess (s. Kapitel 6) hatte sie im Dialog mit der Kühl-Distanzierten erfahren, dass der Teil deshalb so stark reagiert, damit sie sich weniger fremd und isoliert fühlt und souverän auftritt. Elisa möchte sich nun der isolierten Seite zuwenden. Über die Körperempfindungen bekommt sie ein klares Gefühl von dem Zustand: Der Atem wird flacher, die Gesichtsmuskulatur spannt sich an, der Körper wird starrer und die Energie zieht sich insgesamt mehr nach innen. Im Kontakt damit taucht eine starke Einsamkeit auf. Sie spricht von einem „einsamen Mädchen". An dieser Stelle steigen wir mit dem Selbstdialog ein, der hier ein wenig verkürzt beschrieben wird.

COACH: Frage sie mal, ob sie dir mehr über diese Gefühle zeigen kann.

ELISA: *(Nickt und wartet etwas ab)* Ja, es tauchen Bilder auf, wo ich in der Schule ganz allein bin. Als kleines Mädchen, das in der Ecke sitzt und um das sich niemand kümmert. Sie traut sich überhaupt nicht, auf die anderen zuzugehen.

COACH: Wie geht's dir mit ihr?

ELISA: Sie tut mir leid.

COACH: Kannst du ihr das innerlich zeigen und sagen?

ELISA: Ja, das tut ihr gut.

COACH: Frage sie mal, was sie jetzt braucht.

ELISA: *(Es vergehen ein paar Sekunden.)* Mich mal neben sie setzen und erst mal nur da sein, warten … *(sie schweigt und wirkt berührt).*

COACH: Ist das o. k., die Gefühle des Mädchens zu spüren?

ELISA: Ja, ich bin einfach berührt … und es ist schön, ihr jetzt nahe zu sein …

COACH: Du kannst sie gerne bitten, dir noch mehr über sich und ihre Welt zu zeigen – und sie spüren lassen, dass du sie verstehst.

ELISA: Ja … *(sie spürt weiterhin nach innen und antwortet nach einer Pause)* Ich merke, wie einsam sie sich fühlt, dass sich niemand für sie interessiert …, dass sie da immer mutloser wird, nicht weiß, was sie tun kann, um dazuzugehören.

COACH: Kannst du das verstehen?

ELISA: Ja, sehr gut. Ich spüre so deutlich, wie hilflos sie ist *(sie wirkt anteilnehmend und verständnisvoll).*

COACH: Vielleicht magst du ihr zeigen, dass du das verstehst, dass du mitfühlst.

ELISA: *(Nickt und wirkt liebevoll, zugewandt)*

COACH: Kommt das bei ihr an?

ELISA: Hmm, ja …, das fühlt sich gut an.

COACH: Frage sie mal, was sie jetzt von dir bräuchte.

ELISA: *(Spürt nach und es vergehen einige Sekunden)* Sie möchte einfach da sein dürfen und dass ich sie nicht immer so wegschiebe …

COACH: Gibt's noch etwas, das ihr wichtig wäre?

ELISA: Sie braucht meine Aufmerksamkeit.

COACH: Ja, das verstehe ich. Kannst du ihr das geben? Kannst du ihr das zusagen?

ELISA: *(Nickt und nimmt sich etwas Zeit)* Das tut gut. Es beruhigt sie zu hören, dass sie da sein darf und ich sie sehe. Spannend, was jetzt passiert … Sie setzt sich zu mir auf den Schoss.

COACH: Ist das angenehm für dich?

ELISA: Ja, es ist total o. k. Ich mag sie!

COACH: Vielleicht magst du ihr das zeigen, sie spüren lassen, dass du sie gern magst. *(Nach ein paar Augenblicken Stille.)* Ich würde vorschlagen, noch ein Stückchen weiterzugehen, damit du mit der Kleinen in Zukunft besser umgehen kannst. Hättest du daran Interesse?

Elisa: Gerne!

Coach: Dann bitte ich dich, die Ausgangssituation noch mal hervorzuholen, also so eine Gruppe, wo du nicht so im Mittelpunkt stehst.

Elisa: O.k.

Coach: Und spüre mal nach, wo die Kleine in deinem Körper oder in deiner Nähe einen guten Platz hat, wo und wie du sie hier gut wahrnehmen kannst. Das kann neben oder hinter dir sein … oder, wie eben, auf deinem Schoß.

Elisa: *(Ihre Stimme wirkt überrascht, als sie nach ein paar Sekunden sagt.)* Links neben mir, an der Hand.

Coach: O.k. Und dann schau mal, wie es dir jetzt geht und was du nun in dieser Gruppensituation machen kannst.

Elisa: *(Spürt für einen Moment nach)* Hm, interessant! Es fühlt sich irgendwie viel freier an als vorher … Ich fühle mich nicht mehr so angespannt.

Coach: Bleib dabei, was geht in dir vor, wie ist das für dich?

Elisa: Ich kann so in der Pause abseits stehen, etwas entspannter … Die Teilnehmer betrachten und mich freuen, dass es denen miteinander gut geht … Und wenn ich will, dann kann ich mich dazustellen, ich muss nichts sagen …

Coach: Wie ist das für dich?

Elisa: Sehr angenehm. Es ist gar nicht so schlimm, nicht im Mittelpunkt zu stehen.

Coach: Schön, du kannst gerne noch ein wenig hier verweilen … Wie geht es dir und dem Mädchen jetzt damit, nicht im Mittelpunkt zu sein? Wie fühlt sie sich gerade?

Elisa: Ganz entspannt. Ich muss nichts sagen, aber es ist schön zuzuhören … Ich fühle mich angedockt. *(Sie öffnet freudig die Augen.)* Ich bin gespannt, das beim nächsten Mal auszuprobieren!

Der Coach und Elisa beenden den Dialog mit dem Teil und sprechen noch eine Weile über diese Erfahrung.

In den nächsten zwei Monaten achtet Elisa bewusst auf die spezifischen Auslösersituationen, wobei ihr die Erfahrung aus dem Coaching immer recht präsent ist. Ab diesem Zeitpunkt entspannt sich die innere Dynamik deutlich. Elisa kann gelassener mit den Gefühlen des Mädchens umgehen, wenn diese sich bemerkbar machen. Die typischen Rückzugsimpulse der „Kühl-Distanzierten" tauchen seltener auf, und wenn, dann bei Weitem nicht mehr so stark. Die „Professionelle Darstellerin" reagiert nicht mehr so kritisch. Insgesamt fühlt sich Elisa in diesen Momenten deutlich gelassener.

Eine solche Erfahrung ist für das innere System wie eine Entlastung. Indem die Klientin das Erleben und die Gefühle des kleinen Mädchens von damals spürt, fühlt es sich gesehen, wo es zuvor im inneren System verdrängt, abgeschoben und abgelehnt wurde. Hier geht es so gut wie immer um „innere Beziehungsarbeit“. Mit der Frage: „Kann der Teil dich wahrnehmen und kann er sehen, wer und wie du heute bist?“ entsteht für den Teil eine emotional neue Perspektive. Oft erlöst das diesen Teil aus einer gewissen inneren Verbannung. Richard Schwartz nannte verletzliche Teile deshalb auch „Exiles“ – „Verbannte“. Wenn wir verletzlichen Teilen innerlich das sagen oder geben, was sie brauchen, ist das eine neue, oft sehr bewegende Erfahrung. Wie das Wiedererkennen oder Wiederfinden einer verlorenen Tochter oder eines verlorenen Sohns. Als Kind war die Person allein mit ihren Gefühlen, da gab es keine Hilfe oder Trost. Aber heute kann sie mit Anteilnahme und Selbstmitgefühl dem Teil begegnen.

Wenn eine positive Beziehung zu einem verletzlichen Teil entsteht, kann man ihn – wie gute Eltern das mit einem Kind tun würden – angesichts äußerer Herausforderungen wohlwollend ansprechen und ihn im inneren Bild an die Hand oder in den Arm nehmen. Wenn Klienten mit der Unterstützung des Coachs neue Erfahrungen in der Begegnung mit verletzlichen Teilen gemacht haben, kann sich das positiv auf ihren Umgang mit sich selbst auswirken. Das ist so, als würden Kinder lernen, sich selbst gut zuzureden, wenn sie das im Kontakt mit ihren Eltern als hilfreich oder beruhigend erlebt haben. Diese neue Beziehungserfahrung kann verinnerlicht und langfristig wirksam werden. Mit so einer heilsamen neuen Erfahrung im Selbstdialog haben sich also die Möglichkeiten des Selbstgesprächs und des Umgangs mit sich selbst im Alltag erweitert. Das Entscheidende ist, dass sich ein verletzlicher Teil sicher, angenommen und zugehörig fühlt und im Alltag erlebt, dass er eine Daseinsberechtigung hat. Das kann heißen, dass man diesem Teil vor oder nach schwierigen Situationen vermittelt, dass man spürt, wie es ihm geht: „Ich verstehe, dass du dich so fühlst, und ich kümmere mich darum.“ Oder dass man dem Teil in einer verunsichernden Situation innerlich zeigt, dass man da ist und die Gefühle gut halten kann.

Frühere Anschauungen relativieren sich, wenn jemand im Coaching, im Selbst-Coaching und in der Alltagsrealität erlebt, dass sich die Befürchtungen der verletzlichen Teile nicht bewahrheiten und heikle Situationen gut oder besser gemeistert werden. Neue Optionen tun sich auf und es wird selbstverständlicher, nicht mehr in die alten Erlebens- und Handlungsmuster zu verfallen. Unsere Fähigkeit, aus Erfahrungen zu lernen, besteht ein Leben lang.

Wirkfaktoren für Veränderung

Wenn sich verletzliche Teile nicht gesehen, abgelehnt oder gar bekämpft fühlen, neigen sie dazu, extremer zu reagieren. Verletzliche Teile brauchen Akzeptanz und Zugehörigkeit. Eine annehmende, liebevolle Haltung ihnen gegenüber verringert die Ängste, und die beschützenden Anteile können sich dadurch mehr zurücknehmen.

Das tiefe Verstehen oder „Bezeugen" der Gefühle der verletzlichen Teile ist meist der entscheidende Schritt hin zu einer nachhaltigen Veränderung. Das damals prägende innere Muster ist dann emotional aktiviert, ohne die Person erneut emotional zu überschwemmen. Die „alten" Gefühle können in einer unerschrockenen, annehmenden und verständnisvollen Haltung erlebt werden, und das ist eine intensive und heilsame neue Erfahrung.

Es entstehen Zuversicht und Vertrauen, sich auf neue Erfahrungen einzulassen, und aufgrund dieser neuen Erfahrungen erweitern und verändern sich wiederum die alten Anschauungen.

8.5 Emotional Erlerntes aktivieren und verändern

Auch hirnphysiologisch lässt sich untermauern, wie stark neue Erfahrungen wirken. Bruce Ecker, Robin Ticic und Laurel Hulley beschreiben in ihrem Buch *Der Schlüssel zum emotionalen Gehirn* (2016) spezifische Prozessschritte bei der sogenannten Gedächtnisrekonsolidierung. Dabei werden die alten, der Problematik zugrunde liegenden impliziten Gedächtnisinhalte aufgesucht, aktiviert und durch neue, im jetzigen Leben stimmigere Erfahrungen erweitert. Die Forschung der frühen 2000er-Jahre hat die Wirksamkeit dieses Vorgehens nachgewiesen.

Unbewusste, das Verhalten steuernde Kernanschauungen können so verändert werden. Die biografische Erinnerung bleibt erhalten, aber die emotionale Ladung und Überzeugung verlieren ihren Zugriff auf die Psyche. Für Therapeuten und Coachs, die emotional tiefer mit Klienten arbeiten, ist diese Erkenntnis von außerordentlich hoher Bedeutung, denn sie widerlegt frühere Annahmen, dass Veränderung bei starken Prägungen nur sehr eingeschränkt möglich ist. Die von den Autoren identifizierten Schritte finden sich in vielen wirkungsvollen Therapieformen wieder, besonders auch in der Hakomi-Methode (Ron Kurtz, Halko Weiss) und in Internal Family Systems (Richard Schwarz). Die Forschungsergebnisse bestätigen den erfahrungsorientierten, achtsamen und körperorientierten Coaching-Ansatz.

Wie dieses schon früh emotional Erlernte aufgesucht, aktiviert und verändert werden kann, lässt sich in ein paar konkreten Schritten systematisieren, die wir im Folgenden beschreiben und dabei auf die Arbeit mit verletzlichen Teilen fokussieren. Genau diese Schritte spielen auch in vielen anderen Prozessen eine ähnliche und wesentliche Rolle.

Die Hintergründe gegenwärtig Erforschen

- Das Symptom wird genau erforscht – nicht im Darüber-Reden, Reflektieren und Begründen, sondern in der unmittelbaren Erfahrung in der Gegenwart. Die früheren Erlebnisse, die so schmerzhaft waren, dass sie sich im impliziten Gedächtnis erhalten, werden im Erleben aktiviert. Der Coach erforscht in Achtsamkeit, was emotional erwacht, und vor allem, wie das damals Erlernte die individuelle Wahrnehmung der Welt noch heute formt.
- Beim Erforschen der Erfahrungen geht es vor allem um die Bewältigungsstrategien, die die Klienten früher entwickelt haben, um dem Leid zu entgehen. Was hier untersucht wird, bezeichnet man in der Kohärenztherapie als das „symptomverlangende Schema“. In unserer Sprache sind das die Anschauungen und Strategien der Teile, die eine beschützende Rolle übernommen haben und viel dafür tun, um unangenehmes Erleben und quälende Gefühle zu vermeiden.

Widerlegende Erfahrungen dagegenstellen

- Mit dem nun erspürten Wissen über zentrale Zusammenhänge, Interessen, Überzeugungen und Befürchtungen der Teile suchen Coach und Klient gemeinsam nach gegenwärtigen Erfahrungen, die diese Überzeugungen widerlegen und den Befürchtungen direkt widersprechen. Oft zeigen sich hier andere Erfahrungen aus dem Leben des Klienten. Solches „widerlegende Wissen“ entsteht auch häufig in der Begegnung mit verletzlichen, kindlichen Anteilen, die vorher von den Beschützern verdeckt wurden. Klientinnen und Klienten haben oft ganz unmittelbar den Impuls, dem inneren Kind jetzt das zu geben und es das erleben zu lassen, was damals gefehlt hat.
- Wichtig ist, dass Klienten diese Gegenüberstellung bewusst erleben und verankern. Die gegenwärtige Erfahrung hat hier eine besondere Bedeutung. Sie wird laufend beobachtet und benannt oder im Anschluss an die Erfahrung auf einer Meta-Ebene besprochen.

Wiederholen und Verankern

- Wesentlich ist auch, das Neue im Alltag zu integrieren und zu stärken, indem es immer wieder bewusst wahrgenommen wird. Wenn im Coaching-Prozess alte, limitierende Anschauungen aktiviert und das damit einhergehende Erleben ausgelöst werden und wenn sie schließlich durch neues Erleben und neue Sichtweisen widerlegt werden, haben sie ihre Macht verloren. Sie werden in gewissem Sinne von den neuen Erfahrungen überschrieben und erweitert.
- Neue Erfahrungen eines verletzlichen Teils können im Alltag auch gestärkt werden, indem wir ihnen häufiger Aufmerksamkeit schenken. Wenn etwas verletzlich reagiert, können wir anerkennen: Dieses Gefühl wurde ausgelöst; wir müssen es nicht bekämpfen.

Solche nachhaltigen Veränderungen unserer tiefen automatischen Interpretations-, Gefühls- und Handlungsroutinen werden in der Psychologie „Gedächtnisrekonsolidierung“ genannt. Der Name beschreibt, wie alte, im impliziten Gedächtnis fest verankerte (konsolidierte) Anschauungen im aktivierten Zustand zunächst „labilisiert“, und durch neue Erfahrungen überschrieben und anschließend in neuronalen Prozessen „rekonsolidiert“ werden. Das heißt, sie werden nach ein paar Stunden (oft im Schlaf) fest in die neuronale Architektur eingebaut. Voraussetzung ist, dass sich die neuen Erfahrungen intensiv und echt anfühlen. Das gilt auch für die Erfahrungen in der Beziehung zum Coach. Deshalb sind die Resonanzfähigkeit und die emotionale Spürbarkeit des Coachs so zentral.

Wirkfaktoren für Veränderung

Die entscheidenden Schritte – insbesondere die Gegenüberstellung mit dem widerlegenden Wissen bzw. der neuen, korrigierenden Erfahrung – sollten auf jeden Fall angesteuert und möglichst mehrfach wiederholt werden.

Die alte Erfahrung und die damit gekoppelte bisherige Strategie werden im Hier und Jetzt im gegenwärtigen Erleben aktiviert. In gewissem Sinne werden die neuronalen Netze, in denen sie gespeichert sind, „aufgeschlossen“. Für den Coaching-Prozess heißt das konkret: Coachs bauen ihre Arbeit so auf, dass ihre Klienten die Gelegenheit zu emotional reichen Erfahrungen haben. Dieses Erleben wird zunächst auf einschränkende und unangenehme Gefühle bezogen sein.

Gleichzeitig oder kurz danach wird das widerlegende Wissen, die neue korrigierende Erfahrung, aktiviert und die bisherigen emotionalen Verknüpfungen werden damit direkt „überschrieben“.

Diese Gegenüberstellung kann mehrfach wiederholt werden – in der Sitzung, aber auch in der Nacharbeit zu Hause, v. a. in Vorbereitung auf mögliche Trigger-Situationen.

Das Kultivieren emotional intensiver, neuer Erfahrungen entspricht neurophysiologisch dem Anlegen und Ausbauen erweiterter neuronaler Netze.

8.6 Coaching oder Psychotherapie?

Sobald es um tiefere persönliche Themen im Coaching geht – auch im Spannungsfeld von beruflichen Herausforderungen –, zeigt sich ein großer Überlappungsbereich mit dem Feld der Psychotherapie. Die Grenzen sind fließend und hängen oft mehr von den Rahmenbedingungen ab als vom Anliegen und von der Person. Die Abgrenzung zur Psychotherapie beginnt da, wo die im Coaching oft zeitlich begrenzten tieferen Erfahrungen und Begegnungen mit verletzlichen Anteilen nicht genügen oder wenn Klienten aus persönlichen Gründen oder wegen ihres schwierigen sozialen Umfelds nicht in der Lage sind, sich gut um ihre verletzlichen Seiten zu kümmern. Tiefere Arbeit und transformatorische Erfahrungen sind im Coaching gut möglich, wenn die Person dafür offen und neugierig und grundsätzlich in der Lage ist, sich selbst gegenüber zugewandt zu sein. Psychotherapie kann besonders dann notwendig sein, wenn die Person wenige Möglichkeiten hatte, in der frühen Kindheit ein gewisses Maß an Grundvertrauen zu entwickeln. Dann braucht sie in der Gegenwart eine verlässliche Beziehungserfahrung – menschliche Wärme, Rhythmus und Konstanz –, die eine längerfristig angelegte Psychotherapie besser bieten kann. Diese Verlässlichkeit und Konstanz sowie eine höhere zeitliche Frequenz der Sitzungen sind in den meisten Coaching-Settings nicht möglich, selbst wenn Coachs in der Lage wären, sie aufgrund ihrer Ausbildung und Erfahrung zu bieten.

Wenn es um dieses frühe Grundvertrauen geht, spielt ein weiterer Aspekt eine wichtige Rolle: Kleine Kinder haben noch keine Sprache, um ihr Erleben zu reflektieren und abrufbar im Gedächtnis zu speichern. Wissenschaftlich ausgedrückt heißt das: Sie haben kein ausgereiftes episodisch autobiografisches Gedächtnis. Deshalb sind Defizite auf dieser Ebene nur schwer und über rein sprachliche Ansätze gar nicht zu beeinflussen. Ohne den Zugang über die implizit im Körper- und Gefühlsleben gespeicherte Erfahrungen sind Veränderungen schwer zu erzielen. Der hier beschriebene körperorientierte Ansatz hingegen macht solche körperlich-emotionale Zustände über Achtsamkeit, Kontaktaussagen und Accessing-Fragen vergleichsweise leicht zugänglich. Mit einer liebevoll-annehmenden, erkundenden und unvoreingenommenen Haltung werden – wie oben beschrieben – neue, korrigierende ganzheitliche (Beziehungs-)Erfahrungen möglich. So können sich auch frühere biografische Mängel und starke Verletzungen lösen und verändern. Hakomi und andere körperorientierte Psychotherapien sind dabei sehr wirksam. Einen guten Überblick über solche Verfahren, den aktuellen Forschungsstand sowie Möglichkeiten und Grenzen von Coaching geben Alica Ryba und Gerhard Roth u. a. in ihrem Buch *Coaching und Beratung in der Praxis* (2022) – vor allem im Kapitel „Körperzentriertes Coaching".

Es ist zu bedenken, dass Coachs weder die Ausbildung noch die Befugnis haben, auf psychische Störungen mit Krankheitswert einzugehen. Diese werden in der *International Classification of Diseases (ICD)* ausführlich beschrieben. Wenn im Coachingverlauf dazu Unklarheiten entstehen, sollte umgehend psychotherapeutischer Rat hinzugezogen werden.

8.7 Transformatorische Erfahrungen in Coaching und Selbst-Coaching

Selbst-Coaching

Zugang zu einem verletzlichen Anteil finden

Zweck:	Einen verletzlichen Zustand oder Teil der Persönlichkeit näher kennenlernen und besser integrieren. Einen guten und sicheren Kontakt ermöglichen und die Beziehung zu diesem Teil auch längerfristig verbessern.
Grobstruktur:	Einen verletzlichen Zustand oder Teil identifizieren, in der Gegenwart wahrnehmen und näher erkunden. Papier und Stift in Reichweite, ggf. auch einen Gegenstand als „Platzhalter" für den verletzlichen Anteil haben, wie ein Kissen oder ein Stofftier. Den verletzlichen Zustand so zu „externalisieren" kann helfen, einen stimmigen inneren Abstand zu ihm zu finden.
Zeitbedarf:	15 bis 30 Minuten

Vorbereitung: Im Dialog mit einem verletzlichen Anteil geht es in erster Linie darum, seine Gefühle wahrzunehmen, anzunehmen und zu bezeugen. Die optimale Haltung ist vergleichbar mit der einer freundlichen, mitfühlenden Bezugsperson. Um einen stimmigen Abstand zum verletzlichen Teil einnehmen und diesen auch konstant halten zu können, kannst du dir vorab bewusst machen, dass du dem Teil nur helfen und für ihn da sein kannst, wenn es möglich ist, sich ihm zuzuwenden, ohne dass er dich vereinnahmt. Du brauchst eine offene Haltung, mit der du dich dem verletzlichen Zustand zuwendest und innerlich einen stimmigen Abstand zu ihm hältst: Nah genug, um die Gefühle gut zu spüren und weit genug entfernt, um dich selbst gut wahrzunehmen und dich nicht in ihm zu verlieren.

Wenn du möchtest, kannst du einen Gegenstand auswählen, der während des Erkundens den verletzlichen Zustand symbolisiert.

1. Nimm dir als Erstes Zeit für die Frage: Gibt es eine immer wiederkehrende Empfindlichkeit, einen „wunden Punkt"? Vielleicht ist es ein Muster, das mit einer Verletzlichkeit einhergeht oder eine hohe Sensibilität. Wann oder worauf reagierst du besonders verletzlich oder empfindsam? Vielleicht kannst du diesen verletzlichen Zustand an einer wiederkehrenden Stimmung festmachen oder an bestimmten Gefühlen oder Reaktionen. Hilfreich kann es sein, dich an konkrete Situationen zu erinnern, in denen diese Empfindungen und Reaktionen ausgelöst werden. Vielleicht sind sie auch mit körperlichen Empfindungen verbunden?

2. Fokussiere dich auf die Empfindlichkeit, betrachte sie interessiert und überlege dir, welche Überschrift oder Kurzbeschreibung für sie gut passen würde. Welche Gefühlsqualitäten oder körperlichen Empfindungen sind zentral und welcher Name drückt diese am besten aus? Das kann sowohl eine Beschreibung sein wie „Der Teil, den es schmerzt, nicht gesehen zu werden“, „Die nicht gesehene Kleine“ oder ein Name wie „Die Unwichtige“. Sage dir diesen Namen innerlich, verweile für einen Moment dabei und überprüfe, ob die Beschreibung gut zu dem vertrauten Zustand passt oder ob du daran noch etwas verändern möchtest. Wenn du einen passenden Namen gefunden hast, kannst du ihn dir aufschreiben.
3. In dem Wissen, dass du dich bald dem verletzlichen Zustand zuwenden wirst, überlege dir, ob du dafür einen Gegenstand als „Platzhalter“ suchst, der während der Übung außerhalb von dir zu verorten ist. Das kann ein Stuhl, ein Kissen auf dem Stuhl oder Sofa sein oder irgendein anderes Objekt. Als sinnlich fühlbare Verkörperung kann dieses Objekt hilfreich sein, es ist aber nicht zwingend nötig.
4. Erlaube dir, für ein paar Atemzüge bewusst nach innen zu gehen und deinen Körper und den Atemfluss wahrzunehmen. Such in dir eine interessierte, offene, neugierige Haltung diesem verletzlichen Anteil gegenüber. Wende dich ihm innerlich zu und, wie du es einem Kind oder einer sensiblen Person gegenüber tun würdest, signalisiere ihm, dass du dich für ihn interessierst.
5. Nimm wahr, ob und wie der Teil mitbekommt, dass du dich ihm zuwendest und wie sich das für ihn anfühlt. Zeige ihm, dass du Zeit hast und er dir gerne zeigen kann, wie es ihm geht. Wie fühlt sich der Teil, was mag er dir zeigen?
6. Bleibe offen und beobachte, was der Teil dir zeigen oder sagen möchte. Wenn er etwas zeigt, vermittle ihm, dass du das sehen, fühlen und / oder verstehen kannst.
7. Du kannst mit folgenden Fragen den Dialog und die Verbindung mit dem Teil vertiefen:
   - Wie geht es dir mit dem Teil?
   - Was möchtest du den Teil fragen?
   - Was möchte der Teil, dass du es von ihm weißt oder verstehst?
   - Was wünscht er sich jetzt von dir? Was braucht er von dir?
   - Wie kannst du dem Teil das zeigen oder geben, was er braucht?
   - Was möchtet ihr vereinbaren?
8. Bevor du abschließt, danke dem Teil noch, dass er sich gezeigt und Vertrauen gefasst hat.
9. Nimm dir einen Moment Zeit, um zu reflektieren, wann und wie du dich dem Teil erneut zuwenden wirst. Wann sind günstige Augenblicke, ihn wahrzunehmen oder Kontakt mit ihm aufzunehmen? Gerne kannst du das innerlich verabreden.
10. Es ist hilfreich, dir zum Abschluss noch ein paar Notizen zu machen und dir diese gelegentlich wieder anzuschauen, auch um diesen Kontakt zu pflegen und ggf. zu vertiefen.

Hinweis: Wenn es nicht möglich ist, eine wohlwollende Verbindung zum Teil herzustellen oder wenn der Kontakt von kritischen, sorgenvollen oder abwehrenden Reaktionen unterbrochen wird, kannst du erforschen, woher diese Empfindungen kommen. Unter Umständen melden sich beschützende Anteile. Bei inneren Widerständen ist ein Selbstdialog mit einem verletzlichen Teil nicht möglich, denn dann brauchen zuerst die Beschützer Aufmerksamkeit und müssten gehört und verstanden werden. Manche Teile reagieren wie „Bodyguards". Sie geben erst dann den Weg frei, wenn ihre Bedenken verstanden und sie in ihrer Schutzfunktion ernst genommen werden.

Coaching

Der Selbstdialog und die Arbeit mit verletzlichen Teilen

Der Dialog mit einem verletzlichen Teil ist eine ausgesprochen wertvolle und oft auch intensive Erfahrung, die im Alltag nachhaltig wirkt. So wie wir ihn im allgemeinen Teil des Kapitels beschreiben, ist er vermutlich nur für solche Coachs gut durchzuführen, die selbst Erfahrung mit diesem Vorgehen gemacht haben und darin geübt sind. Aber selbstverständlich können in ähnlichen Methoden erfahrene Coachs oder Therapeuten mit dem Selbstdialog experimentieren und Elemente davon mit eigenen Vorgehensweisen kombinieren. In diesem Abschnitt wollen wir die Schritte vorstellen, die im Dialog mit verletzlichen Teilen wichtig sind und auf einige Prinzipien hinweisen.

Dem Dialog mit einem verletzlichen Teil sind immer einige Prozessschritte vorausgegangen. Zuvor haben die Klienten bereits einen spezifischen Zustand und die damit verbundene innere Dynamik näher erkundet und schon den einen oder anderen Anteil der Persönlichkeit identifiziert. Der Dialog mit Beschützern hat so gut wie immer schon stattgefunden, wodurch die Klienten Vertrauen in dieses Vorgehen entwickelt haben. Auch sollten sie die Interessen und Befürchtungen einiger ihrer Strategien bereits tiefer verstehen. Oft wissen sie schon um die Empfindsamkeit, die sich hinter den Interessen und Befürchtungen von Beschützern verbirgt, oder sie ahnen sie zumindest.

Einverständnis

Ausgangspunkt für den Dialog mit einem verletzlichen Teil ist das Interesse der Person, mit diesem Teil in Kontakt zu treten. Wenn es Vorbehalte oder Befürchtungen gibt, werden diese zuerst näher erforscht. Damit der Dialog mit einem verletzlichen Teil gelingt, müssen die Beschützer einverstanden sein, d. h., ihre Vorbehalte müssen ernst genommen und berücksichtigt werden. Über das Verhandeln mit Beschützern haben wir bereits geschrieben (Kapitel 7, „Selbstführung“). Wenn das Einverständnis da ist, die Personen keine großen Bedenken haben, sie neugierig und offen dafür sind, mit einem verletzlichen Teil in Kontakt zu kommen, kann der Dialog angeleitet werden.

Achtsamkeit und annehmende Haltung

Wir bitten die Person, etwas achtsamer zu werden und die Aufmerksamkeit auf den empfindsamen Zustand oder den verletzlichen Teil (wenn er als solcher identifiziert ist und vielleicht schon einen Namen hat) auszurichten. Wir ermutigen sie, eine interessierte und wohlwollenden Haltung gegenüber der Empfindsamkeit zu finden. Gutes Spurenlesen seitens des Coachs hilft sicherzustellen, dass die Klienten in einer annehmenden Haltung und tatsächlich im Kontakt mit dem Teil sind und nicht mental abstrakt über ihn sprechen.

Stimmiger Abstand zum Teil

Ein guter und stimmiger Abstand zum verletzlichen Zustand oder Teil ist ein wesentlicher Schritt. Um sich dem Teil zuzuwenden, sollte der Abstand zu ihm groß genug sein, um sich nicht von seinen Gefühlen vereinnahmen zu lassen; zugleich sollte er nah genug sein, um diese Gefühle zu spüren. Man kann die Person ganz direkt fragen: „Welcher Abstand fühlt sich gut an, sodass du die Gefühle spüren kannst, sie dich aber auch nicht vereinnahmen? Welchen Abstand brauchst du, damit du dich den Gefühlen des Teils zuwenden kannst und du dich selbst und den Teil gut spürst?“ Der stimmige Abstand im Kontakt zu einem Teil fördert das Vertrauen des Klienten, mit möglichen unangenehmen Gefühlen auch umgehen zu können. Wenn der Teil sehr starke Gefühle hat, sollte der Klient den Teil explizit bitten, ihn nicht zu vereinnahmen. Das macht es sicherer, sich ihnen zuzuwenden und anzunähern. Das kann etwa so klingen: „Bitte den Teil, dass er dich nicht vereinnahmt, denn sonst ist niemand mehr da, der sich um ihn kümmern kann.“

Bedürfnisse von verletzlichen Teilen

Verletzliche Teile wollen wahrgenommen und mit ihren Erfahrungen, Gefühlen und Bedürfnissen verstanden und angenommen werden. Deshalb ist eine Frage, die man so oder so ähnlich immer wieder stellen kann: „Was möchte der Teil dir zeigen? Worin wünscht sich der Teil Verständnis von dir? Was möchte er dir von seinen Erfahrungen zeigen? Fühlt der Teil sich von dir gesehen und verstanden? Was braucht der Teil jetzt von dir?“ Die Klienten können wiederum dem Teil das Verstandene innerlich mitteilen, bzw. vermitteln, dass sie wahrnehmen und verstehen, was der Teil braucht. Und, wenn es passt, können sie dem Teil das innerlich auch geben – z. B. in einer Art von Nähe, Berührung, Halt oder Schutz.

Der Coach kann explizit nach den Bedürfnissen fragen: „Was wünscht sich der Teil jetzt von dir? Was ist für diesen Teil wichtig? Was braucht der Teil, was braucht er von dir? Was wünscht er sich jetzt / in der Zukunft von dir?“

Es kann sein, dass sich verletzliche Teile zeigen, die nicht sprechen können, vielleicht weil sie noch sehr jung sind oder ihnen die Worte fehlen. Dann begleitet der Coach die Begegnung im inneren Bild: „Wie zeigt sich der Teil? Bemerkt er dich? Bekommst du mit, welche Art von Kontakt ihm guttun würde?“ Im Grunde können Klienten verletzlichen Anteilen dasselbe sagen oder zeigen, was auch für kleine Kinder wichtig und stimmig ist. So kann ein Coach darauf achten, dass sich die Begegnung mit einem kindlichen Anteil gut entwickelt, ähnlich wie der liebevolle Umgang einer Mutter oder eines Vaters mit einem Kind.

Vereinbarungen

Wenn Klienten die Gefühle und Bedürfnisse von verletzlichen Teilen auf diese Weise wahrgenommen haben, entsteht oft der Wunsch, künftig einen besseren Kontakt zu ihnen zu haben. Der Coach kann die Klienten dann ermutigen, mit dem Teil etwas für die Zukunft zu vereinbaren. Wie möchte man dem Teil zukünftig begegnen? Wie kann man ihn im Blick behalten? Wie kann man sich besser um ihn kümmern?

Platz in der Gegenwart

Verletzliche Anteile stecken oft in der Vergangenheit fest, meist genau da, wo sie nicht bekamen, was sie brauchten, wo sie schlecht behandelt wurden und wo sich keine gute Perspektive zeigte. Dann kann es entscheidend sein, ihnen in ihren Emotionen im inneren Bild genau dort zu begegnen, diese Gefühle wahr- und ernst zu nehmen und ihnen zu vermitteln, dass man sie versteht. Man kann ihnen anbieten, in die Gegenwart zu kommen und dort einen guten Platz zu finden. Klient und verletzlicher Teil können gemeinsam erkunden, was ein solcher guter Ort sein könnte. Das kann ein Platz im Körper sein oder nahe beim Körper. Man kann die „Kleine“ an die Hand nehmen oder dem „schüchternen Jungen“ erlauben, sich hinter einer Schulter zu verstecken. Oder es gibt einen guten Platz zu Hause, mit bestimmten Menschen, die einem nahe stehen, oder auch im Spiel mit den eigenen Kindern. Es tut verletzlichen Teilen gut, wenn man ihnen eine neue Perspektive bietet. Das gilt vor allem für die Qualität und manchmal auch Häufigkeit des künftigen Kontakts. Dabei ist es wichtig, nur das zu vereinbaren, was man auch einhalten kann, um neuerliche Enttäuschungen zu vermeiden.

Lasten und Entlasten

Verletzliche Teile tragen auch Lasten, gerade wenn schwerwiegende Erfahrungen gemacht wurden. In der IFS-Arbeit gibt es einige Vorgehensweisen, mit denen hier therapeutisch weitergearbeitet werden kann, z. B. Visualisierungsmöglichkeiten: die

Last symbolisch an etwas Größeres abgeben, sie z. B. in der Erde vergraben, im Feuer verbrennen, vom Wind und der Luft mitnehmen lassen, vom Wasser herausspülen oder im Wasser auflösen lassen. Oder die Lasten und Schmerzen ins Licht oder hinter den Horizont schicken.

Mögliche Fragen im Selbstdialog

Im Dialog mit einem verletzlichen Zustand oder Teil wissen wir als Coachs oft nicht im Detail, was die Erfahrungen des Teils sind. Es ist auch nicht nötig, dass die Klienten diese aussprechen – manches läuft im Stillen und ohne viele Worte ab. Entscheidend ist, dass die Klienten verstehen, was der Teil erlebt hat und dass der Kontakt zwischen beiden aufrecht erhalten bleibt. Wenn es wichtig für Klienten ist, die Information mit dem Coach zu teilen, kann das auch im Anschluss an den Dialog geschehen. Die Fragen helfen, die Verständigung und die Beziehung zwischen Klient und Teil zu verbessern. Der Coach sollte sie nicht aus einer Neugier heraus stellen, sondern vor allem darauf hinwirken, die Offenheit und Neugier des Klienten für den Teil zu erhöhen. Unsere Fragen im Dialog mit einem Teil sind grundsätzlich nicht mental ausgerichtet. Wir fragen nicht, weil wir als Coachs etwas verstehen wollen, sondern weil wir der Person Orientierung beim Erkunden geben möchten. Und wir fragen sie selbst, was für sie eine interessante Frage oder Information sein könnte. Auch sind „Warum“-Fragen weniger sinnvoll, denn sie führen zum Nachdenken, nicht zum spürenden Erforschen. Besser sind „Wie“- oder „Was“-Fragen.

Einige zentrale Fragen:

- Kann der Teil dich sehen oder wahrnehmen? Bekommt er mit, dass du da bist?
- Kannst du dem Teil zeigen, dass du dich für ihn interessierst?
- Wie geht es dem Teil? Wie geht es dir mit ihm?
- Was möchte der Teil dir zeigen oder sagen?
- Was möchtest du den Teil fragen?
- Was wünscht er sich von dir? Was braucht er von dir?
- Wie kannst du dem Teil das zeigen oder geben, das er braucht?
- Wo im Körper trägt der Teil diese Gefühle oder Schmerzen? Mag er etwas davon loslassen oder abgeben?
- Was möchtet ihr vereinbaren? Wie möchtest du in Zukunft mit ihm umgehen?
- Was wäre heute ein guter Platz für den Teil?

Bemerkenswert ist, dass die Klienten in ihrer mitfühlenden, interessierten und wohlwollen Haltung gegenüber einem verletzlichen Teil oft sehr genau wissen, was die nächste Frage oder der nächste Schritt ist.

Kontakt zum gegenwärtigen Erleben

Der Kontakt zum gegenwärtigen Erleben des Klienten ist – wie sonst auch – die Grundlage, um gut in Verbindung zu sein. Die Gefühle, mit denen die Klienten in Kontakt sind, sind für sie oft intensiv spürbar. Sie zugleich wahrzunehmen und darüber zu reden, ist nicht immer möglich und auch nicht nötig! Wenn Klienten dafür Worte finden, ist das natürlich fein, aber viel wichtiger ist, dass sie fühlen können, was der verletzliche Teil ihnen zeigt. Und dass sie wahrnehmen, wie wir mit ihnen in Kontakt sind. Da vieles nonverbal abläuft, wissen wir als Coachs nicht, was die Klienten konkret erleben. Aber wir können mit der Begegnung und mit den Gefühlen eines Klienten und des Teils empathisch mitschwingen. Einfühlsame Präsenz ist das, was vor allem wichtig ist.

Während des Dialogs sind wir in der Rolle eines achtsamen, zugewandten und empathischen Wegbegleiters einer Person, die mit sich und dem, was im Inneren passiert, in Kontakt ist. Unsere Präsenz, unser Kontakt und unsere Verbindung zum Klienten fördern seinen achtsamen Kontakt zu diesem Teil. Bei allen verbalen Äußerungen geht es ausschließlich darum, den Kontakt und die gute Beziehung zwischen Klient und Teil zu fördern.

Wirkfaktoren für Veränderung

In diesem Prozess spüren Klienten intensiv das Erleben des Teils von damals – mit starken Gefühlen, deutlichen, körperlichen Empfindungen und oft auch klaren Bildern. Dieses ganzheitliche Erleben der früheren Erfahrung nehmen sie in einem Zustand von Mitgefühl und Anteilnahme wahr.

Klienten werden zum bewussten erwachsenen Zeugen dessen, was damals erlebt und gefühlt wurde. Ein zuvor verdrängter, abgeschobener oder abgelehnter Teil fühlt sich dann wie von einem liebevollen Erwachsenen gesehen und gut aufgehoben.

Mit der Frage „Kann der Teil sehen, wer und wie du heute bist?“ gibt es eine „Gegenüberstellung“ zwischen dem alten Zustand und der gegenwärtigen neuen Erfahrung. Wird dem Teil das innerlich gegeben, gesagt oder gezeigt, was er sich wünscht und was er braucht, ist dies ein eindrückliches, neues Erleben. In der Kindheit war die Person mit den Gefühlen vermutlich allein oder fühlte sich ihnen ausgeliefert. Vielleicht gab es weder Hilfe noch Trost. Jetzt, im sicheren Rahmen des Coachings, kann sie mit Selbstmitgefühl zu dem Teil hin spüren und wird nicht von den Gefühlen vereinnahmt. Daraus entstehen Zuversicht und Sicherheit für den Umgang mit den empfindsamen Gefühlen im Alltag.

9. | Orientierung und Entscheidung

Orientierung im Leben ist nicht allein eine Domäne rationalen Denkens. Wenn es um grundlegende Orientierung geht – im Leben oder bei wichtigen beruflichen und privaten Entwicklungen – wollen wir „Kopf und Bauch“ zusammenbringen. Halbherzige Entscheidungen, selbst wenn sie rational sinnvoll erscheinen, haben wenig Kraft und führen oft in Sackgassen. Nicht umsonst ist eine Wurzel des Worts Emotion im lateinischen *movere* (= bewegen) zu finden. Das, was uns innerlich bewegt, hat gute Chancen, umgesetzt zu werden und nachhaltig ins Leben zu kommen.

Wenn wir annehmen, dass eine Entscheidung größere Folgen hat und bei jeder Variante ein Verzicht unumgänglich ist, betrachten wir die Wahlmöglichkeiten sorgfältiger. Das gilt besonders für die größeren „Lebensentscheidungen“, von denen das eigene und das Glück anderer langfristig und in hohem Maße abhängen: die Wahl des Partners, des Berufs, des Wohnorts sowie die Familienplanung. Damit gehen die meisten Menschen länger „schwanger“ und wollen vor allem vermeiden, damit sich oder andere ins Unglück zu stürzen. Hier ist man sich meistens bewusst, wie folgenschwer es ist, wenn man sich festlegt. Aber auch das Sich-noch-nicht-entschließen-Können hat Konsequenzen und kann Menschen ziemlich unter Druck setzen. Später im Leben resultiert daraus oft großes Bedauern über verpasste Chancen.

Wenn grundlegende Entscheidungen anstehen, melden sich oft widersprüchliche innere Stimmen. Klassische Entscheidungsmethoden reichen da nicht aus. Pro-Kontra-Listen, Entscheidungsbäume oder Szenario-Techniken laufen Gefahr, tiefer liegende Bedürfnisse und Befürchtungen außen vor zu lassen. Diese können sich aber subversiv in den Entscheidungsprozess einschleichen und Klarheit verhindern. Oder sie sabotieren nach einer rational getroffenen Entscheidung die ersten Schritte. Aber auch umgekehrt: Wenn Menschen dazu neigen, intuitiv und schnell größere Entscheidungen zu treffen und loszulegen, melden sich im Lauf der Zeit manchmal nagende Zweifel, ob das jetzt der richtige Weg ist.

9.1 Die emotionale Dimension

Bei einer Neuorientierung oder Entscheidung spüren wir meistens, dass es etwas zu gewinnen und etwas zu verlieren gibt. Gerade deswegen wollen wir eine sorgfältige und bewusste Entscheidung treffen – um uns nicht später vorwerfen zu müssen, nicht gründlich genug über alle Konsequenzen nachgedacht und alles Wichtige berücksichtigt zu haben. Persönliche Werte und Überzeugungen geben uns Orientierung und leiten uns in Entscheidungen. Und sie können uns blockieren, ohne dass wir verstehen, warum. Manchmal stehen uns Werte und tief verwurzelte Annahmen über die Welt im Weg und es gibt krisenhafte Zuspitzungen. Wir betrachten hier beide Facetten: Was uns inspiriert und leitet oder was uns bremst und blockiert – und wie wir uns bewusster und selbstgesteuerter ausrichten können.

Streben nach Glück

Matthieu Ricard, Sohn eines französischen Philosophen, promoviert in Molekularbiologie und schon sehr lange praktizierender buddhistischer Mönch, vermittelt in seinem wunderbaren Buch *Plaidoyer pour le bonheur* (in deutscher Übersetzung: *Glück,* 2009), dass letztlich hinter jeder Handlung die Motivation liegt, glücklich zu sein. Er zitiert abendländische Denker wie Epikur: „Man muss die Dinge pflegen, die einen glücklich machen, denn wenn wir glücklich sind, dann haben wir alles und wenn nicht, dann tun wir alles, um es zu werden." Oder Aristoteles, für den Glück das einzige Ziel ist, das „wir um seiner selbst willen wählen und niemals als Mittel für etwas anderes". Auch wenn wir vordergründig etwas tun, das uns jetzt nicht glücklich macht, der tiefere Grund unseres Handelns ist sicherlich einer, der dafür sorgen soll, dass wir später glücklich werden, zumindest nicht unglücklicher. Das gilt auch dann, wenn wir das eigene Glück zugunsten des Glücks anderer hintanstellen. Auf lange Sicht erhoffen wir uns davon, selbst zufriedener zu sein. Ob wir nun Worte wie Freude, Zufriedenheit, Heiterkeit, Befriedigung oder Entzücken gebrauchen – letztlich drücken sie alle aus, was als Motivation hinter unseren Handlungen steht: glücklich zu sein.

Auch die Hintergründe automatischer, neurobiologischer Aspekte von Entscheidungen, die wir bereits in Kapitel 3, „Emotionen und Körpersignale", beschrieben haben, legen nahe, dass fühlende Wesen primär durch die biologisch bedingte Suche nach angenehmen und das Vermeiden unangenehmer innerer Zustände gesteuert werden. Ricard zeigt nun auf, dass unsere Gewohnheit, Glück in äußeren Ereignissen oder Errungenschaften zu suchen, uns im Allgemeinen nicht mit so tiefer innerer Freude erfüllen kann. Ergiebiger ist es, die Ursachen von Glück oder Leiden mehr in der Innenwelt zu erforschen und hier anzusetzen. Ja, genau betrachtet scheint es sogar so, dass die primäre Suche nach – oder die Abhängigkeit von – äußerem Glück oft dazu führt, eher unglücklich zu bleiben und sogar zunehmend seltener echte Freude zu empfinden. Es gibt viele Beispiele dafür, dass Menschen bei besten äußeren Bedingungen leiden und es gibt als bewundernswerte Vorbilder Menschen, die auch unter widrigsten Umständen ihr inneres Gefühl von Sinn – und damit letztlich

Glück – nicht verloren haben. Viktor Frankl (1998), der Begründer der Logotherapie, hat auch im KZ seine tiefere innere Orientierung und seinen Frieden nicht verloren. Auch Zeugnisse von Menschen wie Etty Hillesum (1985), die im KZ starben, legen nahe, dass es gelingen kann, bis zum Ende inneres Glück weitgehend zu erhalten.

Wenn wir etwas unterlassen, das wir tun könnten, schmälert das letztlich oft unser Glück. Das zeigt sich auch in Orientierungsphasen. Wir kennen einige Menschen, die aus dem einschränkenden „Change it, love it or leave it" aussteigen konnten und eine innere Haltung fanden, die es ihnen ermöglichte, weniger unter den äußeren Umständen zu leiden. Dabei war es wichtig, nicht in resignierte Passivität zu verfallen, sondern konsequent und geduldig am eigenen positiven Einfluss zu arbeiten. Denn auch hier gilt: Etwas nicht zu tun, das wir tun könnten, wirkt am Ende meist glücksschmälernd – sei es durch die verpasste Chance oder durch unser schlechtes Gewissen. Dazu passt vielleicht das von Reinhold Niebuhr (siehe Goldberg 2010) 1943 populär gemachte Gelassenheitsgebet: „Gott gebe mir die Gelassenheit, Dinge hinzunehmen, die ich nicht ändern kann, den Mut, Dinge zu ändern, die ich ändern kann, und die Weisheit, das eine vom anderen zu unterscheiden." Wenn uns die äußeren Umstände zu einer Entscheidung zwingen, die wir unter anderen Bedingungen so nicht treffen würden, macht es einen psychologischen Unterschied, ob wir uns bewusst für das Unvermeidliche entscheiden oder es ständig als erzwungene Situation erleben. Wenn wir etwas innerlich annehmen, das wir nicht ändern können, fühlen wir uns wesentlich freier und selbstbestimmter, als wenn wir innerlich immer wieder gegen die Situation aufbegehren und mit unserem Schicksal hadern.

Vielleicht könnte auch weitere Variante des Gelassenheitsgebets sinnvoll sein: *Lass mich die Dinge so lange gelassen hinnehmen, bis ich die Weisheit und den Mut habe, sie zu ändern.* Ob diese Änderungen dann tatsächlich in der Außenwelt erfolgen oder in einer inneren Reifung bestehen, das wäre gut im Orientierungsprozess genauer zu erkunden.

Schmerzhafte Erfahrungen

In einer Orientierungsphase wollen wir Fehlentscheidungen vermeiden und wünschen uns Sicherheit hinsichtlich unserer zukünftigen Ausrichtung. Manchmal kann der Fokus so stark auf das Vermeiden einer Fehlentscheidung ausgerichtet sein, dass dadurch das Denken, Fühlen und Handeln einschränkt werden. Insbesondere dann, wenn einem die negativen Konsequenzen und Auswirkungen früherer falschen Entscheidungen noch im Nacken sitzen. Menschen können aufgrund negativer Vorerfahrungen in einem aktuellen Entscheidungsprozess recht verunsichert oder sogar gelähmt sein. Die Angst davor, etwas zu verlieren, kann das Erforschen des Attraktiven und Neuen überlagern. Rational betrachtet mögen einem die Bedenken und Ängste unbegründet erscheinen, an der emotionalen Ladung ändert das allerdings nichts. Hilfreich ist hier, wenn Menschen Zugang zu den Anteilen der Persönlichkeit bekommen, denen die Folgen früherer Entscheidungen sehr nachhängen und die vor ähnlich schmerzhaften Erfahrungen warnen wollen. Wenn diese – zum Beispiel im Selbstdialog – emotional tiefer verstanden, gehört und ernst genommen werden, entsteht mehr Freiheit, den Blick auf das auszurichten, was richtig, wichtig oder gut wäre. Und bei Entscheidungen, die mit realen möglichen negativen Konsequenzen verbunden sind, kann man sich – trotz der deutlich größeren Chance einer Verbesserung – gegen diesen hoffnungsvollen Schritt entscheiden. Ein Beispiel hierfür ist ein chirurgischer Eingriff, der trotz guter Heilungschancen ein nicht zu vernachlässigendes Risiko mit sich bringt.

Innere Überzeugungen und Werte

Wenn wir die Hintergründe dessen erforschen, worauf unsere Wahl bei Entscheidungen zurückzuführen ist, gelangen wir unweigerlich zu den eigenen Werten, zu dem, was uns wirklich wichtig ist im Leben und langfristig sinnvoll und erfüllend erscheint. Diese Werte sind oft von der Familie, dem sozialen Umfeld, Vorbildern und sozialen Medien übernommen und von vielen Erfahrungen geprägt worden. Meistens gehen wir durchs Leben und lassen uns von diesen Grundüberzeugungen leiten, ohne darüber nachzudenken. In Phasen der Neuorientierung oder bei Entscheidungsprozessen kann es hilfreich sein, bewusst hinzuschauen und zu erkunden, welche Erfahrungen und Gefühle sich hinter manchen Überzeugungen verbergen.

Ein Beispiel:

Linda ist eine junge Führungskraft mit viel Potenzial und wird in ihrem Unternehmen stark gefördert. Man sieht sie sogar als potenzielles Vorstandsmitglied. Linda arbeitet in Vollzeit, sie ist verheiratet und hat einen dreijährigen Sohn und eine einjährige Tochter. Seit einem halben Jahr überlegt sie, ob sie im Job kürzertreten sollte, denn sie spürt, dass sie selbst zu kurz kommt. Ihr Leben ist viel zu getaktet und die Zeit reicht hinten und vorne nicht. Auch kann sie oft nicht in der liebevollen, aufmerksamen Haltung für die Kinder präsent sein, die ihr von Herzen so wichtig ist. Das Unternehmen würde eine Reduktion der Stunden oder Teilzeitbeschäftigung mittragen, ohne dass das langfristig Konsequenzen für ihre Karriere hätte.

Allerdings hat Linda an sich selbst den hohen Anspruch, die doppelte Belastung gut zu meistern, beiden Rollen gerecht zu werden und diese erfüllt zu leben – die Mutterrolle und die Führungsrolle. Innerlich ist sie angetrieben von der Überzeugung, dass sowohl ein anspruchsvoller, erfüllter Vollzeitberuf und zufriedenes Muttersein zu schaffen sein muss. Mit ihrem Organisationstalent gelingt ihr das weitgehend auch, aber sie nimmt deutlich wahr, wie ihre Lebensfreude und Lebensqualität darunter leiden. Ihre frühere Unbeschwertheit ist fast gänzlich verloren und sie ist an dem Punkt, sich tiefer hinterfragen zu wollen: Was ist ihr im Kern wichtig und würde sie tatsächlich mit einer Teilzeitanstellung so unzufrieden sein, wie sie befürchtet? Zu Beginn des Coachings dreht sie sich mit diesen Fragen Kreis. Im Verlauf der Sitzungen spürt sie immer genauer, was sich hinter ihren Vorbehalten bezüglich einer Teilzeitanstellung verbirgt: Es ist eine sehr starke Abwehr gegenüber „Teilzeit-Muttis". Ihr Blick auf Mütter, die im Job zurückgetreten sind, um das Muttersein zu leben, ist extrem kritisch und abwertend. Die Vorstellung, selbst eine „Teilzeit-Mutti" zu sein und von anderen als eine solche betrachtet zu werden, ist ihr unerträglich. Hinter dieser Abwehr entdeckt sie einen Teil, der unabhängig von Bedingungen und unangepasst gegenüber Erwartungen anderer das Eigene leben möchte. Diese Unabhängige ist polarisiert mit einem Anteil, der sich in anderen Lebensbereichen und vor allem gegenüber ihren Eltern und Geschwistern oft automatisch anpasst und ist überzeugt davon, dass sie sich mit einer Teilzeitanstellung aufgibt. Erst als sie diese Überzeugungen tiefer fühlt, kann sich die Polarisierung etwas lockern und es ist ihr möglich, über nächste mögliche Schritte freier nachzusinnen.

Tiefe innere Bedürfnisse

Hinter vielen vordergründigen Anpassungs- oder Vermeidungsmechanismen verbergen sich tiefere Bedürfnisse. Auffällig ist, dass Menschen sich in einer Orientierungsphase oft auf das Was und nicht auf das Wie fokussieren: „Was sollte ich zukünftig machen?" anstatt: „Wie will ich etwas machen?" „Was ist meine nächste berufliche Rolle oder Aufgabe?" anstatt: „Wie möchte ich meinen beruflichen Alltag erleben?" „Was mache ich im Urlaub?" anstatt: „Wie möchte ich mich in dieser Zeit fühlen und die Tage erleben?" Durch die Ausrichtung auf das Was wird das Wie nicht klarer. Oft ist man mehr im Kontakt mit dem, was man nicht mehr will oder was nicht mehr stimmig ist und weniger mit dem, was innerlich zieht. Entscheidend für Orientierung ist der Fokus auf unsere Bedürfnisse, die sich meist hinter dem Wie verbergen und dessen tieferen Schichten nicht immer spürbar sind.

Dazu ein Beispiel:

Peter ist seit einem halben Jahr im Coaching, weil er sich mittelfristig als Führungskraft neu orientieren möchte. Sein Bereich wird im Rahmen einer großen Umstrukturierung aufgelöst und er steht vor der Frage, ob er sich im Konzern nach einer neuen Führungsrolle umschauen und bewerben soll, und wenn ja, in welchem Bereich. Oder ob der Change-Prozess in der Firma nicht ein Zeichen sein könnte, dass jetzt auch für ihn etwas Neues im Leben ansteht.

In der Vergangenheit hat er sich selten bewusst für etwas entschieden. Neue Aufgaben oder Möglichkeiten wurden meist von außen an ihn herangetragen, meistens hat er schnell entschieden, ohne viel zu reflektieren. In den letzten Jahren war ihm vor allem wichtig, in der Führungskarriere weiterzukommen. Aktuell fühlt er jedoch eine tiefe Unzufriedenheit mit seiner beruflichen Rolle und fragt sich, was er braucht, um wieder zufrieden und glücklich zu sein. Denn „eigentlich" stimmt alles in seinem Leben, er ist glücklich verheiratet, finanziell gut aufgestellt und lebt in einer wunderschönen Umgebung. Er dreht sich mit den Fragen im Kreis: Was ist für mich der nächste Schritt, was macht mich glücklich?

Er kann nicht greifen, was ihn befriedigt und motiviert: die Verantwortung und Karriere als Führungskraft, die inhaltliche Aufgabe oder etwas anderes? Wir fangen an, näher das Wie im angestrebten Zielzustand „glücklich im Job" zu erforschen. Dabei erkunden wir achtsam und sorgfältig, wie sich eine stimmige Aufgabe innerlich anfühlt, wie sein beruflicher Alltag dann aussieht und was genau dadurch mehr ins Leben kommt. Es tauchen für ihn wesentliche Aspekte auf: Er leistet einen sinnvollen Beitrag, der in der Welt einen Unterschied macht. Das, was er tut, erfüllt ihn mit Stolz. Er erlebt im Team ein starkes Wir-Gefühl, alle ziehen an einem Strang. Dieses Gefühl von Verbundenheit mit den Menschen und dem „connect" mit der Aufgabe fühlt sich wertvoll und ausgesprochen befriedigend an. Das Gefühl von Gemeinsamkeit entsteht auch dadurch, dass nicht er allein, sondern dass sich alle verantwortlich fühlen für das Ergebnis. Wichtig ist auch, dass er als Familienvater abends genug Zeit, Raum und Energie für die Familie hat. Beim achtsamen Erkunden spürt er, dass es ihm nicht um mehr Führungsverantwortung und Karriere geht, sondern mehr um eine inhaltlich anspruchsvolle Aufgabe und vor allem um ein Produkt oder eine Leistung, die für Menschen wichtig oder wesentlich ist.

Seine Bedürfnisse klarer zu spüren ist für Peter richtungsweisend für die bevorstehenden Bewerbungen. Im Abschnitt „Coaching" (siehe 9.6) greifen wir das Beispiel mit einer späteren Coaching-Sitzung wieder auf.

Polarisierungen

Bei einer Neuorientierung gibt es oft polarisierte Bedürfnisse, zum Beispiel steht das Bedürfnis nach Sicherheit im Widerspruch zu dem nach Freiheit. Oder wie bei Linda (siehe Kapitel 7), bei der es das Bedürfnis nach Zugehörigkeit und Verbundenheit aufseiten des angepassten Teils gibt und das nach Freiheit und Eigenständigkeit beim unabhängigen Teil. Diese inneren Spannungen können Druck machen, Ungeduld, Hilflosigkeit und Unsicherheit auslösen. Frühere prägende Erfahrungen und die daraus entstehenden Interessen, Bedürfnisse und Befürchtungen von polarisierten Teilen können wir differenziert im Dialog erkunden. Die Starre zwischen Polaritäten kann sich lockern, wenn man die Vorbehalte und tieferliegenden Interessen der Teile tiefer verstehen und besser greifen kann. Spannend ist, dass man dabei möglicherweise auch entdeckt, dass polarisierte Teile ähnliche Interessen verfolgen. Ist das der Fall und wird das Gemeinsame in den Bestrebungen der Anteile gefühlt und verstanden, können sich Polarisierungen deutlich entspannen und oft auch auflösen.

In Orientierungsfragen und Entscheidungsprozessen kann es uns sehr unterstützen, auf Persönlichkeitsteile und deren unterschiedliche Sichtweisen zu fokussieren. Denn wenn Interessen und Vorbehalte von Teilen nicht wahrgenommen und emotional verstanden werden, fehlt oft die nötige Klarheit und Sicherheit für den nächsten Schritt. Befürchtungen sollten aus unserer Sicht gehört, verstanden und so weit möglich bei Entscheidungen berücksichtigt werden. Interessanterweise reagieren Teile auch hier wie verschiedene Familienmitglieder: Der gemeinsame Urlaub ist viel entspannter, wenn vorher die Interessen aller wahrgenommen und einbezogen wurden.

Ein Beispiel:

Jan, Mitte 40 und seit 15 Jahren Führungskraft in einem weltweit agierenden Konzern, steht vor der schwierigen Entscheidung, ob er trotz der unbefriedigenden Entwicklungen bleibt oder ob er sich eine neue Stelle sucht. Im Konzern stehen Kosteneinsparungen und massive strukturelle Veränderungen an. Eine nicht unwichtige Rolle dabei spielt für seine Zukunft der neue direkte Vorgesetzte, der eiskalt nur auf die Zahlen und nicht auf den Menschen achtet. Diesen Führungsstil lehnt Jan zutiefst ab. Zudem sollen in den nächsten Monaten die drei Nachbarbereiche und sein eigener zu einem einzigen Bereich zusammengelegt werden. Die Mitarbeiter ahnen, dass viele ihren Job verlieren werden. Das Klima ist miserabel. Da Jan kein „Politiker" ist, möchte er nicht gegen seine Kollegen kämpfen, um seine Chancen auf die eine übrigbleibende Führungsposition zu verbessern. Aber einfach zurückziehen will er sich auch nicht. Innerlich und äußerlich spricht vieles dafür, eine neue Stelle zu suchen, das erscheint ihm das Vernünftigste. Diesen Impuls spürt er immer deutlicher und drängender. Aber er fühlt sich auch gegenüber dem Unternehmen loyal und den Menschen verbunden, mit denen er eine teils jahrelange enge Beziehung hat. Er steckt fest und sucht in dieser gefühlten Zuspitzung Unterstützung in einem Coaching.

Während Jan erzählt, dass er keinen Ausweg sieht und innerlich schon gekündigt hat, lenkt der Coach seine Aufmerksamkeit stärker hin zu der Frage, was seine Unzufriedenheit und auch seine Resignation mit ihm selbst – mit seiner Innenwelt – zu tun haben könnte. Was Jan in der jetzigen Situation persönlich besonders schmerzt, ist, dass er für die Kontakte zu den Mitarbeitern kaum mehr Zeit hat und die menschliche, gefühlvolle Seite seines Lebens insgesamt zu kurz kommt. In der zweiten Sitzung betrachten Coach und Jan die Polarisierung noch genauer. Der „Macher" drängt Jan, endlich zu gehen. Er ist sich sicher, dass er mit seiner Lebens- und Berufserfahrung gute Chancen hätte, einen anderen Arbeitgeber zu finden und dass ein Wechsel der einzig richtige Schritt wäre. Dieser Teil ist besonders frustriert, weil er in den vergangenen fünf Jahren nur geschuftet und sich voll und ganz für die Firma eingesetzt hat, die jetzt nicht mehr das ist, was sie einmal war. Im Dialog mit diesem Teil spürt Jan noch deutlicher und drängender als sonst die Angst, er könne sich unglücklich machen, wenn er bliebe. Das, was dem Macher gegenwärtig am meisten fehlt, sind positive Herausforderungen und Gestaltungsmöglichkeiten. Für diese Aspekte setzt sich der Macher ein, danach strebt er. Sein Anliegen ist, dass sich die Arbeit und das Leben sinnvoll anfühlen und er nicht im Sumpf steckenbleibt. Der Macher ist überzeugt davon, dass Jan nur in einem neuen Job Zufriedenheit findet.

Die Seite, die so starke Vorbehalte gegen einen Wechsel hat und bleiben möchte, nennt Jan seinen „Menschenfreund“. Dieser Teil fühlt sich Mitarbeitern und Kollegen gegenüber sehr verantwortlich und verpflichtet, ihm widerstrebt, sie in der jetzigen Situation im Stich zu lassen. Diese Gefühle machen Jan am meisten zu schaffen – wären sie nicht so stark, würde er jetzt kündigen. Als Jan im Selbstdialog die Befürchtungen des Menschenfreunds hinsichtlich eines Wechsels erforscht, zeigt der Teil außerdem, wie sehr er sich dafür einsetzt, dass Jan überhaupt wieder mehr Zeit für sich selbst bekommt. Er möchte verhindern, dass er diesen Wert zugunsten eines neuen Jobs – in dem Jan wieder von vorne anfinge, nur noch „ackern“ müsste und wieder keine Zeit und Muße hätte – aufgibt. Dann taucht überraschenderweise noch ein weiterer Aspekt auf, den er schon lange nicht mehr wahrgenommen hat. Die Sehnsucht eines „musischen Teils“ wird spürbar, der in Studienzeiten genussvoll, leger und locker durchs Leben ging. Der hat viel gelesen und musiziert, manchmal nächtelang selbstvergessen Gitarre gespielt und Stücke komponiert. Seine ausgeprägte Musikalität hatte Jan damals von einer Karriere als Konzertgitarrist träumen lassen, aber zu Gunsten seiner vernünftigen Seite hatte er das aufgegeben. Der Menschenfreund hat Angst, dass diese musische Seite nie mehr im Leben einen Platz findet.

Der Coach schlägt vor, sich auch diesem musischen Teil zuzuwenden. Dann fängt jedoch der Macher an, dagegen zu argumentieren: „Die Zeiten sind doch vorbei, du hast jetzt ganz andere Sorgen und Pflichten.“ Der Coach bittet den Macher, sich etwas zu distanzieren, so dass Jan ungestört den Musischen näher kennenlernen kann. Als Jan beginnt, den Teil deutlicher wahrzunehmen, geschieht etwas für ihn Unerwartetes. Er empfindet eine immense Traurigkeit. Da er sich beim Coach gut aufgehoben fühlt, kann er das zulassen und fühlen, wie der Verlust des so lange nicht Gelebten einen tiefen Schmerz auslöst. Er spürt, wie stark der Kummer über verlorene Lebenslust und unbeschwerte Lebensqualität ist. Während Jan die Trauer wahrnimmt, meldet sich nach einigen Minuten eine Ahnung von etwas Neuem: Er beginnt sich vorzustellen, sich gerade jetzt mehr für die so wenig gelebte musische, sensible, genussvolle Seite zu öffnen. Er könnte den vergeblichen Kampf gegen die Rücksichtslosigkeit seines Chefs loslassen, da es ohnehin keinen Zweck hat, hiergegen aufzubegehren. Er könnte sich stattdessen wieder auf seine eigenen Werte konzentrieren, klarer dafür einstehen und die Arbeit so machen, wie es ihm entspricht. Jan beginnt, die Möglichkeiten für eine neue Ausrichtung und ein neues Lebensgefühl zu sehen. Es entstehen für ihn neue Perspektiven, auch wenn er sie noch nicht alle klar ausformulieren kann.

Danach reflektieren Coach und Jan den Prozess und überprüfen, wie es den anderen Teilen damit geht und wie die nächsten Schritte aussehen könnten. Der Macher, dem es um Befriedigung, Fortschritt und Selbstwirksamkeit geht, ist zufrieden, wenn Jan etwas in seinem direkten Umfeld bewegt. Er kann entspannen, wenn Jan sich wieder mehr um die Mitarbeiter kümmert und sich im Konflikt mit dem Vorgesetzten weniger aufreibt. Der Macher hat auch keine Bedenken, wenn Jan sich mehr Zeit für die musische Seite nimmt, denn er kann anerkennen, dass sie eine ganz besondere Qualität von Zufriedenheit bewirkt. Die Zerrissenheit zwischen den ursprünglichen Polen Macher und Menschenfreund hat sich gelöst. Da sie letztlich ähnliche Interessen und Werte verfolgen, müssen sie nicht mehr gegeneinander kämpfen. Der Moment, in dem Jan den Schmerz des so lange verbannten musischen Teils wahrgenommen hat, erweist sich als entscheidender Wendepunkt. Das zu spüren, hat etwas geklärt und innerlich entlastet. Nun kann auch die Vernunft wieder wirksam werden. Jan merkt, dass er sich nicht sofort entscheiden muss. Viel sinnvoller ist es, noch ein oder zwei Jahre zu warten, die Entwicklungen zu beobachten – möglicherweise ergibt sich auch ein Chefwechsel – und erst dann zu entscheiden. Und in der Zwischenzeit das umzusetzen, was ihm wichtig und möglich ist.

9.2 Innerer „Familienrat“ bei Entscheidungen

Wenn große Entscheidungen anstehen, lohnt es sich, aus einer selbstnäheren Perspektive darauf zu schauen und die widerstreitenden Stimmen genauer zu befragen. Gerade um die, die übertönt werden, von den Folgen aber doch sehr betroffen sein könnten, sollte man sich kümmern. Im Grunde gilt hier auch für die innere Familie die berühmte „Abt-Regel“ des Heiligen Benedikt (2001). Der Begründer des Benediktinerordens sagte: „Bei wichtigen Fragen muss der Abt jeden hören, auch den kleinsten Küchenjungen, aber dann muss er selber abwägen und entscheiden.“

Wie beim Familienrat muss man alle Betroffenen versammeln und jeden Einzelnen befragen, was er dazu meint. Im Selbstdialog sind das die bekannten Fragen: Was ist die Perspektive des Teils? Wofür setzt er sich ein, was ist ihm wichtig? Welche Befürchtungen bestehen und warum wäre das so schlimm? Was muss bei einem nächsten Schritt berücksichtigt werden? So eine innere „Versammlung“ braucht Zeit und Konzentration. Aber es lohnt sich, weil vieles dadurch klarer wird und man sich wesentlich sicherer fühlt.

Um Zugang zu einem abgelehnten Teil zu bekommen (bei Jan: zum Menschenfreund), muss der mit diesem polarisierten Teil zurücktreten (bei Jan: der Macher). Ein Dialog zwischen zwei polarisierten Anteilen ist nicht wirksam und ähnlich zermürbend und unergiebig, wie die alltäglichen, automatischen Selbstgespräche, die wir bei innerer Zerrissenheit kennen. Die miteinander im Widerstreit liegenden Teile müssen beide gehört und verstanden werden, deshalb muss man sich jedem Teil einzeln zuwenden. Idealerweise beginnt man mit der Stimme, die am lautesten oder am drängendsten ist – in dem Wissen, dass in einem nächsten Schritt die andere erforscht wird. Wenn man im Coaching, wie bei Jan, einen Teil bittet zurückzutreten, um den anderen zu erforschen, muss sicher sein, dass dieser später gehört wird. Auch die Zusicherung ist hilfreich, dass Zuwendung und Verständnis für die Bedürfnisse und Befürchtungen eines Teils nicht gleich bedeuten, eine Entscheidung zu treffen. Bei einer inneren Polarisierung entstehen neue Optionen oft erst dann, wenn sich die gegenseitig bekämpfenden Teile gesehen, verstanden und anerkannt fühlen.

9.3 Wechselwirkungen

Gerade in Entscheidungsprozessen ist es wichtig, sich zu vergegenwärtigen, dass wir oft innerlich in Resonanz sind mit dem Erleben des anderen. Die Verführung, mit Ratschlägen und der eigenen Erfahrung zu „unterstützen", ist umso größer, je heftiger der Druck des anderen und je größer der eigene Erfahrungsschatz in diesem Feld sind. Nun ist inhaltliche Beratung manchmal wichtig, vor allem, wenn eine Person manche Erfahrungen zum ersten Mal macht oder ihr wichtige Informationen zu möglichen Konsequenzen tatsächlich fehlen – wie etwa rechtliche Folgen oder medizinische Möglichkeiten. Wann und wie stark man inhaltlich eingreift, will jedoch sorgfältig abgewogen und mit dem Ratsuchenden abgestimmt sein.

Ob als Coach, Freundin, Freund oder Kollege: In der Begleitung einer Person ist es wichtig zu bemerken, welche eigenen Anteile anspringen. Hat man etwa selbst gerade mit dem Thema zu tun oder einen starken Helferanteil, der das Dilemma des anderen kaum aushält, wird man schnell verleitet, mit konkreten Hinweisen die Not zu lindern oder eine Richtung deutlich zu unterstützen. Oder, wenn der eigene Erfahrungsschatz begierig angezapft wird, kann es schwierig werden, sich angemessen zu positionieren. Es ist entscheidend, sich die eigenen Beweggründe bewusst zu machen und bei inhaltlichen Hinweisen vorher zu klären, ob sie erwünscht sind und deutlich zu machen, weshalb man sie gibt und woher diese kommen. Zum Beispiel: „Würde es dich interessieren, wie ich die Situation einschätze, um hier mehr Klarheit zu bekommen?" Oder: „Magst du hören, welche Erfahrungen ich oder andere hier gemacht haben?" Und: „Meine Gedanken und Erfahrungen dazu sind subjektiv und begrenzt – und ich könnte mich auch total irren. Letztlich musst du sorgfältig spüren und prüfen, was davon dir Sinn macht."

9.4 Innerer und äußerer Druck

Unter Zeitdruck ist Orientierung noch herausfordernder. Das kann an der realen äußeren Situation liegen – dass etwas zu einem bestimmten Zeitpunkt umgesetzt oder entschieden sein muss –, aber auch die eigenen Muster können den Druck erhöhen. Manche Menschen haben Anteile, die gerne etwas aufschieben oder erst dann zur

Hochform auflaufen, wenn es eng wird. Andere können es vor Ungeduld oder wegen ihrer „Anpacker-Mentalität" schlecht aushalten, Fragen länger in der Schwebe zu halten.

Äußerer Zeitdruck ist eine Dimension, der wir nicht ausweichen können. Zeitliche Fristen machen den Raum für Entscheidungen oft sehr viel enger. Wenn man nur noch wenige Tage Zeit hat, um bei einer Bewerbung, einem bald startendem Projekt oder einer interessanten neue Rolle zuzusagen, steigt der innere Druck. Auch die Ungeduld oder gar Ärger mit sich selbst, ein „Du musst dir jetzt endlich klar werden!", wirkt druckverstärkend. Es hilft schon, nicht länger gegen das Druckgefühl anzukämpfen und stattdessen zu versuchen, dem Druck, der Unklarheit und damit sich selbst gegenüber verständnisvoller und annehmender zu sein. Mit etwas mehr innerem Abstand, und sei es auch nur für ein paar Minuten, wird es leichter, interessiert, offen und neugierig nach innen zu horchen und die inneren Stimmen oder Impulse genauer zu erkunden.

Wichtig ist auch zu klären, ob die enge Zeitdimension wirklich äußerlich ist oder ob der Druck eher von innen kommt.

Dafür ein Beispiel:

David hat seit einigen Monaten eine attraktive Stelle als wissenschaftlicher Assistent und damit sechs Jahre Zeit für seine Dissertation. Doch die anfängliche Begeisterung ist angesichts der zunehmenden Unklarheit über Umfang und genaue Ausrichtung der Forschungsarbeit einer ziemlichen Ernüchterung gewichen. Jetzt kommen die ersten größeren Herausforderungen mit Terminen, zu denen er das Thema auf Tagungen präsentieren und kleinere Artikel veröffentlichen muss. David fühlt sich zunehmend verunsichert. Als er sich dann am Schreibtisch häufiger dabei ertappt, dass er in die Luft starrt und sich richtiggehend blockiert fühlt, fängt er an, die wissenschaftliche Laufbahn grundsätzlich infrage zu stellen. Hinzu kommen noch Schlafstörungen und Selbstzweifel, sodass sich die Gedanken immer häufiger darum drehen, das Ganze abzubrechen und einen anderen Berufsweg einzuschlagen.

David fühlt sich zwischen zwei Wegen gefangen. Er fragt sich, ob er die Zweifel beiseiteschieben und die anstehenden Arbeiten engagiert angehen soll oder ob er lieber die Dissertation früh genug abbrechen soll, um nicht noch mehr Zeit auf einem falschen Weg zu verlieren. Der subjektive Zeitdruck wird so immer größer. Ein guter älterer Freund der Familie, dem er sich anvertraut, empfiehlt ihm, den Zeitpunkt einer Entscheidung nicht mit den anstehenden Terminen zu verknüpfen. Sein Vorschlag lautet: David gibt sich ein halbes Jahr Zeit, den eingeschlagenen Weg konsequent zu verfolgen. Erst danach greift er die grundsätzliche Frage wieder auf. In Davids Augen macht das Sinn, denn eine so grundlegende Entscheidung sollte er besser nicht wegen des aktuellen Drucks oder aus seinem derzeitigen Unwohlsein heraus treffen; später könnte er es bereuen. Zudem könnten ihm erst seine Erfahrungen mit den bevorstehenden Vorträgen und Veröffentlichungen eine bessere Selbsteinschätzung ermöglichen. Vorläufig entscheidet er deshalb, noch ein halbes Jahr lang engagiert dranzubleiben. Relativ schnell spürt er Entspannung und deutlich mehr Leichtigkeit für die anstehenden Aufgaben.

In verschiedenen Lebenslagen kann es hilfreich sein, einen der möglichen künftigen Wege für einen gewissen Zeitraum konsequent zu leben. Etwa wenn ein Paar oder einer der beiden Partner zunehmende Zweifel an der Beziehung hat, kann man eine Trennung auf Zeit vereinbaren und in diesen drei oder sechs Monate genauer spüren, wie sich das anfühlt.

Wenn man die Illusion hegt, man könne das Problem lösen oder die richtige Entscheidung treffen, indem man nur tief genug darüber nachdenkt, ist es wichtig, sie loszulassen. Erst dann kann man wieder genauer fühlen, was einer der beiden Wege bedeuten würde. Das gilt natürlich besonders für den neuen Weg. Aber auch, wenn man vorübergehend für eine selbstgesetzte Frist beim Status quo bleibt und Ähnliches erlebt wie davor, ist es dennoch anders: Wenn der Druck weg ist, dass bestimmte Erfahrungen sofort eine Konsequenz haben müssen, kann man viel genauer hin spüren, womit man im Kern unzufrieden, unglücklich oder angespannt ist. Auch ist es befriedigend, dass man eine Entscheidung getroffen hat, wenn auch nur für ein paar Monate.

Genau betrachtet müssen viele größere Entscheidungen – etwa über eine berufliche Laufbahn oder einen Wohnort – nicht für alle Ewigkeit getroffen werden, auch wenn es sich so anfühlen mag. Im Lauf der Zeit ergeben sich oft neue Möglichkeiten und auch neue eigene Sichtweisen, die man zum Zeitpunkt eines Entschlusses noch gar nicht berücksichtigen kann. In unterschiedlichen Lebensphasen stehen andere Werte im Vordergrund und es ist wichtig zu wissen, dass sich die innere Orientierung auch einmal unvorhergesehen ändern kann. Bei größeren „Lebensfragen“ ist diese Perspektive entlastend.

Eine Architektin beispielsweise hat im Verlauf des letzten Jahrzehnts mehrere grundlegende Entscheidungen getroffen: Erst machte sie sich selbstständig und gab dafür eine attraktive Position mit langfristigem Arbeitsvertrag auf. Inzwischen ist sie in ihrer Selbstständigkeit sehr erfolgreich, sucht jetzt aber wieder nach einem Umfeld, in dem sie erneut intensiv mit anderen zusammenarbeiten kann – gern auch wieder im Rahmen einer Anstellung. Dies mag Außenstehenden widersprüchlich erscheinen, vor dem Hintergrund eigener Entwicklungen macht es jedoch Sinn: Die Selbstständigkeit war Ausdruck dafür, dass für sie, nachdem die Kinder erwachsen waren, das Thema Sicherheit an Bedeutung verloren und der kreative, eigenverantwortliche Selbstausdruck in der Anstellung nicht genügend Raum hatte. Es war zwar schwer, die Unsicherheit der Selbstständigkeit in den ersten Jahren auszuhalten, aber inzwischen ist sie sehr gefragt und gut im Geschäft. Jetzt bemerkt sie allerdings, dass ihre kreative Leichtigkeit wieder zu kurz kommt. Sie fühlt sich etwas einsam in ihrem Erfolg, und ihr Bedürfnis nach freundschaftlich-kollegialem Kontakt und Austausch kommt spürbar zu kurz. Es ist dieser Wert der Mitmenschlichkeit, der jetzt zu der neuerlichen Umorientierung geführt hat.

9.5 Somatische Marker helfen bei Entscheidungen

Wenn wir Menschen fragen, wie sie vorwiegend entscheiden – aus rationalen Überlegungen heraus oder eher intuitiv –, dann hören wir so gut wie immer: „Aus dem Bauch heraus." Oder: „Auch wenn ich viel darüber nachdenke, Listen mache, mit anderen rede – plötzlich weiß ich einfach, was richtig ist." Und: „Ich bin eigentlich sehr rational und überlegt – aber bei wichtigen Entscheidungen frage ich vor allem mein Gefühl." Auch Daniel Goleman zitiert in seinem Klassiker *Emotionale Intelligenz* (1996) eine Untersuchung mit erfolgreichen Top-Führungskräften zu ihrer Art des Entscheidens, die dies bestätigt: So gut wie alle folgen ihrer Intuition – und die wenigen, die behaupten, strikt rational zu entscheiden, räumen ein, dass sie jede wichtige Entscheidung auch emotional überprüfen. Unsere Entscheidungen beruhen immer auf unserem emotionalen Erfahrungsgedächtnis! Das heißt nicht, dass man sich das Nachdenken sparen könnte – im Gegenteil: Das, was die meisten ohnehin mit „Herz und Verstand" tun, können wir noch bewusster nutzen. Wenn wir beim Reflektieren und Denken bewusst bei den Gedanken verweilen, sie näher erkunden und dabei beobachten, was die körperliche Resonanz darauf ist, können wir klarer fühlen, was uns wichtig oder weniger wichtig ist.

Dazu ein einfacheres persönliches Beispiel:

Vor Jahren erhielten wir im Januar eine Einladung zu einer Konferenz in den USA und waren sehr hin- und hergerissen. Der Termin lag in einer für uns „frei" geblockten Zeit im Juni und es war ein glücklicher Zufall, dass wir dadurch die Zeit hätten hinzufliegen, was uns in mehrfacher Hinsicht reizte. Wir waren drauf und dran zuzusagen und die Flüge zu buchen, aber dann zögerten wir die Entscheidung hinaus. Ein diffuses Gefühl hielt uns zurück und wir kamen zeitlich zunehmend unter Druck. Beim Sprechen über das Thema und beim Abwägen der Vor- und Nachteile fanden wir keine Lösung.

Dann entschieden wir uns, die beiden Szenarien – hinfliegen oder zu Hause bleiben – in der Fantasie emotional durchzuspielen. Wir tauchten erst in das eine, dann in das andere Szenario ein, möglichst bildhaft und fühlend, mit allem, was an voraussichtlichen Erfahrungen, Vorteilen, Handlungen, Verlusten usw. mit der jeweiligen Entscheidung verbunden wäre. Einer von uns erzählte dem anderen erst das Szenario „Konferenz in den USA" und dann „freie Zeit zu Hause haben", danach wurde gewechselt. Wir stimmten uns darauf ein, beide Varianten achtsam durchzuspielen – also möglichst genau wahrzunehmen, was von Moment zu Moment innerlich auftaucht. In diesen etwa 15 bis 20 Minuten spürten wir, wie klar es im Grunde genommen war, was uns aktuell wichtig(er) war. Bei der Vorstellung, alte Freunde in den USA zu sehen, gab es ein freudiges Gefühl im Bauch und Herzbereich, auch eine positive Aufregung bei der Perspektive, auf der Konferenz einen interessanten Beitrag zu leisten. Aber insgesamt fühlte es sich doch etwas eng an, auch der Atem wurde flacher. Beim Szenario, zu Hause zu bleiben, entstand ein entspanntes, offenes Gefühl in der Brust, als würde sich das Blickfeld weiten und erhellen. Die Vorstellung, Zeit zu Hause zu haben, ließ uns tief durchatmen und war mit einer freudigen, fast schon sehnsüchtigen Aufregung verbunden. Diese Gefühle blieben in den nächsten Stunden konstant, sodass wir die gewünschte Orientierungshilfe für die Entscheidung hatten. Wir würden nicht fliegen und die Zeit für unser ursprüngliches Vorhaben nutzen: Urlaub in der schönen Jahreszeit am See vor der Haustür zu machen. Es war so rasch so klar, auch verblüffend unerwartet. Im Nachhinein könnte man sagen: Unser beider emotionales Erfahrungsgedächtnis hatte uns mit dem Hinauszögern der Entscheidung schon gewarnt – ohne dass uns bewusst war, warum.

Gerade bei größeren Entscheidungen – etwa einem Jobwechsel oder Hauskauf – kann es sehr hilfreich sein, die denkbaren Szenarien emotional spürbar und möglichst anschaulich durchzuspielen. Auch während man mit jemandem darüber spricht, können Körpersignale klare Hinweise über die eigene Gefühlslage und Bedürfnisse geben. Ein Loslassen oder subtiles Anspannen im Körper, der Atemfluss, ein Gefühl von Weite und Weichheit oder Enge und Druck im Körper, eine freudige Aufregung oder ein eher unangenehmes Bauchgefühl – dies alles können wertvolle Hinweise dafür sein, dass sich etwas stimmiger anfühlt. Die entsprechenden Körperempfindungen können bis dahin weniger deutlich wahrgenommene Befürchtungen oder Interessen in den Fokus bringen. Sie können auch aufzeigen, was bei der Entscheidungsfindung noch genauer betrachtet und überprüft werden will. Im gleich folgenden Abschnitt zum Selbst-Coaching beschreiben wir ausführlicher, welche Schritte sinnvoll sind, um für sich selbst eine achtsame Zukunftsprojektion mit Lösungsszenarien durchzuführen und wie sich dabei emotionale und rationale Vorgehensweisen in einer strukturierten Form gut miteinander verbinden lassen.

Wir wollen nicht implizieren, dass man einseitig intuitiv und emotional entscheiden sollte. Intuition kann sich auch irren! Deshalb sollten wir uns bei wichtigen Entscheidungen nicht nur auf spontane Vorlieben oder Abneigungen verlassen. Daniel Kahnemann hat in seinem Buch *Schnelles Denken – langsames Denken* eindrücklich nachgewiesen, dass das von ihm „System 1" genannte intuitive Denken zwar schnell, aber fehleranfällig ist. Die Schnelligkeit spart Zeit und ist dadurch ökonomisch, aber dieses System kontrolliert sich normalerweise nicht selbst. Wenn wir achtsam genug sind, bemerken wir vielleicht: Gerade wollen wir intuitiv und schnell etwas entscheiden, laufen damit aber Gefahr, falsch zu liegen. Dann können wir uns bremsen. Wir sollten im Blick haben, dass bei wichtigen Entscheidungen ein sorgfältiges Abwägen sinnvoll ist. Dieses langsame, sich informierende, differenziert logisch berechnende Denken nennt Kahnemann „System 2". Wir alle haben Persönlichkeitsteile, die stark von einem dieser beiden Denksysteme geprägt und gesteuert sind: schnelle Anpacker, intuitive Freigeister oder ungeduldige Teile auf der einen und Zweifler oder Sicherheitsbedürftige auf der anderen Seite. Es kann immer hilfreich sein, sich bewusst zu machen und zu unterscheiden, ob die inneren Impulse von dominanten Persönlichkeitsteilen stammen oder auch mit nüchternem Abstand gesehen vernünftig sind und ihre Berechtigung haben.

Weil das schnelle, assoziative System-1-Denken eher die Norm ist, kann es sich lohnen, sich mal hinzusetzen, Papier und Bleistift zur Hand zu nehmen, sich gründlich zu informieren und folgerichtig alles durchzudenken, bevor eine schwierige Entscheidung gefällt wird. Da ist es durchaus sinnvoll, unseren analytischen und rationalen Anteilen gebührenden Raum zu geben und ihre Qualitäten zu nutzen.

Wirkfaktoren für Veränderung

Unsere Körperwahrnehmung und die somatischen Marker bieten uns wertvolle richtungsgebende Hinweise und Orientierung. Wenn wir nicht mehr über die Probleme und Optionen nachdenken, sondern mehr nach innen und zum Körper hin spüren, entsteht oft mehr Klarheit als über das Nachdenken allein.

Die tiefer liegenden Überzeugungen, Befürchtungen und Interessen von Persönlichkeitsteilen wollen bei wichtigen Entscheidungen gesehen und anerkannt werden. Wenn wir erkennen, was berücksichtigt werden will, klären sich viele Unsicherheiten, und Widerstände lösen sich leichter auf.

Polarisierte Teile, die in unterschiedliche Richtungen drängen, haben oft gemeinsame Interessen. Wenn das Gemeinsame wahrgenommen wird, entstehen neue Optionen.

9.6 Orientierung und Entscheidung in Coaching und Selbst-Coaching

Selbst-Coaching

Ein Dilemma oder einen Entscheidungsprozess näher erforschen

Zweck:	Bei einem Dilemma, einer Neuorientierung oder in einem Entscheidungsprozess mithilfe somatischer Marker weiterkommen
Grobstruktur:	Verschiedene mögliche Zukunftsszenarien in der Fantasie durchspielen, Körperreaktionen und Gefühle deutlicher wahrnehmen und diese zur Entscheidungshilfe nutzen. Papier und Stift.
Zeitbedarf:	30 bis 40 Minuten

Zukunftsprojektion mit somatischen Markern

Du kannst diese achtsame „Forschungsreise" für fast jede anstehende Entscheidung nutzen – sei es für einen Jobwechsel, ein neues Projekt oder eine größere Lebensentscheidung. Das hier vorgeschlagene Vorgehen, das für das Erkunden der emotionalen und rationalen Aspekte eine gewisse Struktur bietet, kann natürlich deinen Vorlieben entsprechend abgeändert, gekürzt oder ergänzt werden. Ein Ergebnis dieser Reflexion kann sein, dass du dich bewusster orientieren und die nächsten Schritte mit mehr Klarheit gehen kannst. Bei komplexen und „größeren" Entscheidungen kann eine Wiederholung dieser Reflexion in mehreren Schritten die Entscheidungssicherheit erhöhen.

1. Versuche zuerst, den emotionalen Ausgangspunkt zu erfassen. Lass dich mit einem Gefühl von innerer Weite, Neugier und in einem achtsamen Zustand zu der anstehenden Entscheidung hin fühlen. Wenn du dich darauf ausrichtest, was spürst du spontan? Welche Gefühle, Stimmungen, inneren Bilder tauchen auf? Was bemerkst du dabei im Körper? Was vermitteln dir diese Signale (z. B. über deinen Zustand, deine Gefühle, Ihre Einstellung usw.)? Was sind subtilere oder untergründige Gefühle? Bleib dabei und spüre nach, ob sich noch mehr zeigt. Notiere alles, was du wahrnehmen kannst, ohne jetzt weiter darüber zu reflektieren. Schreib alles auf, was in diesen ersten Minuten spontan auftaucht, ohne es zu zensieren. Du kannst die Gefühle und Gedanken später näher betrachten.

2. Nimm dir als Nächstes Zeit zu reflektieren, was du schon weißt und was deine Gedanken, Überlegungen und Vorstellungen sind. Versetze dich auch für diesen Schritt in einen innerlich weiten, offenen, unvoreingenommen Zustand und nimm dann die Frage deiner Entscheidung in den Mittelpunkt deiner Aufmerksamkeit. Was weißt du über die Hinter-

gründe dieser bevorstehenden Entscheidung? Warum steht hier eine Entscheidung an? Was verfolgst du damit, was treibt dich an? Wovon willst du weg? Welche Entscheidungsmöglichkeiten fallen dir spontan ein? Schreib deine Ideen auf, ohne sie zu bewerten. Betrachte diese Entscheidungsrichtungen eine nach der anderen. Was sind deine Wünsche, Hoffnungen oder Interessen? Wen betrifft die Entscheidung noch, außer dir selbst? Wer würde mitreden und / oder berücksichtigt werden wollen?

3. Formuliere nun so konkret wie möglich die für dich am ehesten denkbaren Zukunftsszenarien. Gib jeder Entscheidungsmöglichkeit eine ansprechende Überschrift. Zum Beispiel Option A: „Ich bleibe bei dem, was ich habe und nutze die Zeit folgendermaßen ..." Option B: „Ich kündige und suche gezielt nach ..." Option C: „Ich warte bis Ende des Sommers mit einer Entscheidung." Option D: „Ich gebe meine Rolle in diesem Projekt auf." Nimm dir einen Moment Zeit zu reflektieren, ob alle dieser Szenarien ernsthaft infrage kommen oder nicht. Überlege dir dann, in welcher Reihenfolge du die Varianten A, B, C und D betrachten möchtest.

4. Überlege dir: Was könnte, nachdem du die Entscheidung getroffen hast, in der Zukunft ein realistischer Zeitpunkt sein, an dem du dann die Konsequenzen dieser Entscheidung so lange erlebt haben wirst, dass du gut abschätzen kannst, wie es dir damit geht? Bei kleineren Veränderungen oder Entscheidungen sind das vielleicht ein paar Wochen oder Monate, bei größeren Lebensentscheidungen eher ein halbes Jahr oder länger.

5. Nimm dir nun in etwa 15 bis 20 Minuten Zeit für eine achtsame Erkundungsreise der jeweiligen Entscheidungsvariante. Spiel das erste Szenario (Entscheidung A) durch. Stell dir vor, du hast die Entscheidung A getroffen. Tauche so konkret wie möglich in die zukünftige Situation ein. Was bemerkst du dabei? Wie fühlst du dich mit der Entscheidung? Was ist mit dieser Entscheidung jetzt angenehm, attraktiv, entlastend? Was gewinnst du mit diesem Schritt? Was ist mehr ins Leben gekommen? Was fühlt sich belastend, bedrückend oder schwierig an? Was verlierst du oder was hast du aufgegeben? Welcher Teil reagiert freudig, entspannt oder angespannt, besorgt? Gibt es Anteile, die nun mehr zurückgetreten oder stärker in den Vordergrund getreten sind? Wie fühlt sich das an, was taucht da jeweils auf?
   Währenddessen ist wichtig, dass du beim Szenario A bleibst und dich nicht ablenken lässt. Wenn Gefühle oder Impulse auftauchen, die gegen diese Variante A sprechen, bemerke und notiere diese. Insbesondere, wenn es irgendwelche Einwände gibt oder sogar ein klares „Nein" gegen diese Variante auftaucht. Untersuche diese Widersprüche noch genauer. Was genau an Szenario A ist unangenehm? Was würde es für dich bedeuten, wenn du mit dieser Entscheidung lebst?
   Oft werden hier weitere, vorher möglicherweise verdeckte Motive für ein anderes Szenario deutlich. Es dauert eine gewisse Zeit, bis sich diese klarer zeigen, sei also geduldig. Schreib alle Wahrnehmungen auf.

6. Fahre dann in gleicher Weise fort mit Szenario B. Spiele auch hier das Szenario mit allen relevanten Zeitperspektiven möglichst real und konsequent durch. Stell dir so plastisch wie möglich vor: „Diese Entscheidung habe ich getroffen, jetzt lebe ich damit, so fühlt es sich an, so wirkt sie sich aus ..." Verweile auch hier bei möglichen Widerständen oder Einwänden, die gegen Szenario B sprechen, und erforsche diese genauer. Bleibe in einer neugierigen, offenen Haltung. Jeder Vorbehalt, wenn du dabei achtsam verweilst, kann dir weitere Hinweise bieten, die für Variante A (oder auch C oder D) sprechen. Auf diese Weise wird es möglich, dass du weitere wesentlichen Bedürfnisse oder Interessen deutlicher wahrnehmen kannst.
   Achte weiterhin auf körperliche Reaktionen, während du dies innerlich durchspielst. Wo wird im Körper etwas enger, wo etwas weiter? Wann atmest du tiefer und gelöster durch, wann spannt sich etwas an?

7. Zum Abschluss kannst du und ein zweites Mal, nachdem du eine Nacht darüber geschlafen hast, deine Notizen betrachten, die Eindrücke in einer Art Gesamtschau auf dich wirken lassen und auswerten: Was ist dir bewusster geworden? Was muss auf jeden Fall berücksichtigt werden? Möglicherweise hat sich deine Entscheidung klarer herauskristallisiert, oder du erkennst, welche Aspekte noch geklärt werden müssen: Mit wem du noch sprechen, welche Informationen du noch einholen, was du noch in Erfahrung bringen oder auch einmal ausprobieren müsstest.

8. Wenn du während des „Durchlebens" der Szenarien den Eindruck hast, dass ein bestimmter Persönlichkeitsteil eine entscheidende Rolle spielt, zum Beispiel weil er starke Bedenken hat, kannst du dessen Befürchtungen und Interessen im Selbstdialog näher erforschen.

Eine Variante kann sein, dich für jedes Szenario auf einen anderen Stuhl zu setzen oder auf einen anderen gekennzeichneten Platz zu stellen. Stuhl A für Entscheidung A, Stuhl B für Entscheidung B. Oder Entscheidung A ist ein Platz beim Fenster, Entscheidung B an der Tür usw.

Entscheidend sind dabei die Körperempfindungen, die sogenannten somatischen Marker. Wenn du beim achtsamen Spüren eines Zukunftsszenario merkst, dass es sich nicht kraftvoll und motivierend anfühlt, dann ist klar, dass der Entscheidungsprozess noch nicht abgeschlossen werden kann.

Bei einer Entscheidung müssen wir uns in der Regel auch gegen etwas entscheiden, wir verlieren auch etwas. Es ist in der Zukunft leichter, mit einem Verlust zu leben und diesen anzunehmen, wenn wir ihn in der Fantasie bereits erlebt haben und er so kalkulierbarer wird. Aber vor allem ist durch die differenzierte Arbeit mit Zukunftsszenarien noch deutlicher geworden, was wir mit dem Neuen gewinnen können.

Coaching

Aufstellen von Teilen mit Bodenankern

Wenn es viele innere Widersprüche gibt, der Überblick fehlt oder die innere Arbeit mit Persönlichkeitsteilen schwerfällt, sind Externalisierungsmethoden unterstützend. Sie helfen, klarer wahrzunehmen und zu erkennen, was innerlich angesichts einer Entscheidung, eines bestehenden Konflikts, einer schwierigen Person oder einer herausfordernden Aufgabe ausgelöst wird. Das Externalisieren kann zu mehr Übersicht beitragen, wer und was bei einer spezifischen Aufgabe alles innerlich mitredet. Beim Aufstellen von Persönlichkeitsteilen platzieren Klienten sogenannte Bodenanker (z. B. Moderationskarten oder Gegenstände) für sich selbst, für die Herausforderung und für ihre inneren Stimmen oder Anteile. Die Wahrnehmung für die Zusammenhänge im räumlich-symbolisch aufgestellten System geschieht primär über die Körperempfindungen. Klient und Coach erhalten dabei ein klareres, fühlbares „Bild" wesentlicher innerer Beziehungen und Zusammenhänge. Das Verkörpern von inneren Stimmen, Impulsen und Gefühlen bringt vorher oft unbewusste, implizite Informationen ans Licht und bietet zugleich eine tiefere Erfahrungsebene.

Ein Beispiel:

Die konkreten Schritte beim Externalisieren von Persönlichkeitsteilen möchten wir am Beispiel einer Folgesitzung im Coaching mit Peter aufzeigen. Er hat sich inzwischen bei einem Start-up-Unternehmen im Bereich erneuerbare Energien als Geschäftsführer beworben und die Chancen stehen sehr gut, dass er den Job bekommt. Neben der Lust auf die neue Aufgabe gibt es allerdings auch die Sorge, ob er sich damit nicht übernimmt. Er schwankt stark hin und her und wünscht sich mehr Klarheit, um dann mit einem guten Gefühl entscheiden zu können. Wir stimmen ab, genauer zu erkunden: „Wie stehe ich zu diesem Angebot?" und dafür die räumliche Orientierung im Raum zu nutzen.

Das Folgende ist eine gekürzte und nicht ganz vollständige Zusammenfassung, nicht alle vorbereitenden Schritte und Kommentare von Peter und vom Coach werden beschrieben. Wichtig ist, dass Klienten zur Vorbereitung etwas über die repräsentierende Wahrnehmung erfahren und häufig werden sie angeregt, den Coach an die entsprechenden Plätze zu stellen. Der Einfachheit halber haben wir hier darauf verzichtet.

COACH: „Hier … *(zeigt auf die freie Fläche des Raums)* ist der Raum für die Aufstellung, die wir gleich machen. Die verschiedenen Anteile, die bei deiner Entscheidung eine Rolle spielen, wirst du hier in diesem Raum verorten, so wie wir das eben abgesprochen haben. Und das ist deine Frage (zeigt auf ein Papier mit seiner Frage an einer Pinnwand) „Wie stehe ich zu diesem Angebot?" Lass dich körperlich wahrnehmen, wo du mit dieser Frage hier im Raum stehst … Lass dich dabei von deinem Körper führen. Gut ist, wenn du den gesamten Raum siehst und ein Gefühl für diesen Raum hast. Wo ist dein Platz mit dieser Frage? … Wie nah, wie weit weg …? Wo stehst du?

PETER: *(Stellt sich in das hintere Drittel des Raums, die Pinnwand mit der Frage ist ca. ein Meter hinter ihm; er richtet seinen Blick schräg nach vorne in Richtung Tür.)*

COACH: Gut, dann legen wir die Karte für „Peter" hier an deine Fußspitzen. Das markiert deinen Platz – wie ein Anker am Boden, zu dem du immer wieder zurückkehren wirst. Wenn du jetzt in den Raum hineinspürst, -horchst, -schaust, wo könnte das „Angebot Geschäftsführer im Start-up sein" sein? Lass dich und dein Körper mal loslaufen und spüren, wo das Angebot steht und wo es hinschaut …

PETER: *(Wandert langsam und achtsam nach innen gewandt in Richtung Tür und positioniert sich ca. drei Meter entfernt von seinem Platz – mit Blick dorthin.)*

COACH: *(Legt die Karte „Angebot GF im Start-up" auf diesen Platz.)* Gut, dann geh zurück auf deinen Platz und ich stell mich kurz auf den Platz des Angebots. Spüre du nach, was dann in dir und in deinem Körper als Erstes reagiert.

PETER: Lust auf was Neues. Da ist ein ganz starker Zug!

COACH: Okay. Was ist das denn für eine Lust? Kennst du diese Seite von dir und wie würdest du sie nennen?

PETER: Das ist so ein fantastisches Produkt. Ich hab' richtig Lust darauf, was sinnvolles zu machen. Wo es nicht um Alltagsmaschinen geht, sondern wo Innovationen für einen besseren Umgang mit der Umwelt entstehen.

COACH: Wer oder was in dir hat diese Lust, einen sinnvollen Beitrag zu leisten?

PETER: Hmm … Das ist schon ein Teil von mir mit hohen Werten, der Menschen mit etwas Wertvollem helfen und damit einen Unterschied machen möchte.

COACH: Einsatz für etwas Wertvolles … Würdest du das so nennen?

PETER: Ja genau, „Einsatz für Wertvolles"! Das passt gut.

COACH: Dann lass dich jetzt wieder achtsam durch den Raum gehen und spüren, wo dieser Einsatz für Wertvolles im Verhältnis zu dir und zu dem Angebot der Rolle Geschäftsführung steht … Schau auch auf das Angebot und lass dich von deinem Körper führen, bis du merkst, dass das der Platz für diese Seite von dir ist …

PETER: *(Spürt für eine Weile nach, fängt an, sich in Richtung Bodenanker „Angebot Rolle GF" zu bewegen, bleibt einen knappen Meter davon entfernt auf der rechten Seite stehen, überprüft ein paar Mal, ob mehr oder weniger Abstand und auch welche Blickrichtung stimmig ist und bleibt dann stehen.)*

COACH: Gut, das scheint zu passen. Dann legen wir dahin die Karte für „Einsatz für Wertvolles".

PETER: *(Geht zurück auf seinen Platz. Er blickt wieder hin zu dem Angebot, spürt nach und sagt nach einer Weile, tief einatmend:)* Da ist gerade viel Weite, ich spüre viele Möglichkeiten … das fühlt sich gut an … Und ich spüre auch, dass es eine tolle Vorstellung ist, in einem Team etwas zusammen zu machen. Da sind noch zwei Kollegen, mit denen ich sehr eng zusammenarbeiten würde. Mein Gefühl ist, wir sind ein Team, wir können uns gut ergänzen und gemeinsam Neues entwickeln, das Produkt zum Fliegen zu bringen … *(Ein freudiges Strahlen breitet sich auf seinem Gesicht aus.)*

COACH: Und wie nennst du diesen Teil?

PETER: Das ist ein Team-Player. Über den haben wir in der letzten Sitzung schon gesprochen. Ich bin so gerne ein Teil von einem Team … „Team-Mensch", das passt!

COACH: Okay dann schreibe ich auf die Karte Team-Mensch. Und du lässt dich wieder spüren: Wo im Raum steht der Team-Mensch?

PETER: Das ist gar nicht so einfach, hmm … Ich möchte nicht nur Geschäftsführer sein, sondern auch Team-Mensch. Geschäftsführer sein und Team-Mensch, das ist wichtig … Also, hier stehe ich recht nahe beim Geschäftsführer.
(Er wandert auf die linke Seite und bleibt knapp einen Meter von der Rolle Geschäftsführer entfernt stehen, blickt in Richtung des Bodenankers mit seinem Namen Peter, nickt und geht wieder zurück an zu diesem, seinem Platz.)

COACH: Ich geh mal durch die verschiedenen Elemente, die sich bereits gezeigt haben und du spürst, was sich dann in dir meldet. Hier ist das „Angebot Rolle GF", hier der sinnvolle Einsatz und hier der Team-Mensch … *(nach kurzem Innehalten setzt er fort:)* Was meldet sich jetzt bei dir, was kannst du wahrnehmen? … Vielleicht schaust du noch mal zum Angebot und beobachtest, was auftaucht.

PETER: *(Spricht etwas zögerlich besorgt und nachdenklich)* Etwas bremst mich, aber es ist diffus …

COACH: Etwas Unsicheres in dir?

PETER: Ja, also ich merk schon eine Unsicherheit, nicht so stark, es ist eher etwas Warnendes.

COACH: Da ist deine Stimme, die dich warnt …? Ist das eine Stimme oder ein Zustand, den du kennst?

PETER: Oh ja, das kenn ich gut, etwas Zweifelndes. Kann ich das überhaupt?

COACH: Spür mal genauer hin. Wie kannst du das spüren, eher als Warner oder als Zweifler?

PETER: Ich nehme es jetzt deutlicher wahr. Es ist eine Stimme, die fragend und zweifelnd sagt: „Kann ich das wirklich, schaffe ich das?" … Es könnte mich überfordern.

COACH: Dann lass dich und deinen Körper spüren, wo du den Zweifler wahrnimmst, wie weit weg von dir, wie nah … Wo steht er, wenn du ihn außerhalb von dir positionierst? Lass dir Zeit, spür genau hin …

PETER: *(Bewegt sich langsam und zögerlich nach rechts, ein paar Schritte weiter weg. Er blickt zum Ich, zur Aufgabe und wieder zurück und bleibt dann ca. 40 cm rechts fast auf der Höhe des Bodenankers „Peter" stehen.)*

COACH: Du schaust auch ein bisschen zum Platz von Peter hin? ... *(Peter nickt.)* Okay, dann scheint der Platz jetzt zu passen?

PETER: Ja. Und ich spüre noch was anderes. Es ist eine sehr hohe Verantwortung ... Das könnte mich zeitlich auffressen.

COACH: Eine Seite, die eine hohe Verantwortung spürt, und eine, die Angst hat, dass es dich auffrisst?

PETER: Ja ..., ich will auf keinen Fall, dass mich der Job zeitlich überfordert. Ich möchte für die Familie genug Zeit und Raum haben. Mein Familien-Mensch meldet sich. Es ist der Familien-Mensch, der warnt.

COACH: Das ist dir total wichtig ... Das spürst du ganz klar. Lass dich auch für diese Seite von dir einen Platz finden.

PETER: *(Macht zwei, drei Schritte nach links, schaut zum Ich, zur Aufgabe, lässt sich einen Moment Zeit, um nach innen und in den Raum hinein zu fühlen und bleibt ca. 40 cm links vom Ich stehen. Dann wieder zurück an seinem Platz.)*
Der Zweifler und der warnende Familien-Mensch sind mir ganz nah. Ich spüre, wie sie mich verunsichern ... Es ist richtig gut, das alles so wahrzunehmen ... *(und nach einem kurzem Schweigen:)* ... Das war heute sehr wichtig!

Für die Nachbesprechung setzen sich die beiden wieder auf ihre Sessel außerhalb des Aufstellungsraums und reflektieren gemeinsam über dieses „Ist-Bild". Auf die Frage, was Peter aus dieser Erfahrung mitnimmt, sagt er, dass für ihn jetzt sehr klar sei, dass dieses Angebot genau das ist, was er sich als nächsten Schritt gut vorstellen kann. Selbst wenn er nach einem Jahr merken sollte, dass das Start-up nicht den Erfolg hat oder die Aufgabe nicht die richtige für ihn war. Er möchte diesen Schritt gehen, die neuen Erfahrungen sind ihm wichtig. Allerdings, das ist ihm auch bewusst geworden, werden die Sorgen des Zweiflers und des Familien-Menschen deshalb geschürt, weil ihm die Erwartungen der beiden Kollegen noch zu diffus sind. Er weiß nicht konkret, was genau sie sich von ihm in seiner Rolle wünschen und vor allem, ob sie einen erfolgreichen Start im Markt als primär seine oder als gemeinsame Verantwortung sehen. Davon würde er die letzte Entscheidung abhängig machen. Dem Zweifler ist wichtig, dass er nicht als Einzelkämpfer einsteigt und er sieht klar, was er aufgrund seiner Expertise beitragen kann und was nicht.

Wenn dieses Vorgehen Peter in seiner Neuorientierung nicht ausreichend weiterhilft, er sich weiterhin von der Sorge und dem Zweifel gebremst fühlen würde, könnte er sinnvollerweise die Befürchtungen und Interessen der Anteile im Selbstdialog tiefer erkunden.

Körperwahrnehmung im Raum

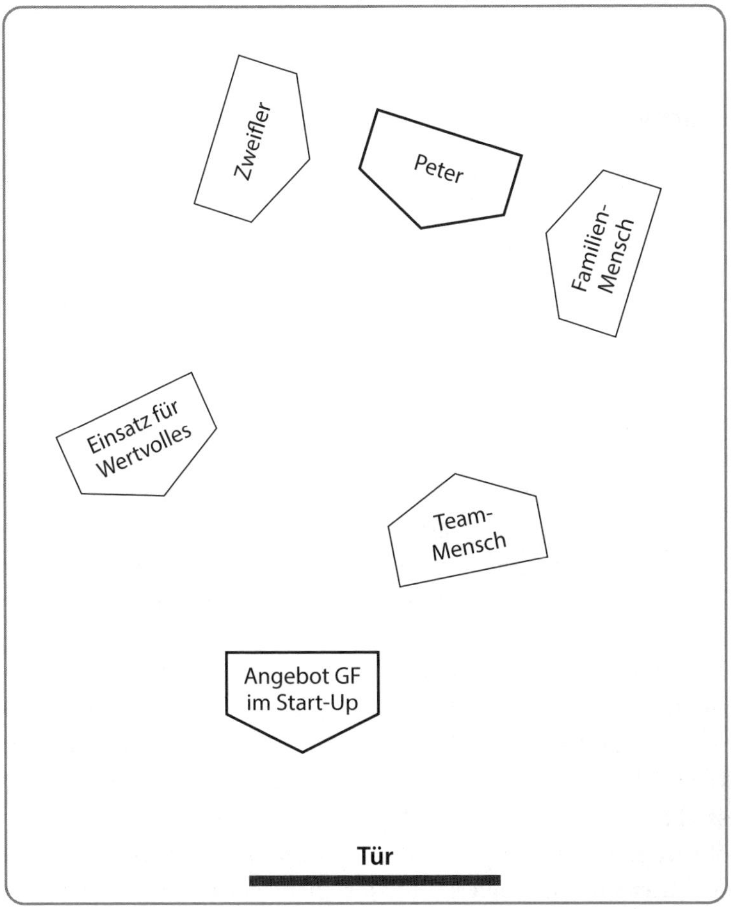

Externalisieren ist eine körperliche Erfahrung, die die Achtsamkeit von Klienten fördert und vertieft. Die Anteile schälen sich während des körperlichen Erkundens an dem Platz des Ichs mit Blick zum Bezugselement (hier „Angebot GF im Start-up“) differenzierter heraus. Aus einem diffusen Empfinden von Unsicherheit wird deutlicher fühlbar, was da reagiert. Und einer der zentralen Vorteile des Aufstellens ist es – im Rahmen der jeweiligen Möglichkeiten –, diese Reaktionen als Ausdruck eines Teils im Raum zu verorten. Da Beziehungen hirnphysiologisch mit räumlichem Empfinden verknüpft sind, werden wichtige Hintergründe zugleich sichtbar und erlebbar. Wie so oft verraten viele Redewendungen diesen Zusammenhang. Wir sagen beispielsweise „der steht mir nahe“, „der versperrt mir die Sicht“, „die steht an meiner Seite“, „sie steht hinter mir“ oder „das steht mir im Weg“. Innerlich zu spüren und von außen zu sehen, was wo steht, kann für mehr Klarheit und Orientierung sorgen. Ein Evidenzerleben entsteht, aus dem sich weitere Schritte fast wie von allein ergeben können.

Hinweise zum Vorgehen

1. Wir arbeiten im Einzel-Coaching gern mit Moderationskarten als Bodenanker. Als Coach schreiben wir die Stimmen, Teile oder Zustände auf Karten und legen sie dann jeweils an die Fußspitze des Klienten, damit sie im Raum verortet sind. Aber auch andere Gegenstände können eingesetzt werden, z.B. Klötze, Gläser, Flaschen oder auch Post-its, die man schnell und unkompliziert kleben und verschieben kann. Der Vorteil von Karten oder Blättern ist, dass man die Namen der Teile schreiben kann, bzw., wenn die noch nicht so klar sind, eine Überschrift für den Zustand, der sich da gemeldet hat.
2. Für erfahrene Berater und Coachs liegt es auf der Hand, die hier dargestellten Zugänge mit anderen methodischen Herangehensweisen zu verknüpfen. Vorgehensweisen aus Voice Dialog oder der Gestaltarbeit lassen sich hervorragend einsetzen. Wenn es für Klienten schwierig ist, Teile innerlich wahrzunehmen, sind das Verkörperlichen und das Externalisieren gute Optionen, um Kontakt zu ihnen zu finden.
3. Die Wahrnehmungsfähigkeit steigt, wenn die normale Alltagsdenk- und Redegeschwindigkeit vermindert wird. Damit Klienten achtsamer werden, spricht der Coach langsamer, baut kurze Pausen ein und lässt gut Zeit fürs sorgfältige und bewusste Erleben. Mentales Nachfragen Erklären oder Einordnen wird in diesem Prozessschritt vermieden und auf die Nachbesprechung verschoben.
4. Eine offene, experimentierfreudige und einfühlsame Haltung des Coachs lädt auch den Klienten ein, neugierig zu erforschen, was sich gegenwärtig zeigt.
5. Ein Coach sollte beim Aufstellen und Benennen der Teile den Impulsen der Klienten folgen – diese sind die Experten für das eigene Erleben.
6. Wir haben uns hier auf das Erkunden des Ist-Zustands fokussiert. Was daraus an weiteren Prozessschritten oder Handlungen folgt, wird in der Nachbesprechung abgestimmt. Wer Erfahrung mit Aufstellungsarbeit hat, kann hier natürlich auch weitere Schritte anbieten, wie das Umstellen einzelner Teile oder auch, den möglichen Zielzustand aufzustellen. Auch können wir uns als Coachs als Stellvertreter für die Elemente durch den Raum bewegen lassen. Dabei ist allerdings eine klare Trennung wichtig: Wann sind wir Stellvertreter und wann Coach? Und dafür ist schon einiges an Erfahrung notwendig.

Kontakt zum gegenwärtigen Erleben

Das Spurenlesen ist wichtig, um zu erkennen, ob Klienten tatsächlich hin fühlen oder nachdenken. Die schnelle und zielstrebige Bewegung zu einem Platz kann ein Hinweis sein, dass die Person eher überlegt und abwägt, wo eine Stimme oder ein Anteil zu verorten sein könnte oder aufgrund ihrer Vorstellungen sein sollte. Suchende, tastende, langsamere Bewegungen sind ein deutliches Zeichen, dass sie sich von Fühlen und achtsamer Körperwahrnehmung leiten lässt.

Im Beispiel von Peter helfen ihm Kontaktaussagen zum Erleben – zu seiner Unsicherheit, Klarheit und Dankbarkeit der warnenden Stimme gegenüber –, die emotionale Dimension des Anteils „Familien-Mensch“ bewusster wahrzunehmen. Die Achtsamkeit, die durch Kontaktaussagen vertieft wird, unterstützt wiederum die Klarheit beim Verorten der Teile, z. B. wie nah oder weit weg ein Teil steht.

Wirkfaktoren für Veränderung

Für Klienten bringt das Verkörpern von Elementen und des Beziehungsgeflechts zwischen Persönlichkeitsteilen bis dahin oft unbewusste, implizite Informationen ans Licht. Das Externalisieren bietet eine ganz andere Erfahrungsebene, ein intensives Evidenzerleben, woraus sich relativ schnell neue Blickwinkel ergeben.

Das sinnlich-räumliche Erleben einer Aufstellung von Teilen wird im limbischen System verankert, das für nachhaltige Lernerfahrungen zuständig ist. Die gefundenen „Erfahrungsbilder“ haben eine hohe Dichte und Erinnerungsstärke, die im Alltag kraftvoll und eindrücklich weiterwirken.

10. Wirkung und Wechselwirkung

In diesem Kapitel machen wir einen Schwenk auf die interpersonale Ebene. In den anderen Kapiteln lag der Fokus vor allem auf der intrapersonalen Ebene: Was passiert in mir und wie kann ich mich bewusster steuern? Wie andere auf uns und wie wir auf andere wirken, machen wir uns im Alltag nur selten bewusst. Es würde uns auch überfordern, wenn wir ständig darauf achten würden. Dennoch ist es hilfreich, in wichtigen Begegnungen mit anderen die Wahrnehmung dafür zu schärfen, wie wir miteinander in Resonanz oder Dissonanz sind. Da die wechselseitigen Reaktionen oft sehr schnell entstehen und subtil oder unauffällig sind, brauchen wir eine gute Wahrnehmung für das eigene gegenwärtigen Erleben sowie für das des Gegenübers.

Die Frage unserer Wirkung wird relevant, wenn sie die Interaktion mit anderen beeinträchtigt oder die Beziehung und damit das Vertrauensverhältnis darunter leidet. Unter Umständen kann eine negativ gefärbte Wirkung zu wiederkehrenden Spannungen oder Konflikten führen. Anlass für die Auseinandersetzung mit der eigenen Wirkung können auch kritische Rückmeldungen von uns nahestehenden Menschen, aber auch im beruflichen Kontext sein. Unangenehm können heikle Rückmeldungen sein, z. B. nach einem Assessment, im Rahmen eines 360-Grad-Feedbacks oder bei der Ablehnung nach einem Vorstellungsgespräch – besonders, wenn die Beurteilung von der Selbsteinschätzung abweicht. Dann kann es sich lohnen, die Ursachen unter die Lupe zu nehmen und gegebenenfalls zu erkunden, warum das Selbst- und Fremdbild auseinanderklaffen.

Bei den Hintergründen negativer Wechselwirkungen wollen wir den Fokus auf die Innenwelt legen – wissend, dass es eine Vielfalt von Ursachen für Konflikte und zwischenmenschliche Spannung gibt. Was für ein Verhalten erwartet wird und wie es bewertet wird, hängt immer auch vom Rahmen oder Kontext ab. Bereits unterschiedliche Rollenerwartungen und Interessen von Personen in einer Verhandlung können heftige Spannungen auslösen. Wenn dann noch unterschiedliche Konfliktmuster aufeinandertreffen, kann es schnell eskalieren. Auf all diese Hintergründe gehen wir nicht ein, sondern wir wollen stattdessen „unter der Lupe“ betrachten, was emotional zwischen Menschen passiert. Das ist besonders wichtig, wenn Menschen immer wieder in ähnlicher Weise in Eskalationen geraten. Wir betrachten hier die gegenwärtigen Verhaltensmuster, unabhängig vom Kontext, von Rollen und rollenbedingten Erwartungen.

Wenn wir genauer verstehen und aufmerksam dafür sind, wie andere uns sehen, wie sie sich mit uns fühlen und was wir bei ihnen auslösen, können wir ihre Reaktionen auf uns besser einordnen oder antizipieren. Wir sind eher in der Lage, Wechselwirkungen positiv zu gestalten und Spannungen auf der emotionalen, zwischenmenschlichen Ebene zu entspannen.

10.1 Selbst- und Fremdbild

Im Grunde wünschen sich die meisten Menschen, so gesehen zu werden, wie sie sich selbst sehen – und am liebsten mit den Eigenschaften, mit denen sie sich selbst bevorzugt identifizieren. Wenn Rückmeldungen nicht mit der eigenen Einschätzung übereinstimmen, wenn Selbst- und Fremdbild unterschiedlich ausfallen, kann das Verwirrung, Kränkung, Unverständnis, Abwehr und auch Ärger auslösen. Dieses Phänomen wollen wir mit dem Modell der Persönlichkeitsteile unter die Lupe nehmen und genauer erforschen.

Unsere Innenwelt reagiert immer auf das Umfeld, in dem wir uns gerade bewegen und richtet sich entsprechend aus. So fühlen wir uns in der heiteren, ausgelassenen Gesellschaft mit vertrauten Freunden etwas anders als in einer Gruppe Unbekannter auf einem offiziellen, förmlichen Empfang. Verschiedene Teile unserer Persönlichkeit herrschen zu unterschiedlichen Zeiten jeweils stärker vor. In der einen Situation könnte ein kontaktfreudiger Teil das Gespräch mit anderen suchen und in einer anderen Situation ein zurückgezogener Teil den Kontakt eher meiden. Ein junger Vater kann im Job kontrolliert und besonnen wirken, zu Hause mit den zwei kleinen Kindern aber schnell die Geduld verlieren und impulsiv reagieren. Die Rückmeldung „Du wirkst immer sehr beherrscht" trifft dann auf den beruflichen Kontext zu, wo ein kontrollierender Teil das Verhalten bestimmt. Zu Hause werden andere Teile ausgelöst, vielleicht auch welche, die tagsüber in Schach gehalten wurden. Die Ehefrau würde vermutlich eher sagen „Mein Mann ist mit den Kindern schnell gereizt und ungeduldig." Das Fremdbild fällt gelegentlich anders aus als das Selbstbild, vor allem wenn man Verhaltensweisen, die nur in bestimmten Situationen vorkommen, als weniger relevant oder bedeutsam einschätzt, als es das Umfeld tut. Oder wenn man gewisse Qualitäten an sich besonders schätzt und als eng mit seiner Persönlichkeit verbunden sieht, diese aber für andere weniger wichtig oder auffällig sind. So kann es sein, dass man selbst mit Wertschätzung auf seine loyalen und bodenständigen Teile blickt, die für die Kollegen und Kolleginnen aber nicht so vorteilhaft sind und sie die damit verbundene fehlende Flexibilität oft sogar nervt.

Es gibt noch einen weiteren Hintergrund für den Unterschied zwischen Fremd- und Selbstwahrnehmung. Weil bestimmte Facetten unserer Persönlichkeit von außen nicht erkennbar sind, können andere leicht falsche Vorstellungen über uns entwickeln. Ein Beispiel: Eine Führungskraft, die hin und wieder Ergebnisse beim Vorstand präsentiert, erhält die Rückmeldung, sie wirke souverän und selbstbewusst, aber auch etwas nüchtern. Das ist für sie verwunderlich, denn innerlich fühlt sie sich in diesen Situationen unter Druck wie auf einem Präsentierteller und ist sehr angespannt. Hier überlagert ein beschützender, starker Teil einen empfindsamen Teil so effektiv, dass die Unsicherheit von den Anwesenden nicht bemerkt wird. Während der Präsentation kann die Führungskraft zwar die Unsicherheit und Anspannung wahrnehmen, nicht aber den Teil, der den inneren Druck zu beherrschen versucht. Indem der „kontrollierende Anteil" die Nervosität so erfolgreich verbirgt und überlagert, bewirkt er, dass die Person nach außen eher sachlich-nüchtern und unangreifbar wirkt.

Auch die eigenen Annahmen oder Projektionen spielen eine wichtige Rolle bei unserem Bild von Menschen. Wie wir andere wahrnehmen und einschätzen, hat immer etwas mit uns selbst zu tun. Wie spontan und unmittelbar wir auf Menschen reagieren, was sie in uns auslösen, wie wir sie beurteilen, welche Qualitäten wir ihnen zuschreiben, liegt an unserem emotionalen Erfahrungsgedächtnis. In Sekundenbruchteilen schätzt dieses nicht nur die Situation ein, sondern vor allem auch das Gegenüber. Dabei können wir richtig oder eben auch ziemlich daneben liegen. Wir alle kennen das Phänomen, wie der erste Eindruck relativiert oder korrigiert wird, wenn man die Person tiefer kennenlernt. Interessanterweise reagieren wir besonders stark auf Eigenschaften anderer, die wir bei uns selbst ablehnen oder nicht wahrhaben wollen. Wie wir auf uns blicken, beeinflusst immer auch den Blick auf andere.

Wir lesen Spuren bei anderen und bewerten sie auf unsere ganz persönliche Art und Weise – und manchmal werden wir dem Menschen so nicht gerecht. Nehmen wir einmal eine Person, die nicht viel von sich zeigt, eine schwach ausgeprägte Mimik und Gestik hat und eher introvertiert ist. Weil sie nicht so leicht zu lesen ist, kann vieles in sie hineinprojiziert werden. Sie wird vielleicht als arrogant, distanziert, desinteressiert oder unnahbar erlebt und beurteilt. Dabei kann das Zurückgezogene ein Schutz sein, um sich im Kontakt weniger unbeholfen und unsicher zu fühlen. Die Wirkung – also das Fremdbild – ist vielleicht „überheblich" und „distanziert", während das eigene Erleben wie auch das Selbstbild „vorsichtig und zurückhaltend" ist. Wenn wir auf die ausgeprägten beschützenden Anteile von Menschen reagieren, weil diese etwas in uns auslösen, können uns leicht die tieferen Schichten des inneren Erlebens der Person verborgen bleiben.

10.2 Die eigene Wirkung erforschen

Eine differenzierte Selbstwahrnehmung und Selbsteinschätzung sind entscheidend für die Einschätzung der eigenen Wirkung. Wer sich selbst gut kennt und realistisch einschätzt, macht sich nichts vor, und wer sich nichts vormacht, wirkt eher glaubwürdig. Angenommen, man bekommt die Rückmeldung, in bestimmten Situationen „zu fordernd und zu bestimmend“ zu sein. Der erste Schritt kann darin bestehen, sich eine typische Situation zu vergegenwärtigen, in der man diese Wirkung hat. Wenn diese Momente in der Vorstellung möglichst lebendig präsent sind, kann man erkunden, wie genau die Stimmung oder Gefühlslage gefärbt ist, was innerlich passiert. Zum Beispiel, dass man:

... sich benachteiligt glaubt oder Angst hat, zu kurz zu kommen oder
... sich ungerecht behandelt fühlt und sich für sein Recht einsetzen möchte oder
... einen besonders hohen Anspruch an das Ergebnis dessen hat, über das gerade diskutiert wird.

Der Zustand des Teils, der sich für etwas einsetzt, wirkt auf das Umfeld fordernd – durch Wortwahl, Mimik, Gestik und Tonfall. Die Sorge und Empfindsamkeit dahinter jedoch dringen kaum nach außen. Bei der Reflexion der eigenen Wirkung ist deshalb wichtig zu unterscheiden zwischen den Signalen, die nach außen gesendet werden – Was konkret tue und vermittle ich verbal und nonenverbal? – und dem inneren Zustand – Was geschieht in mir und was treibt mich? Wir müssen einen beobachtenden Abstand einnehmen, um wahrzunehmen und genauer zu erkennen, was wir tun, wie das wirkt und zugleich, wie wir uns fühlen und was nach außen sichtbar wird. Wir blicken also zugleich auf unser von außen beobachtbares Verhalten und auf das eigene innere Erleben, das unter Umständen nicht sichtbar ist. Wer den eigenen Zustand, der im Kontakt mit anderen üblicherweise eine unerwünschte oder problematische Reaktion auslöst, früher und genauer wahrnimmt, kann leichter gegensteuern. Mit einer achtsamen, annehmenden Haltung gegenüber dem empfindsamen Zustand lösen sich manche inneren Spannungen und es entstehen mehr Optionen.

Ein Beispiel:

Über Catrin sagten Kollegen, Freunde und Freundinnen, sie sei sehr empfindlich und man könne ihr nichts Kritisches sagen. Catrin selbst ist unzufrieden damit, dass sie auf bestimmte Aussagen immer wieder abwehrend reagiert – manchmal auf kritische oder sie nur vorsichtig hinterfragende Aussagen, manchmal auf konträre Meinungen oder Perspektiven. Abhängig von der Situation, dem Gegenüber und dem Kontext fällt ihre Reaktion unterschiedlich stark aus: Mal zieht sie sich gekränkt zurück, andere Male wird sie defensiv oder reagiert vorwurfsvoll-ärgerlich. Ihre innere Abwehr veranlasst ihr Gegenüber, noch deutlicher und eindringlicher zu werden, was wiederum ihre innere Not und Verteidigung verstärkt.

Catrin sind Wirkung und Wechselwirkung bewusst, aber sie ist nicht in der Lage, anders zu reagieren. Im Coaching kommt die Wende, als sie deutlich wahrnehmen kann, wie sehr sie sich den Urteilen anderer ausgeliefert fühlt. Dieses kindliche Gefühl ist, auch wenn es nur ansatzweise getriggert wird, sehr unangenehm. Als es ihr gelingt, diese Verletzlichkeit innerlich anzuerkennen und sie nicht mehr – wie bis dahin – unterbinden oder wegdrängen muss, ist es ihr möglich, annehmender und gelassener zu reagieren.

Sich wiederholende negative Wechselwirkungen können äußerst frustrierend, zermürbend und auch schmerzhaft sein. Die automatischen Reaktionen auf beiden Seiten führen zu einer Eskalation, man drückt gegenseitig die „roten Knöpfe" und findet keinen Ausweg, und manchmal will man auch keinen finden. Natürlich gibt es auch viele positive Wechselwirkungen zwischen Menschen. Die warmherzige und freudige Begrüßung eines Freundes kann unsere Stimmung sofort aufhellen oder das offenherzige, vertrauensvolle Lächeln eines Kindes den Groll schmelzen lassen. Eine ernst gemeinte Entschuldigung kann Ärger gleich wieder auflösen. Wir wollen – in Bezug auf Selbstführung – hier vor allem problematische Wechselwirkungen betrachten.

10.3 Unterschiedliche Perspektiven

Die eigene Wirkung hängt immer auch von der Persönlichkeit des anderen ab – von dessen Werten, Eigenschaften, Stimmungen und Empfindsamkeiten. Der gleiche Mensch kann auf eine unsichere Person resolut und bestimmend und auf eine selbstbewusste klar und konsequent wirken. Auf eine stille, zurückgezogene Mitarbeiterin wirkt eine emotional-ausdrucksvolle und kontaktfreudige Kollegin vielleicht aufdringlich oder laut, auf andere hingegen offen und warmherzig. Eine „coole", lässige Person kann bei jemandem, der stark auf Regeln und Normen achtet, Ärger auslösen, bei einem „Freigeist" eher Interesse und Sympathie. Bei der Frage „Wie wirke ich?" ist also immer auch zu berücksichtigen, wer einem gegenübersteht. Im Grunde genommen kann man sich fragen: „Welche meiner Teile wirken wie auf welche Teile des anderen?" Schauen wir uns zur Verdeutlichung das Beispiel einer klassischen Wechselwirkung bei einem Paar an.

Ein Beispiel:

Lisa berichtet aufgewühlt und verärgert von einem aktuellen problematischen Vorfall. Ihr Mann Franz macht vernünftige Lösungsvorschläge, versucht zu helfen und zu beschwichtigen. Auf Lisa wirkt das unbeteiligt, sachlich und nicht sehr verständnisvoll. Im weiteren Wortgefecht reagiert sie vorwurfsvoll: „Es interessiert dich gar nicht!" oder: „Du verstehst mich nicht!" Das empfindet Franz wie eine Ohrfeige, denn er ist ja gerade bemüht, hilfreich zu sein und sich mit dem Thema konstruktiv auseinanderzusetzen. Er wundert sich über die Heftigkeit ihrer Emotionen und ist damit überfordert. Ihr emotionaler Zustand löst bei ihm eine gewisse Hilflosigkeit aus und deshalb den starken Impuls, das Problem zu klären oder ihr dabei zu helfen, es sich nicht so zu Herzen zu nehmen. Aber je stärker Franz sich auf die Lösung oder den Rat konzentriert, desto weniger fühlt Lisa sich in ihren Emotionen gesehen und verstanden. Und umso mehr regt sie sich auf.

Mit mehr Achtsamkeit könnte Franz jetzt bewusst werden, dass er nur inhaltlich reagiert und dass das tatsächlich so wirkt, als würde er Lisas Emotionalität nicht wahrnehmen und verstehen. Und sie könnte erkennen, dass sie wenig von ihrem Bedürfnis mitteilt und dass ihn ihre Vorwürfe treffen.

10.4 Ansatzpunkte für Wechselwirkungen

Bei problematischen Wechselwirkungen in engen beruflichen oder privaten Beziehungen ist der Blick fast immer darauf gerichtet, dass der oder die andere sich verändern sollte. Wenn das Gegenüber sich anders verhalten, dieses oder jenes tun oder nicht mehr tun würde, dann müsste man schließlich nicht so reagieren. Manche glauben, dass es nicht viel nützt, sich selbst zu verändern, wenn nicht auch der andere dazu bereit ist. Das stimmt aber nur begrenzt. Wenn einer von beiden einen entschiedenen konstruktiven Schritt unternimmt, wird die zuvor stabile Wechselwirkung unterbrochen und es entstehen Möglichkeiten für Veränderungen in der Kommunikation.

Negative Wechselwirkungen erkennt man relativ leicht. Es gibt aber auch Muster, bei denen die Problematik auf den ersten Blick nicht unbedingt erkennbar ist. Z. B. tragen Menschen, die bereitwillig schwierige Aufgaben oder interessante Projekte übernehmen, sich sehr verantwortlich für alles fühlen, auch für Themen, die eigentlich nicht in ihrem Aufgabenbereich liegen, oft dazu bei, dass man ihnen immer mehr Arbeit überträgt. Andere verlassen sich zunehmend darauf, dass sie das schon machen werden … Oder: Wer am meisten unter Unordnung leidet (und vielleicht auch noch konfliktscheu ist), räumt letztlich immer auf. Und braucht vielleicht sehr lange, um den sich ansammelnden Frust zu bemerken. Ein anderes Beispiel sind Partnerschaften, wo eine Seite scheinbar souverän mit allem im Leben klar kommt und die andere Seite immer mehr Verantwortung abgibt, mitmacht und lange nicht merkt, wie sie sich zunehmend abhängig und unwohl fühlt – was wiederum die Wechselwirkung zwischen stark und fürsorglich mit schwach und bedürftig verstärkt. Und nicht zuletzt gibt es beruflich oft problematische Konstellationen, wo ganze Teams sich an die Willkür despotischer Chefs anpassen, weil sie Angst haben, noch mehr unter ihm zu leiden. Frei nach dem Motto: Wenn die Klügeren immer nachgeben, dann dürfen sie sich nicht wundern, wenn sie von Dummen regiert werden. Wir können ungünstige Wechselwirkungen entspannen oder klären, wenn wir erkennen und bemerken, wie die eigenen Anteile zu ihnen beitragen und was sie bei anderen auslösen.

In den ersten Kapiteln haben wir die intrapersonale Ebene betrachtet – wie man sich mit mehr Achtsamkeit bewusster führen kann. Hier im interpersonalen Bereich ist darüber hinaus auch Empathie gefragt, um zwischenmenschliche Spannungen und problematische Wechselwirkungen zu reduzieren. Aber gerade diese Fähigkeit – uns in das Gegenüber hineinzuversetzen oder einzufühlen – ist eingeschränkt, wenn wir selbst emotional getroffen sind. Wenn wir selbst vom Verhalten des anderen betroffen oder getroffen sind, überlagern unsere Gefühle das Vermögen, uns einzufühlen. Wir können nicht erkennen, was diese gerade empfindet. Die Beschützer-Teile des anderen und die eigenen Beschützer reagieren aufeinander, und beide nehmen nicht wahr, welche Empfindsamkeiten getroffen sind.

Ein Beispiel:

Martin und Herbert arbeiten seit einem halben Jahr in einem Projekt eng zusammen. Bei Abstimmungen und beim Klären von Zielen, Kriterien oder Milestones in der Projektplanung kommt es regelmäßig zu Auseinandersetzungen. Herbert, ein junger, dynamischer Marketingexperte, ist eher ein kreativer Typ und Visionär. Martin dagegen ist ein erfahrener und bodenständiger Jurist mittleren Alters, pragmatisch und mit einem gründlichen Wesen. Das Teile-Modell bietet eine differenziertere Betrachtung dessen, was zwischen ihnen unter der Oberfläche wirkt:

Herbert, der Marketingexperte, beschreibt die Situation wie folgt: „Mir geht's vor allem um den großen Wurf. Ich bemühe mich hier, etwas Neues, Kreatives und Anspruchsvolles zu gestalten. Das ist meine Stärke und das ist mein Job. Aber immer wieder kommt Martin mit irgendwelchen Vorgaben, die wir angeblich einhalten müssen, und verweist auf Kleingedrucktes. Warum kann der sich nicht erstmal auf das große Bild einlassen und meine Vorschläge in ihrem eigentlichen Gehalt auf sich wirken lassen, ohne sie gleich so kleinkariert zu kommentieren? Um Detailfragen können wir uns doch später kümmern! Nein, das Gegenteil passiert: Er weist mich jedes Mal sofort auf dieses und jenes hin, schlägt seine Bücher dazu auf, zitiert irgendwelche Seiten mit irgendwelchen Vorgaben, die hier überhaupt nicht relevant sind! Jedenfalls nicht jetzt zu diesem frühen Zeitpunkt im Projekt. Es ist so frustrierend!"

Beim genaueren Erforschen seines inneren Zustands bemerkt Herbert, wie er sich von Martin belehrt und bevormundet fühlt. Er erlebt sich beim Entwickeln seiner Ideen als stark eingeengt, unfrei und kontrolliert, wenn Martin anfängt, auf das Einhalten von Formalitäten zu pochen. Wenn dieser immer eindringlicher wird, fühlt Herbert sich fast wie ein Schulbub, der es immer noch nicht kapiert hat. Für ihn ist es, als würde er regelrecht „zum Deppen gemacht" und das frustriert ihn ungemein. Ein Teil, der sich nicht wertgeschätzt und bevormundet fühlt – der „Kleine" – ist getroffen. Daraufhin übernimmt ein Beschützer – der „Überhebliche" – die Führung. Herberts „Überheblicher" reagiert auf Martin abwertend, ungeduldig und ärgerlich. Er kommentiert seine Einwände etwa mit: „Das ist mir alles zu kleinkariert!" oder: „Schon wieder diese Paragrafenreiterei!" Er unterbricht Martin, wird lauter, rollt genervt mit den Augen oder wendet sich gleich mit seiner Körperhaltung demonstrativ von ihm ab. Hin und wieder bricht er frustriert und verärgert das Gespräch ab. Am liebsten würde er noch lautstark die Tür zuknallen.

Martin beschreibt seine Situation ganz anders: Für ihn ist es grundsätzlich wichtig, Dinge sorgfältig zu klären und keine „halbgaren" Entscheidungen zu treffen. Er fühlt sich von Herbert nicht ernst genommen. Herberts nicht fertig durchdachten Visionen lösen bei ihm innere Unruhe und Unverständnis aus. Wenn Herbert im Verlauf des Gesprächs seine Ideen in rosaroten Farben und immer überzeugter vorbringt, entsteht in ihm zunehmend eine Mischung aus Unsicherheit und Ärger. Wenn er dann von Herbert immer wieder unterbrochen wird, fühlt er sich regelrecht abgewürgt. Herberts geringschätzigen Kommentare sowie der abfällige Körperausdruck treffen ihn – er fühlt sich von ihm abqualifiziert. Auf der fachlichen Ebene befürchtet er vor allem, dass Herbert einfach loslegt, ihn übergeht und das ganze Projekt gefährdet. Inhaltlich hat er große Bedenken mit Herberts Vorgehen und emotional fühlt er sich mit ihm zunehmend unbehaglich.

Je unsicherer und misstrauischer er wird, desto stärker reagiert der „Korrekte" mit Verteidigung und weiteren Begründungen. Weil Herbert nicht auf ihn eingeht und scheinbar unbeirrt nur seine Ideen durchsetzen will, fokussiert Martins Korrekter sich noch stärker als sonst auf das Klären von Voraussetzungen, Regularien und rechtlichen Einzelheiten, auf Formalitäten und den vorgegebenen Rahmen. Er wird eindringlich und belehrend, wiederholt sich und pocht auf Details.

Auf diesen Korrekten wiederum reagiert Herbert oder, besser gesagt, sein Kleiner und sein Überheblicher besonders empfindlich … Der Teufelskreis ist nun stabil und nicht mehr zu unterbrechen! Da keiner der beiden auf diese Wechselwirkung positiv einwirkt, ist nicht nur ihre Arbeitsbeziehung gefährdet, auch der Erfolg des Projekts steht auf dem Spiel. Aus dieser differenzierten Betrachtung der Wechselwirkung können sich jetzt für jeden der beiden konstruktive Ansatzpunkte ergeben – auch ohne den „guten Willen" des anderen.

VERHALTEN – MARTIN
Pocht auf Details, „pingelig",
eindringlicher Ton, wiederholt sich,
belehrend, fixierender Blick,
viel Gestik, zeigt mit dem Zeigefinger

Beschützer-Teil: der Korrekte

VERHALTEN – HERBERT
Abwertend, ärgerlich, wird laut,
hört nicht zu, wenig Blickkontakt,
abgewandte Körperhaltung,
bricht das Gespräch ab

Beschützer-Teil: der Überhebliche

INNERES ERLEBEN – MARTIN
Unsicher, abgewertet, nicht ernst
genommen, abgewürgt

Verletzlicher / Verborgener Teil:
der Unsichere

INNERES ERLEBEN – HERBERT
Bevormundet, belehrt, kontrolliert, unfrei,
zum „Schulbub, Depp" gemacht

Verletzlicher / Verborgener Teil:
der Kleine

Abbildung 3: Wechselwirkungs-8

In dieser Darstellung wird sichtbar, wie das Verhalten einer Person Gefühle bei der anderen auslöst und wie dies wiederum deren Verhalten verstärkt. Die „Wechselwirkungs-8" in dieser Form ist von Halko Weiss (2007) entwickelt worden.

10.5 Wechselwirkungen unterbrechen – einer muss beginnen

Emotional zugespitzte Wechselwirkungen lassen sich unterbrechen, wenn eine Person in Vorleistung geht und sich aktiv für einen konstruktiveren Weg einsetzt. Eine oder einer muss dazu in der Lage sein und den ersten Schritt gehen. Denn es ist fast immer so: Sobald die eine Person nicht mehr die Punkte beim anderen drückt, reagiert das Gegenüber automatisch weniger aus den Beschützern heraus. Zurück zu unserem Beispiel: Wenn Herberts Überheblicher das Gespräch nicht mehr dominiert, wird Martins Unsicherer nicht so stark getroffen. Und wenn sich Martins Korrekter nicht so vehement verteidigen muss, fühlt sich Herbert weniger von ihm bevormundet. Sobald einer aus dem „Wechselspiel" aussteigt, hört das reaktive Verhalten des anderen auf, weil die wunden Punkte nicht mehr gedrückt werden.

Von Milton Erickson soll sinngemäß die Aussage stammen: *Auf ein soziales System hat derjenige, der am flexibelsten ist, am meisten Einfluss.* Leider ist es oft gar nicht so einfach, die nötige Flexibilität zu entwickeln. Es fehlt uns das Verständnis für die Hintergründe der Schwierigkeiten, wir sind zu sehr auf das Verhalten des anderen fixiert und sehen keine guten Handlungsalternativen. So transparent wie in diesem Beispiel beschrieben, sind die Gefühle und Reaktionen auf beiden Seiten eher selten. In engen Beziehungen, gerade mit Menschen, die uns wichtig sind und denen wir nahestehen, bleiben uns die tiefer liegenden Gefühle und Verletzlichkeiten oft verborgen. Es lohnt sich, die Wechselwirkung mit den vier Feldern „unter der Lupe" zu erforschen: das Verhalten des anderen, das eigene innere Erleben, das eigene Verhalten und das Erleben des anderen. Mit mehr Verständnis für das eigene Erleben und Verhalten und das des anderen ergibt es mehr Sinn. Es kann sich anfühlen, als würde „das Licht angeschaltet". In zukünftigen Situationen geht es dann fast nie exakt genauso wie bis dahin weiter!

Wenn der Ablauf einer Wechselwirkung differenziert erkundet ist, lassen sich Ansätze für Veränderungen erkennen. Hier sind Kernkompetenzen emotionaler Intelligenz wichtig: Selbstwahrnehmung, Selbstregulierung, Selbstausdruck, Selbstführung und Empathie.

Selbstwahrnehmung: Gute Selbstwahrnehmung ist fundamental. Es geht zum einen darum zu erkennen, was innerlich geschieht – wie man sich fühlt und was einen antreibt. Zum anderen, wie man sich tatsächlich verhält – wie man schaut, spricht und nach außen hin agiert. Oft können Menschen zwar beschreiben, was sie denken und fühlen, aber sie sind sich weniger bewusst, was sie konkret tun und welche verbalen und nonverbalen Botschaften sie aussenden: Wie die eigene Körperhaltung ist, wie der Tonfall oder die Stimme klingt, wie der Gesichtsausdruck und die Gestik tatsächlich aussehen. All dies wirkt mehr als das Gesagte! Der rein sprachliche Text macht weniger als zehn Prozent dessen aus, was beim anderen ankommt. Viel mehr achten die Empfänger auf die Sprachmelodie und vor allem auf die nonverbalen Signale. Erklären kann man sich dieses weitgehend unbewusste Auswerten des Kommunikationsverhaltens vielleicht damit, dass diese Art der Verständigung entwicklungsgeschichtlich deutlich älter ist als Sprache. Das genervte Abwenden und die ärgerlich-laute Stimme von Herbert sowie seine Unterbrechungen treffen Martin stärker als dessen Worte. Um realistisch einschätzen zu können, warum er wie wirkt, muss Herbert vor allem seine Körpersprache oder, noch besser, seine innere Haltung und die Impulse, die sich darüber ausdrücken, wahrnehmen.

Für eine Außensicht auf die eigene Wirkung, kann (neben unabhängigem Feedback) folgendes Bild helfen: Man stelle sich vor, die Situation sei gefilmt worden und man kann sich nun auf einem Bildschirm betrachten. Was genau wäre beim eigenen Verhalten zu sehen und zu hören? Wie wird man wahrgenommen?

Selbstregulierung: Weil die jeweiligen automatischen Reaktionen so schnell ablaufen, ist es so zentral zu entschleunigen, wenn man sich anders fühlen oder verhalten möchte. Ein kurzes Innehalten, etwas inneren Abstand oder eine Außenperspektive einzunehmen unterstützen dabei. Auch auf den eigenen Körper mehr zu achten ist hilfreich. Herbert könnte sich im Stuhl zurückzulehnen oder mal eine kurze Sprechpause machen, anstatt hektisch im Raum auf- und abzuschreiten. Einerseits würde er so weniger konfliktträchtige Signale aussenden und andererseits käme er eher in die Lage, innerlich mehr auf Empfang zu schalten. Auch könnte er ein paar Male tief durchatmen, sich innerlich sammeln und dadurch etwas ruhiger antworten, anstatt aggressiv zu kontern.

Selbstausdruck: Wir können nicht davon ausgehen, dass der oder die andere sehen und nachempfinden kann, wie es uns geht, denn in einer emotional angespannten Lage ist die Empathie des Gegenübers meistens eingeschränkt. So kann es für die Verständigung förderlich sein, wenn wir mitteilen, was uns innerlich bewegt oder trifft. Die Kunst beim Selbstausdruck ist, etwas vom eigenen Erleben auszudrücken – ohne vorwurfsvolle Haltung oder dem untergründigen Appell „Du solltest anders sein!". Deshalb setzt eine gelungene Selbstoffenbarung eine gute Portion Selbstregulierung voraus. Mit etwas innerem Abstand zu starken Gefühlen kann man über Gefühle sprechen, anstatt aus ihnen heraus. Auch kann es hilfreich sein, von inneren Teilen zu sprechen. Zum Beispiel: „Ein Seite von mir ist enttäuscht, dass diese Entscheidung so ausfällt …", „Ein Teil von mir hätte sich gewünscht, dass …", „Meine Perfektionistin hat hier einen sehr hohen Anspruch, deshalb setze ich mich so stark dafür ein."

Genauso wichtig kann es sein, abhängig von der Situation und Art der Wechselwirkung, assertiv und durchsetzungskräftig aufzutreten – klarer, nachdrücklicher und konsequenter die eigenen Interessen, Wünsche, Ziele, Bedürfnisse anzusprechen. Innere Spannungen oder Konflikte können entstehen, wenn man zögerlich oder abwartend reagiert, tendenziell nachgibt und die eigenen Interessen nicht im Blick hat und sie nicht deutlich kommuniziert. Selbstausdruck würde dann bedeuten, mehr von seinen Bedürfnissen oder den Hintergründen der eigenen Interessen mitzuteilen. In anderen Fällen kann es darum gehen, berechtigte Forderungen klar zu vertreten und Einschüchterungsversuchen zu begegnen, indem man mögliche Folgen rechtzeitig ausdrückt. Wann und wie es sinnvoll ist, Konflikten nicht mehr auszuweichen, sondern sie gekonnt zu eskalieren, wird interessant veranschaulicht im Buch *Die Kunst des Konflikts: Konflikte schüren und beruhigen lernen* (Eidenschink 2023).

Selbstführung: Wenn man erkennt, wie man zu einer eskalierenden Wechselwirkung beiträgt, hat man einen entscheidenden Hebel bereits in der Hand. Dann kann man bewusster auf die aktivierten Teile achten. Wenn Herbert diese im Blick hat, kann er sich bereits in der mentalen Vorbereitung auf ein bevorstehendes Gespräch mit Martin vergegenwärtigen, mit welcher inneren Haltung er ihm begegnen möchte. Mit besserer Selbstwahrnehmung kann er frühzeitiger erkennen, wenn die Teile anspringen, die genervt sind oder abfällig reagieren. Anstatt anzugreifen, könnte er sagen, was er sich wünscht: Zum Beispiel, dass er in der ersten Planungsphase auch ungewöhnliche Vorstellungen entwickeln möchte und ihm dies ohne Martins Bedenken leichter fallen würde. Etwas Abstand zu dominanten Teilen herzustellen hilft, diese zu zügeln und weniger aus ihnen heraus zu reagieren. Und wenn empfindsame Teile einen besseren Platz im Inneren haben und rechtzeitig wahrgenommen werden, können festgefahrene Situationen entschärft werden oder auch erst gar nicht so verhärten.

Da bei vielen Wechselwirkungen die Spannungen auf der emotional-persönlichen Ebene liegen, könnten die Beteiligten ihre inhaltlichen, sachlichen Differenzen leichter klären, wenn sie den zwischenmenschlichen Kontakt verbessern.

Empathie: Bei schwierigen Wechselwirkungen ist Einfühlungsvermögen oft nur mit Selbstregulierung möglich. Erst wenn es gelingt, etwas Abstand zu den eigenen Gefühlen herzustellen und die automatischen Reaktionen zu unterbrechen, hat man den nötigen Raum und die Aufmerksamkeit, sich innerlich auf den anderen einzustellen. Weil die Empathie in einem angespannten Gespräch eingeschränkt ist, hilft eine Reflexion bei der Vorbereitung auf die bevorstehende Begegnung. Man kann versuchen, sich innerlich auf den Platz des anderen zu begeben, sich in dessen Lage hineinzuversetzen mit der Frage: Was erlebt die Person, was bewegt sie innerlich, was kann ich von ihr verstehen? In der Situation an sich ist es wichtig zu unterscheiden zwischen dem, wie sie wirkt und wie sie sich vermutlich fühlt. Man tendiert schnell dazu, auf die Wirkung zu reagieren – wie z. B. unflexibel, arrogant, beherrscht, oberflächlich. Aber wie die Person sich gerade gefühlt, bleibt dann eher verborgen. Empathie bezieht sich auf den gegenwärtigen inneren Zustand des anderen und nicht auf das Verhalten und die Wirkung.

Aber nicht nur eine empathische Haltung, auch der empathische Ausdruck kann sich sehr entlastend auswirken. Wenn die Person spürt, dass man innerlich mitschwingt und sie versteht, kann dies zu mehr Offenheit und besserer Verständigung beitragen. Deutlich zu hören, dass man mit den eigenen Gefühlen, Bedenken, Meinungen usw. wahrgenommen wird, hat eine ausgesprochen entspannende und versöhnliche Wirkung.

10.6 Die Haltung macht's

Wenn wir in schwierigen Interaktionen nicht in der Lage sind, uns zu regulieren oder empathisch zu reagieren, können wir immer noch versuchen, eine neugierige innere Haltung zu finden. Eine offene Haltung, Interesse, etwas Geduld oder die Bereitschaft, den anderen ernst zu nehmen – all dies kann sich als ein Antidot auf schwierige Wechselwirkungen erweisen. Es ist die Haltung, die das Verhalten bestimmt, aus ihr leitet sich unmittelbar das Verhalten ab. Und – ganz unabhängig vom gegenwärtigen Handeln – prägt sie unsere Ausstrahlung, sie leuchtet gewissermaßen durch unser Verhalten hindurch. Menschen reagieren auf unsere Haltung. Wenn wir eine griesgrämige Verkäuferin oder einen niedergeschlagen wirkenden Kellner herzlich, freundlich und wohlwollend begrüßen, werden wir höchstwahrscheinlich positive Gefühle und eine positive Resonanz auslösen.

Zum Abschluss noch folgende Zen-Geschichte: Ein Angler sitzt in seinem Boot, das von einem anderen Boot gerammt wird und folglich ins Schwanken gerät. Der Angler springt voller Empörung auf, um den anderen Bootsmann zurechtzuweisen. Aber sehr schnell legt sich der ganze Zorn, als er sieht, dass im anderen Boot gar niemand sitzt – es hat sich offensichtlich losgemacht hat und treibt „leer" dahin.

Innerlich „leer" zu sein ist eine Vorstellung, die oft mit buddhistischer Weltanschauung verbunden wird. In gewissem Sinn ist es ein Zustand, in dem man nicht identifiziert ist mit Emotionen, Wünschen, Befürchtungen oder Impulsen eigener Persönlichkeitsteile. In dieser Haltung gerät ein Mensch am wenigsten in problematische Wechselwirkungen. Er kann so auch am besten zwischen den eigenen Anteilen und denen des anderen vermitteln. In einer beratenden Rolle löst diese Haltung bei anderen Vertrauen aus und hilft ihnen, auf die verschiedenen Facetten der eigenen Persönlichkeit – aber auch auf die der „Konfliktpartner" – neugierig zu sein.

10.7 Wirkung und Wechselwirkung in Coaching und Selbst-Coaching

Selbst-Coaching

Schrittfolge zur Reflexion einer Wechselwirkungs-8

Zweck: Bei einer schwierigen Interaktion und Wechselwirkung die Hintergründe der Dynamik genauer untersuchen und Handlungsoptionen erkennen

Grobstruktur: Das eigene Verhalten und innere Erleben sowie das des Gegenübers im Detail erforschen – am besten mit der folgenden Vorlage

Zeitbedarf: Insgesamt 20 bis 40 Minuten

Ich	Der/die andere
3. Mein Verhalten	1. Verhalten des anderen
2. Mein inneres Erleben	4. Inneres Erleben des anderen
5. Meine Schlussfolgerungen und Ansatzpunkte	

Wähle für die Reflexion einer Wechselwirkung einen konkreten Ausschnitt einer spezifischen Gesprächssituation aus. Am besten ist ein Vorfall, der zeitlich nicht weit zurückliegt und in deiner Erinnerung noch lebendig nachklingt. Reflektiere den Ablauf und die Empfindungen nicht pauschal und allgemein, sondern möglichst konkret. Zu diesem konkreten Zeitpunkt mit Person XY ist folgendes vorgefallen:

Feld 1 – Verhalten des anderen: Wie verhält sich dein Gegenüber in dieser Situation? Was siehst du, was hörst du? Was wird verbal und nonverbal ausgedrückt: Gefühle, Gedanken, Wünsche ...? Gibt es bestimmte Sätze, die dich triggern? Wenn ja, schreibe sie auf. Was schwingt in der Stimme und im Tonfall mit? In welchem Zustand ist er oder sie? Wie ist die Körpersprache – Gestik und Mimik – und gibt es da etwas, das dich besonders provoziert? Was ist das konkrete, objektiv sichtbare und hörbare Verhalten in diesem Moment, in dieser Situation? In welchem Zustand ist er oder sie?

Gibt es eine Überschrift oder einen Namen, den du diesem Zustand des anderen geben würdest? Welcher Name (z. B. die Anspruchsvolle, der Profi, der Oberlehrer) würde diesen spezifischen Zustand oder dieses Verhalten am besten beschreiben?

Notiere deine Beobachtungen dazu in das Feld oben rechts unter „Verhalten des anderen“.

Feld 2 – eigenes inneres Erleben: Was löst dieses Verhalten – die Worte, die Gestik, der Tonfall und all das Notierte – in dir aus? Was genau passiert innerlich? Welche Gefühle entstehen im Lauf der Interaktion? Was ist verletzt, getroffen oder reagiert empfindsam? In welchen inneren (vielleicht nicht äußerlich sichtbaren) Zustand gerätst du? Was sind deine Gefühle und unausgesprochenen Gedanken, was hältst du zurück? Was nimmst du vielleicht nur subtil in dir wahr, wenn du, so wie jetzt, da genauer hin spürst? Welche Seiten von dir sind besonders vom Gegenüber getroffen oder beginnen innerlich zu reagieren?

Oft sind empfindliche Gefühle nur sehr flüchtig wahrnehmbar und werden schnell von anderen überlagert. Welcher Name oder welche Beschreibung (z. B. die Unterlegene, der Kleine, die Unsichere, alleingelassen, nicht gut genug) passt am besten für diesen inneren Zustand? Vielleicht gibt es auch Gefühle oder Zustände, die auf das Empfindsame reagieren (z. B. innerer Rückzug, Ärger, Beschwichtiger), ohne dass es äußerlich sichtbar wird?

Notiere deine Empfindungen dazu in das Feld unten links unter „Mein inneres Erleben“.

Feld 3 – mein Verhalten: Reflektiere nun, was du konkret tust und sagst. Stell dir vor, eine Kamera wäre auf dich gerichtet: Was würdest du sehen? Was sieht dein Gegenüber? Wie ist dein Blick, deine Körperhaltung, deine Gestik? Was hört dein Gegenüber, wie ist deine Stimme und der Tonfall? Was vermitteln diese, was drücken sie aus? Wie verhältst du dich? Was sagst du und was sind typische Sätze, Fragen, Behauptungen, Einwände? Versuche, dieses Feld so vollständig wie möglich auszufüllen: Was sieht, was hört dein Gegenüber ganz konkret? Wie würde er oder sie dich beschreiben?

Welcher Teil agiert hier? Fällt dir ein Name oder ein Titel für diesen Zustand von dir ein (z. B. die Überhebliche, der Souveräne, der Distanzierte, die Vorwurfsvolle)?

Notiere deine Gedanken dazu in das Feld oben links unter „Mein Verhalten".

Feld 4 – inneres Erleben des anderen: Versuche, für eine Weile das spezifische Verhalten des anderen getrennt von deinen sonstigen Einschätzungen und Erfahrungen mit der Person zu betrachten. Beginne dann damit, dich bewusst in ihn oder sie hineinzuversetzen. Was vermutest du, löst dein Verhalten beim Gegenüber innerlich aus? Was ist möglicherweise bei ihr oder ihm getroffen, auf welche Empfindsamkeit trifft es, wenn du so sprichst, so schaust, dich so verhältst? Was ist es, worauf er oder sie vermutlich besonders stark reagiert?

Wenn es dir schwerfällt, diese Fragen differenziert zu beantworten, könntest du es aus einer anderen Perspektive versuchen: Angenommen, jemand verhält sich dir gegenüber so, wie du dich hier verhältst: Was würde das bei dir auslösen? Wie würdest du darauf reagieren?

Die Antworten auf diese Fragen sind natürlich spekulativ und lediglich Annahmen darüber, wie sich das Gegenüber fühlen könnte. Je besser es dir gelingt, Abstand zu deinen eigenen Gefühlen herzustellen, und je ernsthafter du versuchst, dich einzufühlen, desto zutreffender wird deine Einschätzung sein.

Mit welchen Worten könntest du diesen inneren Zustand des Gegenübers am besten beschreiben, welchen Namen könntest du ihm geben (z. B. der Unverstandene, die Hilflose, der Unsichere, fremdbestimmt, nicht gesehen)?

Notiere deine Gedanken dazu in das Feld unten rechts unter „Inneres Erleben des anderen".

Feld 5 – Schlussfolgerungen und Anhaltspunkte: Was wird dir klarer? Welche Schlüsse ziehst du daraus? Was sind für dich mögliche Ansätze, um die eskalierende Wechselwirkung zu unterbrechen? Was könnten hilfreiche Schritte sein? Zum Beispiel:

- Selbstwahrnehmung: Wie könnte ich meinen gegenwärtigen Zustand und meine automatischen Reaktionen früher bemerken? Auf welche ersten inneren Signale könnte ich bewusster achten?
- Selbstregulierung: An welchem Punkt könnte ich innehalten? Wann könnte ich entschleunigen? Was würde mir helfen, mich zu regulieren?
- Selbstausdruck: Könnte es konstruktiv und hilfreich wirken, wenn ich etwas von meinem inneren Erleben mitteilen würde? Was hat der andere noch nicht erkannt, weil es aufgrund meiner Verteidigungsstrategie vielleicht nicht sichtbar ist? Wie könnte ich mein inneres Erleben angemessen ausdrücken?
- Selbstführung: Welchen Teil müsste ich bewusster auf Abstand halten, um nicht in die Eskalation zu geraten? Welche innere Haltung könnte in dieser Situation hilfreich sein? Auf welchen Anteil könnte ich in Zukunft noch bewusster achten, auch in der Vorbereitung auf ähnliche Situationen? Um welchen Anteil müsste ich mich vielleicht noch mehr kümmern?

- Empathie: Was verstehe ich vom anderen? Was kann ich besser nachvollziehen oder nachempfinden, wenn ich mich in die Lage und das innere Erleben hineinversetze? Wie könnte ich dies zukünftig mehr berücksichtigen? Wenn ich mich einfühlsamer verhalten würde, wie sähe das aus?
- Empathischer Ausdruck: Wie könnte ich mein Verständnis klarer kommunizieren? Was wäre eine von Verständnis geprägte Aussage? Was könnte hilfreich sein, es mitzuteilen, damit das Gegenüber erkennt, dass ich mich in ihn oder sie hineinversetzen oder einfühlen kann?

Coaching

Im Coaching spielt die Wirkung von Klienten oft explizit oder implizit eine Rolle. Bei allen interpersonalen Konflikten sollte man immer auch die Wirkung der Person im Auge behalten, auch wenn dies zunächst nicht ihre vordergründige Frage ist. Das kann bedeuten, auf Verhaltensweisen oder Aussagen der Person zu achten, die bei anderen möglicherweise problematische Reaktionen auslösen.

In der Arbeit mit Wechselwirkungen ist eine neutrale Rolle des Coachs unabdingbar, auch wenn wir die eine oder andere Reaktion gut nachvollziehen können und etwas ähnliches kennen. Wir sollten darauf achten, uns weder mit den Klienten noch mit deren Gegenüber zu identifizieren. Wenn wir beim Erkunden nicht in einer allparteilichen Rolle sind, fehlt die nötige Unbefangenheit und Offenheit für ein sorgfältiges Explorieren der vier Felder der Wechselwirkung. Die Rollen der jeweiligen Beschützeranteile und die dahinterliegenden Empfindsamkeiten müssen so vollständig und differenziert wie möglich erforscht werden. Nur dann kann die Analyse für eine spätere Auflösung der Wechselwirkung zielführend sein.

Wenn problematische Verhaltensweisen auch im direkten Kontakt mit uns als Coach erlebbar werden, können wir unseren Klienten ihre gegenwärtige Wirkung auf uns verdeutlichen und anregen, diese näher zu untersuchen. Den Umgang mit Wechselwirkungen und das Geben von Rückmeldungen im Coaching wollen wir in diesem Abschnitt näher beleuchten.

Als Coach ist man vor Wechselwirkungen mit Klienten nicht gefeit. Die unterschiedlichsten Verhaltensweisen, Eigenschaften, Gefühle und Einstellungen von Klienten können innerlich etwas auslösen. Überforderung oder Hilflosigkeit der Klienten können Helferimpulse oder Gefühle von Verantwortung aktivieren. Von ungeduldigen Klienten können wir uns unter Druck gesetzt fühlen und bei hohen Erwartungen anderer mit eigenen anspruchsvollen, perfektionistischen Anteilen reagieren. Die Opferhaltung einer Person kann uns ärgerlich oder ungeduldig werden lassen oder Überheblichkeit kann eigene besserwisserischen Teile triggern. Unsere Reaktionen als Coachs wirken natürlich wiederum auf die Klienten und so entstehen auch zwischen Coach und Klient gelegentlich Wechselwirkungen, die sich auf den Coaching-Prozess hinderlich auswirken. So kann sich zum Beispiel ein Coach von einer sehr leistungsorientierten und zielorientierten Person aufgrund ihrer kognitiven Art und hohen Erwartungen unter Druck gesetzt fühlen und verleitet sein, weniger sorgfältig als sonst die emotionalen Hintergründe zu erforschen.

Manchmal fehlt uns als Coachs ein stimmiger Abstand zu starken Gefühlen der Klienten. Wir leiden zu sehr mit, nehmen uns deren Probleme und Herausforderungen zu Herzen, das Coaching wühlt uns auf oder wir können danach nicht gut abschalten. Natürlich bewegt uns ein tiefer Schmerz, eine Ratlosigkeit oder eine starke Wut unserer Klienten. Wir sind mitfühlende Wesen und gehen damit in Resonanz. Jedoch gehört es zur Rolle des Coachs, mitfühlen zu können, ohne sich mit den Gefühlen des anderen zu identifizieren. Wenn sich die Zustände des Klienten auf uns übertragen und wir nicht den nötigen Abstand finden können, ist bewusste Selbstführung nötig oder auch Supervision empfehlenswert. In der Regel sind in einem solchen Fall eigene Teile stark getriggert, die die Not des anderen kennen, abwehren oder selbst darunter leiden.

Wir müssen uns gut kennen, um realistisch einschätzen zu können, inwieweit bestimmte Reaktionen auf Klienten mit unserer eigenen Person, unseren Prägungen, Erfahrungen und Werten zusammenhängen. Um Klienten und unserer Beziehung zu ihnen gerecht zu werden, sind wir als Coachs gefordert, uns sorgfältig zu reflektieren und differenziert zu erkunden. Auch sollten wir in der Lage sein, von uns selbst zu abstrahieren und gut einschätzen zu können: Wie wahrscheinlich ist es, dass meine Klientin auch auf andere Menschen so oder so ähnlich wirkt? Und nicht zuletzt sind manchmal gut vorbereitete, differenzierte und wohlwollende Rückmeldungen wichtig und zielführend.

Wann Rückmeldung im Coaching wichtig wird

Die gegenwärtige Wirkung bewusst machen

Manchmal sprechen Klienten über ihre Anliegen und Herausforderungen und während des Erzählens kommt genau der Zustand zum Tragen, der im Alltag problematisch ist. Es zeigt sich gegenwärtig genau das Verhalten, das ein Teil des Problems ist. Zum Beispiel: Als Coach bemerke ich, dass die Klientin schnell von einem Thema zum anderen springt, sie wirkt emotional aufgewühlt. Es ist schwer, den roten Faden zu finden und fokussiert am Knackpunkt zu arbeiten. Es bleibt unklar, was wichtig wäre, heute zu vertiefen. Als Coach werde ich zunehmend verwirrt und angestrengt. Es kann für die Klientin eine wertvolle Information sein, zu hören und zu verstehen, was ihre Kommunikation, ihre Einstellung oder ihr Verhalten gerade bei mir als Coach auslöst. Denn unter Umständen geht es anderen Personen ähnlich mit ihr, wenn sie in diesem aufgewühlten Zustand ist. Oder sie wird sich durch die Rückmeldung gewahr, wie schwer es für sie tatsächlich immer wieder ist, sich zu fokussieren, wenn sie aufgebracht ist.

Ein wohlwollender Hinweis zur gegenwärtigen Wirkung könnte sein: „Kann es sein, dass es dir gerade schwer fällt, dich zu fokussieren? Ich merke, dass ich mich schwer tue, den roten Faden zu finden und ich nicht so genau weiß oder spüre, was heute wichtig ist … Geht es dir gerade ähnlich?“

Arbeit an der Wirkung und Wechselwirkung

Während der Erforschung einer Wechselwirkung oder auch im Anschluss daran stellt sich gelegentlich heraus, dass die Klienten noch nicht verstehen, in welchem Ausmaß oder warum sich ihr Verhalten so negativ auf das Gegenüber auswirkt. Oder es wird deutlich, dass das Muster in dieser Situation eines ist, das auch in anderen Kontexten oft das Verhalten prägt und eine negative Wechselwirkung auslöst. Als Beispiel: Eine Klientin neigt nicht nur in dieser Interaktion, sondern auch in vielen anderen dazu, sich überangepasst zu verhalten und sich nicht klar zu positionieren. Dann könnte es wichtig werden, ihr dazu eine Rückmeldung zu geben, damit ihr das Muster bewusster und es möglich wird, gezielter daran zu arbeiten.

Rückmeldungen verstehen

Coaching wird häufig von Vorgesetzten oder der Personalentwicklung als Entwicklungsmaßnahme empfohlen. Anlass können spezifische Limitierungen oder Defizite in der Führung sein, manchmal auch negative Beurteilungen im Rahmen eines Auswahlverfahrens. Bei aller Motivation und Offenheit fürs Coaching kann diese Empfehlung Kränkung, Verunsicherung, Verwirrung oder auch Unverständnis auslösen. Um an den Themen gut arbeiten zu können, sind zwei Voraussetzungen unabdingbar: Die bewusste und unbewusste Kooperation des Klienten und eine gewisse Portion an realistischer Selbsteinschätzung. Klienten müssen im Verlauf des Coaching Prozesses zu „Betroffenen“ werden, damit das Coaching nachhaltige Wirkung entfaltet. Eine wichtige Frage in diesem Zusammenhang könnte sein, ob sie solche oder ähnliche Rückmeldungen zu ihrer Wirkung schon mal gehört haben und wie sie selbst dazu stehen. Die mögliche innere Ambivalenz (einerseits nachvollziehbar, andererseits enttäuschend) oder Einschränkung von Klienten (in diesen Situationen ja, in anderen Situationen nein) sollten wir aufgreifen und anerkennen. Es ist wichtig, zunächst zu klären, woran die Person selbst arbeiten möchte, was sie motiviert und interessiert, was sie verstehen oder weiterentwickeln möchte. Alles, was nur aus Anpassung heraus geschieht, hätte keine nachhaltige Wirkung. Hat eine junge Führungskraft etwa die Rückmeldung bekommen, sie sei bei Gruppenübungen zu vorsichtig und defensiv gewesen, sie selbst aber ist mit ihrem Verhalten und ihrer Wirkung ganz zufrieden, dann hat es wenig Sinn, an dem Thema zu arbeiten. Häufiger erleben wir jedoch, dass jemand zwar mit sich und dem eigenen Verhalten weitgehend einverstanden ist und dennoch an der kritischen Wirkung etwas verändern und weiter entwickeln will.

Die Rückmeldung kann Ausgangspunkt sein, um mit einer Klientin über Teile ihrer Persönlichkeit zu sprechen. Wenn der Coach genauer untersucht, in welchen Zustand sie da geraten ist, was vielleicht untergründig schwelte, wie sie sich reguliert oder nicht reguliert hat, kann dies ein guter und eleganter Einstieg sein, die Zustände oder Persönlichkeitsteile zu identifizieren und zu erforschen. Welches Verhalten haben andere wahrgenommen und war dieses von einem bestimmten Zustand oder Teil der Persönlichkeit geprägt? Was hat die Person tatsächlich in der Gruppensituation empfunden und innerlich erlebt? Was war nur innerlich spürbar, was nach außen hin sichtbar? Dieser Unterschied kann bei einer möglichen Diskrepanz zwischen Selbst- und Fremdbild sehr erhellend sein.

Wenn Klienten erkennen, was für die Wirkung in einer bestimmten Situation ausschlaggebend war, können sie die Rückmeldung besser einschätzen und sie aus einer anderen Perspektive heraus betrachten.

Die Arbeit an der Selbstführung

In längeren Coaching-Prozessen erkennen wir manchmal übergeordnete Muster. Immer wieder tauchen bestimmte Themen auf, z. B. im Zusammenhang mit Leistung, Anerkennung oder Selbstbestimmung, die für die Person eine wichtige Rolle zu spielen scheinen. Während wir mit den Klienten an ihren Anliegen und unterschiedlichen Herausforderungen arbeiten, zeigen sich immer wieder ähnliche Einstellungen oder Überzeugungen. Oder es sind wiederkehrende Teile der Persönlichkeit, die sich in verschiedenen Situationen limitierend auswirken. Dann kann es hilfreich sein, den Klienten dazu Rückmeldung zu geben und mit ihnen abzustimmen, ob sie daran arbeiten möchten. Beispielsweise: „Hans, mein Eindruck ist, dass dieses Thema ein dir sehr vertrautes Muster ist. Kann das sein? Da scheint etwas in dir stark darauf zu achten, was erwartet wird, worauf du dich dann automatisch einstellst … und dabei dein Eigenes aus den Augen verlierst. Kann das sein? … Hättest du Interesse, das mal näher zu erforschen und daran weiter zu arbeiten?“

Rückmeldung geben im Coaching

Es ist wichtig zu wissen, dass wir als Coachs in einer sehr spezifischen Rolle sind, einer ganz anderen als die einer Freundin, eines guten Bekannten, Partners oder die einer Führungskraft. Als Coachs haben wir primär das Ziel, dass die Person sich in die Richtung weiter entwickeln kann, die ihr wichtig ist und dass ihr Themen bewusster werden, die sie vielleicht noch nicht erkennt. Nach unserem Selbstverständnis sollten wir als Coachs keine eigene Agenda oder Vorlieben haben, wie die Person sein sollte oder wohin sie sich entwickeln müsste.

Klienten haben sich uns anvertraut, viel von sich gezeigt und wir haben sie in der Regel in der Tiefe kennengelernt. Deshalb ist ein hohes Maß an Respekt und Achtsamkeit gegenüber diesem Vertrauen und die Würdigung des Vertrauensverhältnisses wichtig. Auch wird man als Coach meist als Experte betrachtet. Deshalb neigen Klienten oft dazu, dem, was ein Coach über sie denkt oder wie sie von ihm oder ihr eingeschätzt werden, eine besonders hohe Bedeutung beizumessen. Von daher ist es wichtig, sehr klar herauszuschälen, dass man als Coach auch nur einen bestimmten Ausschnitt der Person kennengelernt hat und nicht sicher sein kann, wie es wirklich im Alltag ist. Aber dass man es gemeinsam rausfinden kann.

Wohlwollende Haltung

Eine annehmende, unvoreingenommene und nicht beurteilende Haltung ist entscheidend. Das Ziel ist ja, dass die Person eine Rückmeldung nehmen, gut verarbeiten und etwas davon lernen und umsetzen kann. Wenn Klienten auch nur ansatzweise das Empfinden haben, dass ein Coach abwertend oder ablehnend auf ihr Wesen und Verhalten blicken könnte, werden sie vorsichtig und fangen möglicherweise an, sich innerlich zu schützen und abzuschotten. Insofern müssen wir uns als Coachs sorgfältig prüfen: Sind wir gegenüber dem Phänomen, auf das wir uns in der Rückmeldung beziehen, unvoreingenommen? Oder sehen wir es kritisch und wollen es verändern? Ist letzteres der Fall, würden wir empfehlen, keine Rückmeldung zu geben und erst an der inneren Haltung zu arbeiten.

Schnell zum heiklen Punkt

Für das Gegenüber ist es angenehmer, wenn wir bei heiklen Rückmeldungen nicht drum herumreden oder erst viel „Positives" ansprechen. Die Personen wartet sonst mit Anspannung, bis das „Kritische" kommt. Wir sollten als Coachs gleich zum heiklen Punkt kommen. Beispiel: Eine Klientin möchte hören, ob sie auf den Coach in der ersten Begegnung vor einem halben Jahr distanziert gewirkt habe. Die distanzierte Wirkung spielte im Coaching ab und zu bereits eine Rolle und in der Tat erlebte der Coach die Klientin in den ersten beiden Begegnungen als deutlich reservierter als in den folgenden Wochen. „Kerstin, ich verstehe, wie wichtig es dir ist, zu verstehen, warum du im ersten Kontakt etwas distanziert wirkst und deshalb daran interessiert bist, dazu auch etwas von mir zu hören … Ich kann mich erinnern, dass ich dich in den ersten beiden Coaching-Sitzungen als deutlich zurückhaltender und reservierter erlebt habe. Da war etwas Vorsichtiges in deiner Kontaktaufnahme, vielleicht auch ein Abwarten, was von mir kommt. Und ich glaube mich zu erinnern, dass du auf meine Fragen eher reduziert geantwortet hast … Ja, das wirkte ein wenig distanziert auf mich, denn ich konnte dich nicht so leicht lesen. Nun bin ich als Coach natürlich in einer anderen Rolle als eine neue Kollegin von dir und deshalb kann ich auch ganz entspannt damit sein. Als deine neue Kollegin könnte ich mir vorstellen, dass ich mich dann auch ein wenig zurückziehe – weil ich Sorge hätte, dir sonst zu nahe zu treten …" Das ist ein anderer Einstieg als auf ihre Frage zu antworten: „Kerstin, ich schätze dich sehr. Ich weiß, dass du von deinem Wesen her sehr an Menschen interessiert bist und dass du den Kontakt zu Menschen schätzt. In den letzten Begegnungen hast du dich sehr hier eingelassen … und, und, und …" Und zum Schluss kommt dann erst der heikle Punkt. Wir schlagen vor: Eher zügig zum Punkt kommen und dann genug Zeit haben, um an der Rückmeldung und am Thema weiter arbeiten zu können.

Kein Monolog, sondern Dialog

Eine häufige Feedback-Regel ist, dass die Rückmeldungsnehmer zuhören, die Rückmeldung annehmen und erst etwas erwidern, wenn die Botschaft abgeschlossen ist. Das sieht dann so aus, dass die Rückmeldungsgeber länger reden, Beispiele bringen, Hintergründe erläutern und der Empfänger schweigt. Im Coaching ist das kein sinnvolles Vorgehen. Im Gegenteil, die spontanen Reaktionen der Klienten sollten im Gespräch aufgegriffen werden und es sollte möglichst bald ein Dialog entstehen. Dazu liest der Coach fortwährend Spuren, besonders während der ersten Worte der Rückmeldung und nimmt wahr, wie die Person auf das Gesagte reagiert: Ist sie neugierig und interessiert oder verunsichert es sie? Ist die Information für sie wertvoll, relevant, verständlich oder wird sie innerlich abgewehrt? Stimmt die Person zu oder möchte sie sich erklären? Wie das Gehörte aufgenommen und verarbeitet wird, sollte als Spur ständig mitlaufen und diese Eindrücke zum gegenwärtigen Erleben sollten dann auch gespiegelt werden. Klienten sind eingeladen, spontan mitzuteilen, was die Rückmeldung gerade auslöst und wie sie ankommt. So können wir als Coachs sicherstellen, dass wir verstehen, wie die Person zu dem steht, was sie von uns hört. Sie fühlt sich so eher auf Augenhöhe, achtsam und respektvoll behandelt und partnerschaftlich einbezogen. Und es entwickelt sich leichter ein Dialog auf der Basis spezifischer Aussagen des Coachs.

Erkundender Tonfall

Wir empfehlen Aussagen, die wir zu unseren Beobachtungen, möglichen Zusammenhängen und zur Wirkung gemacht haben, nicht als Behauptungen zu formulieren. Wenn wir eine forschende und erkundende Haltung einnehmen, dann signalisieren wir, dass wir glauben, zu erkennen oder zu verstehen, aber nicht, dass wir überzeugt sind, dass es so ist! Das zeigt sich in der Wortwahl, aber auch im Tonfall. Beispiel Kerstin: „Als deine neue Kollegin könnte ich mir vorstellen, dass ich mich dann auch ein wenig zurückziehe – weil ich Sorge hätte, dir sonst zu nahe zu treten ... Kann das sein ...? Gibt es da vielleicht eine Seite, die gerade gegenüber unbekannten Personen in den Rückzug geht?“ Das wirkt anders als „Menschen haben die Sorge, dir zu nahe zu treten, wenn du ihnen gegenüber in den Rückzug gehst!“

Verstandenes Mitteilen

In vorangegangenen Coaching-Sitzungen haben wir meistens schon einiges von der Person tiefer verstanden und verschiedene Seiten ihrer Persönlichkeit näher kennengelernt. Dieses Wissen können wir in die Rückmeldung integrieren, um sie verständlicher und anschaulicher zu machen. Für das Verhalten der Person gibt es mögliche Hintergründe, Ursachen und Erklärungen – letztlich steckt immer ein Sinn dahinter. Es wirkt wohlwollend und empathisch, wenn ein Coach sich bemüht, diese Zusammenhänge in den Kontext mit der Wirkung zu bringen und diese im Verlauf des Gesprächs weiter mit den Klienten vertieft. Beispiel Kerstin: „Wir haben vorletztes Mal an einem Teil gearbeitet, der sich nicht willkommen fühlt. Kann es sein, dass der Rückzug eine Schutzfunktion für dieses Gefühl ist? Und dass du dich bei Menschen, mit denen du noch nicht vertraut bist, nicht integriert und willkommen fühlst, auf Abstand gehst und dich mit diesem Rückzug sicher fühlst ...? Du nickst, ist das richtig?“

Ziel einer Rückmeldung kann sein, dass Klienten neugieriger werden, ihre Wirkung und damit zusammenhängende Muster näher zu betrachten und daran weiterzuarbeiten. Auf diese Weise entwickelt sich aus einer Rückmeldung ein Dialog und unter Umständen auch ein tiefer Coaching-Prozess.

11. Krisen und Introvision

Krisen sind Teil unseres Lebens und unvermeidbar. In Zeiten, in denen uns Schicksalsschläge heimsuchen, große Veränderungen anstehen, Altes nicht mehr passt oder wir so wie bisher nicht mehr weiterleben können oder wollen, kann sich alles sehr eng, verunsichernd und bedrohlich anfühlen. Als krisenhaft erleben Menschen Situationen und Lebensphasen, die nicht mehr kontrollierbar sind und in denen sie sich über längere Zeit überfordert und hilflos fühlen. Vieles kann eine Krise auslösen: ein Unfall, eine schwere Krankheit oder der altersbedingte Abbau der Leistungsfähigkeit. Seelische Verluste können Krisen auslösen, der Verlust des Arbeitsplatzes, Tod oder Krankheit naher Menschen und schmerzhafte Trennungen. Manche verlieren ihren Lebenssinn, nichts erscheint mehr wertvoll oder wichtig. Das besonders Unangenehme in Krisen ist, das sich Menschen – mal mehr, mal weniger – bedroht fühlen und einen gewissen Verlust von Kontrolle feststellen. Sie erleben sich auch als ausgeliefert und ohnmächtig. Wenn uns etwas zustößt, womit wir nicht gerechnet haben, wenn auf einmal das Leben, so wie es war, nicht mehr weitergeht oder wir in vielen Lebensbereichen – Beziehung, Job, Wohnort etc. – zunehmend unglücklicher sind – all das kann sich krisenhaft anfühlen. Das Älterwerden, der Auszug der Kinder, auch der Eintritt in das Rentenalter und die damit einhergehende Umorientierung können eine Krise auslösen. Auf der geistig-mentalen Ebene können Zweifel am Sinn des eigenen Handelns oder der Lebensausrichtung, eine innere Leere oder herausfordernde Lebensentscheidungen krisenhaft erlebt werden.

Wir wollen uns hier mit verschiedenen inneren Zuständen in Krisen beschäftigen, mit der Frage, was hilft, diese besser zu bewältigen. Krisenbegleitung, Coaching und Selbst-Coaching können dazu beitragen, dass die Chancen neuer Sicht- und Handlungsmöglichkeiten, oft auch veränderter Wertorientierung erkannt und ergriffen werden. Die Wahrscheinlichkeit, von einer Krise dauerhaft aus der Bahn geworfen zu werden, kann so deutlich reduziert und die Selbstführung gestärkt werden.

11.1 Wie Menschen auf Krisen reagieren

So vielfältig, wie die Auslöser von Krisen sein können, so vielfältig sind auch Muster, wie Menschen mit krisenhaften Zuständen umgehen. Manche fliehen aus der Verunsicherung. Sie legen einen ziemlichen Aktivismus an den Tag, springen in die nächste Beziehung oder auf das nächste Projekt und vermeiden so, genauer hinzuspüren. Manche ziehen sich in ihr Schneckenhaus zurück und suchen erst dann wieder mehr Kontakt zur Umwelt, wenn es ihnen besser geht. Andere suchen sich professionelle Hilfe. Die häufigste Reaktion auf schwierige Veränderungen und unangenehme oder schmerzhafte Gefühle ist Widerstand: Man will sie nicht wahrnehmen, nicht fühlen, nicht ernst nehmen. Das Unangenehme darf oder sollte nicht sein! Der Widerstand gegen Schmerz ist eine spontane, natürliche und auch physiologische Reaktion. Wenn man jedoch gegen seine Gefühle kämpft, wird der Schmerz am Ende nur größer.

Shinzen Young, ein in den USA lebender Achtsamkeitslehrer, hat dazu eine interessante Formel aufgestellt[2]:

$$\text{Leid} = \frac{\text{Schmerz} \times \text{Widerstand}}{\text{Bewusstheit}}$$

Bezogen auf Krisen bedeutet das: Schmerz gehört zum Leben, wir können ihn nicht vermeiden. Wenn wir gegen den Schmerz ankämpfen, wird er dadurch nur größer und das führt zu mehr Leiden. Mehr Bewusstheit hingegen mindert das Leiden. Und Bewusstheit entspricht den folgenden Qualitäten von Achtsamkeit:

- Klare Wahrnehmung dessen, was ist – mit einem gewissen Abstand betrachtet
- Das Lenken der Aufmerksamkeit auf die Innenwelt, ohne sie zu beeinflussen
- Die annehmende Haltung gegenüber dem, wie es ist
- Die offene, neugierige Präsenz für die gegenwärtige Erfahrung

„*Veränderung geschieht, wenn jemand wird, was er wird. Nicht, wenn er versucht, etwas zu werden, das er nicht ist.*“ Diese Aussage von Arnold Beisser (1925–1991) ging als paradoxe Theorie der Veränderung in die Gestaltliteratur ein. Im Alter von 25 Jahren hatte Beisser an der Stanford University promoviert und Tennisturniere gewonnen. Mit 27 Jahren erkrankte er an Polio und war für den Rest seines Lebens an die eiserne Lunge gefesselt. Er schreibt: „*Als ich aufhörte, zu kämpfen und an einer Veränderung zu arbeiten, als ich Wege fand, anzunehmen, wie ich bereits geworden war, entdeckte ich, dass ich mich gerade dadurch veränderte. Anstatt mich behindert und unzulänglich zu fühlen, wie ich befürchtet hatte, fühlte ich mich wieder ganz. Ich erlebte ein Wohlbefinden und eine Fülle, die ich zuvor nicht gekannt hatte. Ich fühlte mich nicht nur eins mit mir selbst, sondern auch mit dem Universum*“ (Beisser 1997, S. 115).

2 Zitiert nach Charles Tart in: ↗ https://www.youtube.com/watch?v=G8uiP65C-k4

Wir alle sind nicht nur von eigenen Lebenskrisen betroffen, sondern wir werden auch mit Krisen uns nahestehender Menschen konfrontiert: Familienangehörige, Partner, enge Freunde und Freundinnen, Kollegen oder Mitarbeiterinnen. Und als professioneller Begleiter von Menschen, z. B. als Coachs oder Therapeuten, begegnen uns krisenhafte Zuspitzungen häufiger. Jemanden, der uns nahesteht, leiden zu sehen, kann sehr schmerzhaft und herausfordernd sein. Denn oft können wir nicht helfen, können nichts tun, um das Leiden zu verringern. Wir müssen die Gefühle des anderen, die Verzweiflung, Hilflosigkeit und Ausweglosigkeit oder die Wut aushalten, ohne sie verändern zu können. Das bringt uns manchmal selbst an Grenzen. Wir fühlen mit und oft leiden wir mit. Eigene Bewältigungsstrategien angesichts Ohnmacht können anspringen, man möchte etwas lösen oder bewegen. Helferanteile möchten die Person aus ihrem Leid rausholen, ihr etwas Gutes tun. In der Begleitung von Menschen ist es hilfreich, die eigenen Muster zu kennen und wirklich offen zu sein für ihre individuellen und vielleicht ganz anderen Wege, die sie durch die Krise finden. Das sind nicht selten längere Wege, die Geduld verlangen.

Auch für Begleiter kann die Formel „Leid = Schmerz x Widerstand / Bewusstheit" als Orientierung dienen. Die annehmende Haltung gegenüber dem, was die Person erlebt und auch dem, was ich selbst fühle, kann mehr Gleichmut herstellen. Mit der Fähigkeit, wahrzunehmen was ist, ohne sich damit zu identifizieren, wird Mitgefühl anstatt Mitleid möglich. Selbstmitgefühl und Mitgefühl ist die Haltung, die uns erlaubt, sowohl im Kontakt mit dem Gegenüber zu sein als auch uns selbst nicht zu verlieren.

11.2 Krisen sind „Not"-wendig

Es lohnt sich, etwas mehr darüber zu wissen und zu verstehen, wie wir uns durch Krisen weiterentwickeln können. Gerade weil das Alte so nicht mehr funktioniert, entsteht in Krisen etwas Neues. Das können neue Sicht- und Handlungsmöglichkeiten sein, veränderte Werte, neue Beziehungen, eine neue Art, in der Welt zu sein. Im Chinesischen wird das Wort für Krise mit zwei Schriftzeichen geschrieben, von denen interessanterweise das eine „Furcht, Gefahr" bedeutet und das andere „Chance, günstige Gelegenheit". Im Erleben einer Krise hat jedoch die Gefahr meist größeres Gewicht als die Chance, die nicht immer sofort erkannt wird.

Wenn wir eine Krise bewältigen, machen wir oft viele Erfahrungen und eignen uns dabei fast immer neue Kompetenzen an. Um ein paar Beispiele zu nennen: In einer Krise erleben wir, dass Menschen für uns da sind und uns tragen. Und so lernen wir, uns auf andere mehr zu verlassen und Verantwortung abzugeben. Wir erleben, dass wir nichts planen und steuern können und lernen, angesichts unvorhergesehener und unkontrollierbarer Ereignisse gelassener zu werden. Wir machen die neue Erfahrung, dass wir auch im Alleinsein tiefe Zufriedenheit empfinden und werden zukünftig etwas unabhängiger von äußeren Befriedigungen. Im Lauf der Bewältigung einer Krise können wir lernen, uns besser abzugrenzen, uns selbst mehr zu vertrauen, uns hinzugeben oder flexibler zu werden.

Krisen zu erleben und Wege zu finden, sich nicht nur anzupassen, sondern neuen Sinn zu entdecken: All das macht uns lebens-, ja sogar überlebensfähig. Wer im Lauf seines Lebens Krisen erlebt und dabei gelernt hat, sich auf veränderte Lebensumstände einzustellen, findet leichter Wege, mit Veränderungen zurechtzukommen und sich neu zu orientieren. Mit anderen Worten: Krisen zu bewältigen erhöht die Resilienz.

Typische Krisen, die geradezu herausfordern, uns nochmal neu zu (er)finden, sind der Übergang vom Kind zum Erwachsenen in der Pubertät oder die Erkenntnis zur Lebensmitte, doch nicht mehr „ewig Zeit" zu haben: Die bisher unbegrenzte Zukunft wird plötzlich endlich. Auch das Ende der Berufstätigkeit kann gerade für sehr leistungsorientierte und aktive Menschen so krisenhaft sein, dass sie diese Veränderung des Alltags buchstäblich nicht überleben. Manche sind auf den Verlust an Bedeutung, sinnvoller Tätigkeit und sozialen Kontakten schlicht nicht gut genug vorbereitet. Eine Studie des Leibniz-Instituts für Wirtschaftsforschung aus dem Jahr 2019 belegt, dass die Sterblichkeitsrate in den Monaten nach Renteneintritt signifikant ansteigt[3].

Aber nicht immer weitet sich eine schwierige Lebenslage zur Krise aus. Es gibt krisenhafte Zustände und Situationen, die ohne „disruptive" Veränderung, d. h. ohne einen Wandel oder eine Weiterentwicklung der eigenen Persönlichkeit, auch gut zu lösen sind. Vielleicht kann man das mit familiären oder beruflichen Veränderungen vergleichen, für die die aktuelle Wohnsituation nicht mehr so richtig passt. Da stellt sich die Frage, ob es reicht, einfach nur umzuräumen oder ob ein kompletter Umzug notwendig wird. Im Beruf kann z. B. ein Wechsel innerhalb der Firma eine krisenhafte Zuspitzung beenden, doch manchmal steht auch eine grundsätzliche persönliche und berufliche Neuorientierung an.

3 ↗ https://www.rwi-essen.de/presse/wissenschaftskommunikation/pressemitteilungen/detail/fuer-gutverdiener-ist-der-renteneintritt-ein-gesundheitsrisiko

11.3 Orientierung auf dem Weg

Bei näherer Betrachtung können wir verschiedene Phasen oder innere Zustände von Menschen in Krisen unterscheiden. Auch wenn Krisen viel zu komplex sind, um sie in Phasen „einzuordnen", so sind im Verlauf einer krisenhaften Zuspitzung doch bestimmte Muster erkennbar. Ein zentrales Gefühl ist die Angst vor den grundlegenden Veränderungen, die oft große Unsicherheit über die Zukunft bedeuten. Im Umgang mit den starken Emotionen in Krisen – Trauer, Schmerz, Unsicherheit, Angst – besteht die Herausforderung darin, sie nicht zu vermeiden und sich gleichzeitig nicht von ihnen vereinnahmen oder überschwemmen zu lassen. Wie schon geschrieben, spielen deshalb eine annehmende Haltung und die Fähigkeit zur Disidentifikation eine zentrale Rolle. Hierdurch finden wir einen Fokus in Krisen.

Stagnation

Im Zustand der Stagnation erleben Menschen das Schwierige tendenziell als von außen kommend. Sie hatten vielleicht einen Unfall, haben den Arbeitsplatz gewechselt oder einen schmerzhaften Verlust erlitten und sind unzufrieden, unglücklich und verärgert wegen der äußeren Umstände und Bedingungen. In der Phase der Stagnation wollen wir die unangenehmen Gefühle nicht spüren und möchten am liebsten nicht wahrhaben, was uns widerfährt. Deshalb bekämpfen, leugnen oder verdrängen wir die unangenehmen Gefühle. Man will einfach nicht sehen, dass es in der Partnerschaft schon lange nicht mehr gut läuft oder man hadert ewig mit einer Kündigung und steigert sich immer mehr in die tief empfundene Ungerechtigkeit hinein. Es kann sich anfühlen, als würde sich nichts bewegen, auch weil man sich angesichts der Ereignisse handlungsunfähig und ausgeliefert fühlt. Deshalb der Begriff „Stagnation".

Veränderung und Akzeptanz sind miteinander verwandt, sie bedingen sich gegenseitig. Vermeidendes Wegschauen kann den Leidensdruck zwar eine Zeitlang verringern, aber dadurch fehlt auch die Motivation für Veränderung. Nur wenn man doch hinschaut und erfasst, was genau anders sein soll, kann man es verändern. Und für diese Art des Hinschauens, für das Überwinden von Vermeidungstendenzen, braucht es Akzeptanz.

In dieser Phase ist es hilfreich, den Blick von außen mehr nach innen zu wenden und genauer nachzuspüren. Wenn man sich dem inneren Erleben zuwendet, werden die gegenwärtigen Spannungen intensiver wahrgenommen und erlebt. Und bereits das ist ein entscheidender Fortschritt – ein erster Schritt, der in der Stagnation weiterhelfen kann. Man kann sich beispielsweise fragen:

- Was genau ist mein Schmerz, meine Angst?
- Was kann ich hinter dem Schmerz, hinter der Angst wahrnehmen?
- Was befürchte ich?
- Was geht mir verloren?
- Wer in mir erlebt diese Gefühle?

Ein Beispiel:

Sara kommt ins Coaching, weil sich ihr emotionaler und gesundheitlicher Zustand in den letzten Wochen beunruhigend verschlechtert hat. Im Vorstand der Firma, in der sie arbeitet, gab es einen Wechsel und der Nachfolger zeichnet sich durch einen sehr bestimmenden Führungsstil aus. Er hat eine hohe Erwartungshaltung bezüglich der Präsenz und zeitlichen Verfügbarkeit seiner Mitarbeiter und erhöht damit noch Saras eigene Anspruchshaltung. Ständig spürt sie Druck, sich um alles und alle zu kümmern, und dies immer sofort. Mittlerweile geht der Druck, ihrem Vorgesetzten, ihrem Team, ihrem Partner und sich selbst gerecht zu werden, stark zu Lasten ihrer Gesundheit. Sie ist fortwährend getaktet, kommt abends nie vor 20.00 Uhr nach Hause, treibt keinen Sport mehr und kann auch am Wochenende nicht mehr richtig loslassen. Sie fühlt sich deutlich an einer Belastungsgrenze und auch ihre rheumatischen Beschwerden haben sich massiv verschlechtert. All das erlebt sie wie eine krisenhafte Zuspitzung in ihrem Leben.

Sara möchte wieder mehr auf sich achten und Grenzen setzen können. Sie spürt die Notwendigkeit, mehr für ihre Gesundheit zu tun. Dafür müsste sie pünktlich Feierabend machen und auch dann, wenn noch nicht alles erledigt ist, die vereinbarten Termine für Sport oder Physiotherapie einhalten. Aber das schafft sie nicht.

In den ersten Coaching-Sitzungen ist Sara stark auf die äußeren Bedingungen fokussiert, unter denen sie leidet und an denen sie nichts ändern kann. Dazu gehören der Change-Prozess in der Firma, die schwierige Persönlichkeit des neuen Vorstands, der fehlende Support, die Unfähigkeit ihres Stellvertreters, die Abhängigkeit ihres Teams von ihr, der tatsächliche Zeitdruck von Projekten, der belastende Krankheitsverlauf. Als wir ihre Persönlichkeitsteile näher erkunden, stoßen wir auf einen sehr zentralen Teil: die „Mutter der Kompanie“. Dieser Teil fühlt sich überverantwortlich für alles und möchte die Menschen nicht allein oder im Stich lassen. Dahinter entdeckt Sara einen verletzlichen Teil, der oft die Erfahrungen machen musste, dass sich niemand um ihn kümmert und der sich deshalb sehr allein gelassen fühlt. Das entspricht den Erfahrungen, die Sara als kleines Mädchen und auch später im Leben immer wieder machen musste. Besonders schmerzhaft war es für sie, vor 18 Jahren als Schwangere von ihrem damaligen Partner verlassen zu werden. Jetzt setzt die „Mutter der Kompanie“ alles dafür ein, dass sich solche Erfahrungen – sich auf Menschen nicht verlassen zu können – nicht wiederholen.

Für Sara sind das wichtige Erkenntnisse, denn die Zusammenhänge waren ihr bis dahin so nicht bewusst. Allerdings kommt es im Coaching-Prozesses zu keinen relevanten Veränderungen. Die Prägungen sind so stark, dass es ihr trotz einer tiefen Einsicht in die Dynamiken, trotz der intensiven Arbeit an der Selbstführung und auch trotz ihrer guten Absichten nicht möglich ist, mit ersten kleinen Schritten etwas zu verändern. Die „Unabhängige", ein anderer Teil von ihr, will sich nicht eingestehen, dass sie mehr Unterstützung braucht und es allein nicht mehr schafft. Das vom Unternehmen bewilligte Coaching-Kontingent ist fast aufgebraucht, doch Sara bleibt in der Phase der Stagnation. Der innere Druck nimmt zu und das Rheuma verschlechtert sich massiv. Für sie ist das der Zeitpunkt, sich für eine Kur in einer psychosomatischen Klinik zu entscheiden – ein Schritt, den ihr Arzt ihr bereits vor Monaten empfohlen hat. Ab dem Zeitpunkt haben wir uns aus den Augen verloren.

Dieses Beispiel zeigt, dass wir Menschen in einer Krise manchmal nur auf einem kleinen Stück des Wegs weiterhelfen können.

Bei Krisen brauchen wir Geduld – gerade in der Phase der Stagnation, die lange dauern kann. Welcher Weg aus diesem Stillstand herausführt, ist vorab schwer zu sagen, und ihn zu finden und zu gehen liegt in der Verantwortung der Person. Krisen laufen nicht linear und logisch ab und der nächste Schritt einer Veränderung ist immer ein sehr individueller und manchmal überraschender. Es kann sein, dass jemand wie Sara aufgrund einer Auszeit mehr Abstand gewinnt und sich gestärkt fühlt, die anstehenden Dinge zu ändern. Oder dass neue Impulse entstehen, weil das Leid so groß ist. Auch, dass diese Person riskiert, sich mehr abzugrenzen und sich dann tatsächlich jemand von ihr nicht mehr unterstützt fühlt, enttäuscht oder verärgert ist. Es kann sein, dass sie trotz guter Vorsätze nach ein paar Wochen in das gleiche Muster zurückfällt und die Stagnation anhält. Oder dass sie das toxische Umfeld verlassen muss, weil sie in einem anderen Umfeld und mit einer reduzierten Arbeitszeit eher in der Lage ist, sich abzugrenzen.

Polarisation

In einem Zustand der Polarisation wird die emotionale Spannung intensiver wahrgenommen und Menschen erleben dann eine Phase, die von einer starken Zerrissenheit geprägt ist, von einem inneren Kampf. Zwei oder mehr Kräfte ziehen in unterschiedliche Richtungen und wir fühlen uns blockiert und unfähig, zu entscheiden. An einem Tag spüren wir Klarheit, am nächsten Tag Unsicherheit oder Zweifel. Ein Teil fühlt sich sicher und zuversichtlich, ein anderer hat Angst und viele Bedenken. Menschen empfinden in dieser Phase oft einen starken inneren Druck und Ungeduld mit sich selbst. Sie sind frustriert, nicht den nächsten Schritt gehen zu können. Die inneren Spannungen und Widersprüche lassen sich nicht lösen oder klären und es kann ein Zustand zunehmender Verwirrung entstehen, bis hin zu Gefühlen von Aussichtslosigkeit.

Hier ist es hilfreich, sich den unterschiedlichen Impulsen und Teilen der Persönlichkeit jeweils einzeln zuzuwenden und sich nicht weiter wie ein Spielball dem Hin-und-Her auszusetzen. Es geht darum, die Teile oder inneren Stimmen genauer kennenzulernen. Das ist herausfordernd, denn in der Polarisation wird mindestens eine Seite abgelehnt, bekämpft oder verleugnet. Aber jede innere Stimme will gehört und anerkannt werden. Werden die Vorbehalte oder Ängste der verschiedenen Teile tiefer gesehen und verstanden, können sie auch besser berücksichtigt werden.

Der innere Dialog mit den einzelnen Persönlichkeitsteilen, die an dem polarisierten Zustand beteiligt sind, ist ausgesprochen entlastend. Das, was zuvor schwierig war, kann jetzt mehr Sinn ergeben und muss nicht mehr so sehr bekämpft werden. Als Begleiter ist es entscheidend, allparteilich zu sein und sich mit eigenen Vorlieben und Erfahrungen zurückzuhalten. Es ist wichtig, die Polarisierung zu erkunden und nicht zu versuchen, sie aufzulösen.

Ein Beispiel:

Kurt, mit 38 Jahren nicht mehr ganz jung, ist seit einigen Jahren als wissenschaftlicher Mitarbeiter an einer Hochschule angestellt. Seit einem halben Jahr hadert er mit seiner beruflichen Situation, schwankt innerlich hin und her, ob er weiterhin eine Professur anstreben soll oder ob er sich im Bereich Kinder- und Jugendpsychiatrie ganz neu orientieren möchte, denn er hat eine starke Affinität zu Menschen. Er hat sich schon nach möglichen Ausbildungen umgeschaut. Dieser Druck hat in den letzten Wochen stark zugenommen, seit er das Angebot erhalten hat, sich an einer anderen Uni zu habilitieren. Außerdem hat er erfahren, dass die für ihn interessanteste Ausbildung in vier Monaten startet. Er muss sich recht bald entscheiden und mit diesem Entscheidungsdruck dreht er sich im Kreis. Nicht gerade erleichternd wirkt in diesem Zusammenhang, dass er seit kurzem verheiratet ist und er und seine Frau über Nachwuchs nachdenken. Dieses Sich-im-Kreise-Drehen ist für Kurt inzwischen unerträglich. Für ihn gibt es kaum noch andere Gesprächsthemen, was die Beziehungen zu seiner Frau und zu engen Freunden belastet. Das ist auch der Anlass, sich für ein Coaching zu entscheiden.

Kurts Unentschiedenheit äußert sich zum Beispiel so, dass er nach Ausbildungen recherchiert, und während er das tut, melden sich innere Stimmen, die das infrage stellen: Warum sucht er nach Weiterbildungen, wenn er noch gar nicht weiß, ob er das überhaupt will? Welche Chancen hat er als Kinder- und Jugendpsychiater? Ist das wirklich das Richtige? Die Habil-Stelle ist eine einmalige Chance, die so nie wieder kommt …

Kurz zusammengefasst haben wir beim Identifizieren und Erkunden der Spannungen einige zentrale Stimmen und Teile entdeckt: Es gibt den „Zweifler“, der Kurt so stark ausbremst und der verhindern möchte, dass er sich manipulieren lässt und durch eine falsche Entscheidung nicht das lebt, was ihm so wichtig ist. Dann gibt es einen Anteil mit dem starken Anspruch, „einen Unterschied für die Welt zu machen“. Und – für Kurt neu, das so deutlich zu spüren – einen Teil, der Orientierung bei anderen sucht, der ständig darauf ausgerichtet ist, was andere in ihm sehen, was das Umfeld von ihm erwartet. Diesen Teil umschreiben wir mit „Orientierung von außen". Er ist mit dem „Zweifler" polarisiert und verdeckt Kurts eigene Bedürfnisse und Impulse. Erhellend ist für ihn außerdem, dass die „Stimme der Wissenschaft" der tiefen Überzeugung ist, Kurt könne doch die lange Zeit, die er in eine Uni-Karriere investiert hat, nicht einfach über den Haufen werfen. Auch die Intensität dieser Seite war ihm vorher nicht so bewusst.

In der vierten Coaching-Sitzung berichtet Kurt, dass er inzwischen „einen Schritt nach dem anderen geht". Wie „mit einer Taschenlampe" leuchte er „das unmittelbar Gegenwärtige aus" und sehe, dort angekommen, den nächsten zu unternehmenden Schritt. Inzwischen traut er sich mehr zu, diese Schritte zu gehen, ohne Bestätigung von außen zu erhalten. Er empfindet als wichtigste Veränderung, dass er die Perspektiven anderer mehr loslassen kann, sich davon unabhängiger fühlt. So hat er sich entschieden, die Bewerbung nicht abzuschicken, nicht umzuziehen, sondern an seiner Hochschule zu bleiben. Seine Tätigkeit dort ermöglicht es ihm, parallel die Ausbildung in Kinder- und Jugendpsychiatrie zu machen. An der Hochschule ergeben sich gerade etwas mehr zeitliche Freiräume, die er nicht mehr als sinnlos erlebt, sondern als Chance für die eigene Weiterentwicklung. Jetzt, wo er seine innere Dynamik besser versteht, ist Kurt viel weniger besetzt von widerstreitenden Gedanken und Gefühlen. Er kann klarer entscheiden und sich „aus diesem Loch befreien".

Dies ist ein Beispiel dafür, dass es in krisenhaften Zuspitzungen primär darum geht, innerlich weiterzukommen. Manchmal ändert sich da ganz viel, auch wenn es im Außen gar nicht so neu und anders wirkt. Haltung, Ausrichtung oder Perspektive ändern sich und manchmal ergeben sich auch neue Optionen. Im Zusammenhang mit Akzeptanz bedeutet das: Interessanterweise verringert sich die Ablehnung von etwas, wenn sich mit einer akzeptierenden Haltung gegenüber bisher Vermiedenem neue, wichtige Aspekte offenbaren. Mit einer annehmenden und mitfühlenden Haltung fällt der mühsame, anstrengende und erfolglose Kampf gegen etwas ab – und das ist bereits ein entscheidender Veränderungsschritt.

Engpass

Die Phase in Krisen, in der Orientierungslosigkeit und Enge so heftig werden, dass nichts mehr zu gehen scheint, nennen wir Engpass. Im Inneren entsteht ein tiefes Empfinden, dass sich Widersprüche nicht auflösen lassen. Es geht nicht vor und nicht zurück und oft ist das Denken nicht mehr linear und logisch. Dieser Zustand kann sowohl mit starken Gefühlen verbunden sein als auch ganz still ablaufen. Häufig kommt es hier zu einem „Loslassen", einem Sich-Hingeben, einem Nicht-mehr-Kämpfen. Es ist fast so, als würden sich gegensätzliche Impulse auf einmal aufheben und aus diesem Moment höchster Labilität entsteht eine Bereitschaft, Altes loszulassen und sich auf etwas Neues, Unbekanntes einzulassen. Das kann der Moment sein, in dem sich jemand tief eingesteht, wie sehr er leidet und dann eine Entscheidung trifft. Oder wo sich etwas so unerträglich zugespitzt hat, dass die Klarheit entsteht, dass es so nicht mehr weitergeht. Der Engpass in der Krise ist vergleichbar mit dem Engpass im Geburtskanal. Es ist der Wendepunkt, an dem etwas Neues ins Leben kommt.

Als Begleitende unterstützen wir in dieser Phase am besten mit achtsamer Präsenz und einer annehmenden, vertrauensvollen Haltung gegenüber den starken Gefühlen und dem, was entstehen will. Erfahrung mit Achtsamkeit hilft, um in dieser Phase nicht von den Gefühlen überschwemmt zu werden. Im Coaching und im Selbst-Coaching können wir dies mit Introvision gut unterstützen. Diese beschreiben wir ausführlich im Abschnitt „Selbst-Coaching“ (siehe 11.5).

Das Neue

Die Bewältigung einer Krise und eines Veränderungsprozesses geschieht nicht, indem ich wieder „der oder die Alte“ werde, sondern indem sich etwas Neues entwickelt. Dieses „Neue“ geht oft mit der Fähigkeit einher, sich den veränderten Bedingungen anzupassen. Wenn sich neue Sichtweisen entwickelt haben und unsere Persönlichkeit anders auf Ereignisse reagiert, haben wir neue Möglichkeiten zur Verfügung. Wir können auf Themen und Phänomene anders blicken, sie neu und anders erleben und uns mit uns selbst und anderen anders in Beziehung fühlen.

In dieser Phase verändert sich die Vorstellung von uns selbst und es zeigt sich, was „Krise als Wandel“ bedeutet. Verhaltensmuster und bestimmte Facetten der eigenen Persönlichkeit, mit denen wir uns zuvor identifiziert haben, wandeln sich. Manche Teile der Persönlichkeit rücken stärker in den Vorder- oder Hintergrund. Unter „Ich“ verstehen wir jetzt etwas anderes als vor der Krise. Es entwickeln sich Aspekte einer neuen Identität mit neuen Gefühlen und einem neuen Selbstverständnis. Mit solchen neuen Perspektiven und Handlungsoptionen kann jemand beispielsweise gut mit den Veränderungen leben, unter denen ein „Bodenständiger“ bisher gelitten hat. Er kann auch größeres Vertrauen in die nächsten Schritte entwickeln. Oder eine bislang ausgesprochen unabhängige Person, die in den vergangenen krisenhaften Wochen hilfreiche Unterstützung im Freundes- und Kollegenkreis erleben und annehmen konnte, kann sich nun leichter anvertrauen und Bedürftigkeit etwas mehr zulassen. Der Wandel der Identität ist weniger eine bewusste Entscheidung oder ein Willensakt, sondern vielmehr eine seelische Entwicklung und damit der Aufbau von neuen, veränderten psychischen Strukturen. Wir können auf Phänomene anders schauen, sie anders und neu erleben. Wir beginnen, mit dem Neuen zu leben.

Für die Begleitenden geht es vor allem darum, die wesentlichen Aspekte der Veränderung bewusst zu machen. Das Neue will kennengelernt, erforscht und ins Leben gebracht werden. Man kann gemeinsam mit dem Klienten erkunden, was anders ist und welche Bedeutung das für das weitere Leben hat oder haben könnte. Auch kann es sinnvoll sein, ihm zu helfen, die verschiedenen Facetten des Neuen im Leben umzusetzen und zu verankern: die innere Haltung, die Perspektiven, die Handlungsmöglichkeiten oder neuen Spielräume. Auch kann es wichtig sein, die Auswirkungen des Neuen auf manche Teile der Persönlichkeit zu erforschen.

Gesundheitliche Krisen

Die meisten Menschen haben Erfahrungen mit schweren Erkrankungen – entweder mit eigenen oder denen von nahen Angehörigen oder Freunden. Krankheiten sind wohl der häufigste Auslöser für krisenhafte Zuspitzungen im Leben. Wir werden mit Ungewissheit und Bedrohung, oft auch mit unserer Endlichkeit konfrontiert; das Leben geht nicht mehr so selbstverständlich weiter wie zuvor. Die zentrale Frage in einer gesundheitlichen Krise ist nicht, wie wir Unsicherheit und Angst entgehen können, sondern wie wir eine Haltung finden können, mit Ungewissheit, Angst und den unangenehmen Umständen zu leben. Wenn es uns gelingt, uns nicht gegen die Verletzlichkeit und grundsätzliche Zerbrechlichkeit des Lebens abzuschotten, sondern offen zu bleiben, dann können wir heilsame Qualitäten entdecken: Mitgefühl, Selbstfürsorge, Akzeptanz.

Zurückkommend auf Arnold Beisser können wir mithilfe von Akzeptanz einen anderen Bezug zur Erkrankung und zu unserem begrenzten, sich verändernden Leben finden. Diese Form von Akzeptanz bedeutet keinesfalls Passivität oder Resignation, sondern entspricht am ehesten einer buddhistischen Variante des Gelassenheitsgebets: „Möge ich den Mut und die Kraft haben, die Dinge zu tun, die zu tun sind, die mitfühlende Gelassenheit, anzunehmen, was ich nicht ändern kann, sowie die Weisheit, beides im rechten Maße zu verbinden." Wenn wir uns anschauen, wie Menschen mit gesundheitlichen Krisen umgehen, dann fällt uns auf, dass hier eine gute Verbindung von Akzeptanz – annehmen, was ist – und gezielter Aktivität – alles Notwendige und Sinnvolle tun, das man tun kann – gefragt ist. Es ist herausfordernd, angesichts einer bedrohlichen Erkrankung so zu leben, denn natürlich reagieren all unsere Überlebensstrategien, denen dieser mitfühlende, gelassene Mut noch fehlt. Das ist gerade bei einer Krankheit ohne Heilungschancen ein sehr persönlicher Weg, den jeder schwer Erkrankte und jeder Angehörige gehen muss. Deshalb sind hier Empfehlungen schwierig.

Introvision und „Schlimmzustände"

Krisen sind so erschreckend und unbeliebt, weil sich die Zustände, in die man kommt oder kommen kann, sehr bedrohlich und schlimm anfühlen. Deshalb ist es entlastend, einen Weg zu finden, sich solchen unangenehmen Zuständen zu stellen. Heftige Emotionen werden erträglicher, wenn wir von ihnen nicht so überrollt werden und wir weniger mit ihnen kämpfen müssen. Wenn wir annehmender, weiser und kreativer mit dem umgehen können, wie es nun mal ist, wird es leichter. Auch hier ist der entscheidende Hebel, achtsam wahrzunehmen, was ist – ohne mit ihm identifiziert oder gar von ihm vereinnahmt zu sein.

Eine gut erforschte und systematische Vorgehensweise, mit krisenhaften Gefühlen umzugehen, ist die von Angelika Wagner entwickelte Introvision (Wagner, Kosuch & Iwers 2020). Introvision ist die Kombination einer spezifischen Form von Achtsamkeit mit einer effektiven Methode, hinderliche Denkmuster in den Fokus zu nehmen. Sie dient dazu, inneren Konflikten und Stressmustern gelassener zu begegnen. Die „konstatierende aufmerksame Wahrnehmung" (KAW) hilft, heftige Gefühle oder Befürchtungen gelassener zu beobachten. Zum anderen erforscht man, was hinter diesen sogenannten „Schlimmzuständen" liegt. Es geht darum, Überzeugungen zu erforschen, bis hin zu den sogenannten Kernimperativen, die den inneren Spannungen zugrunde liegen. Das sind Sollvorstellungen, die dem Muster eines „Muss-darf-nicht-Syndroms" folgen: Dinge, die laut unserer Überzeugung keinesfalls passieren dürfen oder auf jeden Fall passieren müssen. In Situationen, wo das, was auf keinen Fall passieren darf, dann doch passieren könnte, bleibt der Realitätssinn genau daran hängen. Wir geraten unter Stress und erleben so etwas wie das „Zentrum des Unangenehmen".

Betrachten wir das am Beispiel des inneren Satzes „Ich darf mich jetzt nicht versprechen" oder – in der Muss-Version – „Ich muss hier gut ankommen" während eines öffentlichen Auftritts. Die Gedanken kreisen darum, dass es zu vermeiden gilt, schlecht anzukommen oder sich zu blamieren. Dieser Kampf zwischen Realitätssinn – „Ich könnte schlecht ankommen" – und Imperativ – „Das darf nicht passieren" – kostet sehr viel Kraft und erhöht den inneren Stress. Ein anderes Beispiel sind Kernimperative wie „Ich darf nicht untergehen" oder „Ich darf nicht hilflos sein" in einer Krisensituation. Eine Seite hat Angst davor, unterzugehen oder hilflos zu sein, eine andere kämpft mit aller Kraft darum, dass das keinesfalls passieren darf! Der mit den Befürchtungen gekoppelte emotionale Alarm ist oft so stark, dass der Geist nur mit deutlich reduzierter Kapazität funktioniert und das Handeln eingeschränkt ist. Wie man sich mit der konstatierenden aufmerksamen Wahrnehmung (KAW) auf die physikalische Welt ausrichtet und dort sicher verankert, wird weiter unten unter „Selbst-Coaching" beschrieben.

Kernimperative

Mit Introvision können – gerade in Stresssituationen oder Krisen – die tiefer liegenden Überzeugungen erkundet werden. Ein wichtiger Schritt dabei ist, die „Schlimm-Gefühle" bis hin zum sogenannten „Zentrum des Unangenehmen" achtsam zu betrachten. Das, was bisher auf keinen Fall passieren durfte, lässt sich mit Achtsamkeit gelassener betrachten. Die mit der starken Erregung verknüpfte „Muss / Darf-nicht-Vorstellung" wird durch die so gut wie immer deutlich entferntere Möglichkeit „Es könnte sein, dass (das zu Vermeidende) passiert" ersetzt.

Die Akzeptanz dessen, dass es passieren könnte, dass man schlecht ankommt, hilflos ist oder untergeht, kostet weniger Kraft als darum zu kämpfen, dass das auf keinen Fall passieren darf. Der Alarm wird quasi „entkoppelt" und diese Vorstellungen verlieren so oft erstaunlich schnell ihren Schrecken. Wenn ich für mich annehme, dass etwas passieren könnte, wird der innere Konflikt deutlich reduziert oder aufgelöst. Weil der Kampf mit dem möglichen Schlimmen nicht mehr so stark im Vordergrund steht, wird der Geist freier und flexibler.

Im Coaching versuchen wir, von einer Sollvorstellung ausgehend die zentraleren Imperative zu finden. Nehmen wir an, eine Klientin hat in einer krisenhaften Lebensphase die Vorstellung „Ich muss wissen, wie es weitergeht". Sie würde dies mit dem Konjunktiv konstatieren: „Es kann sein, dass ich nicht weiß, wie es weitergeht …" Dabei würde sie ihren inneren Zustand achtsam beobachten, und zwar mit der Frage: „Was ist daran das Schlimme?" Dann kommt vielleicht: „Dann bin ich hilflos" und anschließend: „Es könnte sein, dass ich scheitere." So kann man die Schichten von Befürchtungen explorieren, bis man zu der Wurzel kommt, dem Zentrum des Unangenehmen oder des Schlimm-Gefühls.

11.4 Verankern in der Gegenwart

Es ist wichtig, gut in der gegenwärtigen äußeren und körperlichen Realität verankert zu sein, um sich stark aufgeladenen emotionalen Spannungszuständen zuwenden zu können. Im Coaching ist man in einem sicheren Umfeld, und auch im Selbst-Coaching, wenn man sich darauf einstellt, sich dem „Schlimmen" zu nähern. Und dieses Umfeld so sicher zu sehen, zu hören und körperlich zu erleben, ist in gewissem Sinne der feste Boden, auf den man immer wieder zurückkommen kann.

Dieser feste Boden kann die Ausrichtung der Achtsamkeit auf den Atem und den Körper sein, der Bodenkontakt mit den Füßen oder der Körperkontakt zur Sitzfläche. Aber auch der Fokus auf eine weitere Sinneswahrnehmung – wie das Hören oder Sehen. Angelika Wagner beschreibt mit der „konstatierenden aufmerksamen Wahrnehmung“ eine spezifische, auf die Sinne ausgerichtete Art von Achtsamkeit. Eine bewährte Übung besteht darin, für zwei Minuten bewusst zu sehen, für zwei Minuten zu hören und für zwei Minuten die Körperempfindungen zu spüren. Das Besondere dabei ist: Man versucht, eine spezifische Sinneswahrnehmung in den Mittelpunkt zu nehmen, auf sie zu fokussieren und gleichzeitig die Wahrnehmung weit zu stellen. Aus diesem Zustand von Weite nimmt man das Schlimm-Gefühl in den Mittelpunkt der Aufmerksamkeit.

Das achtsame Konstatieren

Um das Lenken der Aufmerksamkeit zu unterstützen und die Konzentration dort zu halten, wo man sie haben möchte, wird das, was man wahrnimmt, innerlich in einem „konstatierenden“ Tonfall benannt. Das Wahrgenommene wird so möglichst einfach und neutral beschrieben.

Die Ausrichtung auf die reale physikalische Gegenwart und das Benennen hilft, aus Hektik, Grübeln oder anderen Formen destruktiver Gedankenschleifen herauszukommen. Allein diese Erfahrung bringt eine deutliche Entlastung, gerade dann, wenn Menschen in Enge, Angst oder Notprogramme abgerutscht sind. Für sie ist das ein erstes Mittel, wieder in einen Zustand neutralerer Gelassenheit zu kommen. Das ist für viele leichter umsetzbar als die klassische Konzentration auf den Atem. Den Atem wahrzunehmen ist für manche zu langweilig und kann auch leichter dazu verführen, doch wieder über die eigene Not nachzudenken. Wer gut in seiner Achtsamkeits- oder Meditationspraxis verankert ist, wird sich mit KAW leichttun.

Wirkfaktoren für Veränderung

Introvision ist eine wirksame Methode, um emotional stark aufgeladene innere Zustände in den Mittelpunkt der Aufmerksamkeit zu nehmen. Das ermöglicht es, unangenehme Zustände (Gefühle, Gedanken, Erinnerungen) ebenfalls möglichst konstatierend „as a matter of fact“ wahrzunehmen und zugleich auf Distanz zu halten.

Die Kombination von hoher Aufmerksamkeit und Fokus, eingebettet in die Gelassenheit weitgestellten Wahrnehmens, ist eine sehr gute Unterstützung, um mit starken Emotionen, speziell auch in Krisen, umzugehen.

In der Phase der Stagnation unterstützen Introvision und Achtsamkeit, das wahrzunehmen, was ist. Im Zustand der Polarisierung können so die tiefer liegenden Befürchtungen erforscht und etwas gelassener wahrgenommen werden. Im Engpass hilft das Konstatieren, den Alarmzustand anzunehmen und zu entspannen.

Die achtsame Art zu konstatieren fördert die annehmende Haltung gegenüber heftigen Gefühlen und hilft, den nötigen Abstand zu ihnen zu finden. Der krisenhafte Zustand verliert einen Teil seines Schreckens und es entsteht ein stabilisierender Anker in der Selbstführung.

Ein Beispiel:

Andreas (Ende 40), höhere Führungskraft im internationalen Umfeld, ist überarbeitet, schläft schlecht und stellt seinen ganzen Einsatz in den letzten Jahren – immer am Limit oder schon über das Limit hinaus – komplett infrage. Aufgrund einer vor über einem Jahr getroffenen Fehlentscheidung ist er für einen großen finanziellen Schaden verantwortlich und kommt nun mit der Diskrepanz zwischen seinem eigenen Anspruch und dieser ersten großen Niederlage nicht zurecht. Eigentlich ist er für einen nächsten Karrieresprung in eine noch größere Verantwortung vorgesehen, aber auch das ist nicht mehr so sicher. Sein Grundvertrauen ist erschüttert, v.a. sein Vertrauen in sich selbst und sein Urteilsvermögen, denn er hat einem wichtigen Mitarbeiter zu lange zu sehr vertraut. Er spürt immer wieder, dass ihm die frühere Selbstverständlichkeit verloren gegangen ist und hat Angst, dass „die Vergangenheit wiederkommt".

Da er so gefangen in seinen zweifelnden, belastenden Denkmustern ist, schlägt der Coach vor, sich dieser Angst mit Introvision zu stellen und den befürchteten Zustand näher zu erkunden. Weil Andreas am leichtesten Zugang zum Körper finden kann, bittet ihn der Coach, zwei Minuten lang den Körper und alle Körperempfindungen möglichst achtsam und innerlich weitgestellt wahrzunehmen. Dann bittet er ihn, sich auf die Angst „Es könnte sein, dass die Vergangenheit wiederkommt" auszurichten und wahrzunehmen, was daran das Schlimme ist. Dahinter zeigt sich: „Es kann sein, dass mich wieder etwas so runterzieht" und dann die Befürchtung: „Es kann sein, dass ich mich machtlos und ausgeliefert fühle." Als Zentrum des Schlimm-Gefühls stellt sich nach einer Weile heraus: „Es kann sein, dass ich isoliert bin." Andreas kann deutlich wahrnehmen, dass dieses Gefühl von Isolation den stärksten Alarm auslöst. Noch schlimmer als die Machtlosigkeit war das Gefühl in den Wochen danach, allein und isoliert zu sein. Der Coach leitet ihn an, wieder für zwei Minuten achtsam zu werden und sich dann in einer annehmenden Haltung und dem inneren Satz: „Es kann sein, dass ich mich isoliert fühle" auf das Schlimm-Gefühl auszurichten. Andreas ist überrascht, wie sich innerhalb kurzer Zeit mit dem Gefühl von Akzeptanz mehr Entspannung im Körper ausbreitet.

In der folgenden Coaching-Sitzung berichtet Andreas, dass er im Alltag immer schneller bemerkt, wenn er Sätze mit „Es darf nicht sein!" denkt und wie er dann sofort innerlich konstatierend sagt: „Es könnte sein, dass ..." Das habe aus der letzten Session am meisten nachgewirkt. Die regelmäßige Praxis von KAW und der neue Umgang mit den Befürchtungen ist ein wesentlicher Teil seiner Selbstführung geworden.

Zwei Monate später geht es Andreas bereits wesentlich besser. Er ist selbstbewusst auf den Vorstand zugegangen, man hat sich für ihn entschieden und er leitet jetzt eine der für das Unternehmen bisher größten Umstrukturierungen. Die eigene Krise hat ihn sensibilisiert für sorgenvolle Gefühle anderer und so ist er in der Lage, deutlich empathischer als bisher mit den Gefühlen seiner Mitarbeiter umzugehen. Besonders geholfen hat ihm die Übung des Weitstellens, die er ähnlich durchgeführt hat wie im ersten Coaching (weitgestellt mit Blick in die Natur). Er „sieht" dabei seinen Wirkungskreis, seine Werte, seine Familie und projiziert die aktuellen Themen dann mit größerem Abstand vor sich.

11.5 Krisen und Introvision in Coaching und Selbst-Coaching

Selbst-Coaching

Unterstützung ist wichtig

Bei gesundheitlichen oder juristischen Problemen würden wir einen Arzt oder einen Rechtsanwalt aufsuchen. Und bei krisenhaften Zuspitzungen und insbesondere in größeren Lebenskrisen? Auch hier empfehlen wir professionelle Unterstützung. Krisen sind leichter zu bewältigen, wenn wir Menschen an unserer Seite haben, die uns Halt geben, die uns trösten und vor allem für uns präsent sind. Da sollten wir nicht den Anspruch haben, es allein zu schaffen. Unterstützung von Menschen, denen wir nahestehen und die uns gut kennen, ist wunderbar. Hilfe von einer guten Freundin oder von der Familie ist ausgesprochen wertvoll. Aber nicht jede Freundin, jeder Freund oder Familienangehöriger ist dazu in der Lage. Manche fühlen sich unbeholfen, sind unsicher, wie angemessene Hilfe in einem bestimmten Fall aussehen könnte oder sind selbst durch unseren Zustand zu sehr belastet. Andere geben Ratschläge, die alles andere als hilfreich sind. Es lohnt sich darüber nachzusinnen, wem im engeren Freundes- und Familienkreis wir es zutrauen, die Art von Unterstützung zu geben, die uns gut tut. Und es kann sich herausstellen: Der beste Weg ist, einen Psychotherapeuten oder einen therapeutisch erfahrenen Coach aufzusuchen.

Persönliche Reflexion

In einem krisenhaften Zustand können die folgenden Fragen etwas Orientierung geben und die Selbstfürsorge unterstützen:

- Was hat mir in vergangenen Krisen geholfen? Was hat mich damals gestärkt oder stabilisiert?
- Was könnte mir heute helfen, auch um mich zu stärken?
- Wem in meinem Umfeld kann ich mich anvertrauen? Womit kann ich mich anvertrauen?
- Was brauche ich von meinen Mitmenschen (von Kollegen und Kolleginnen, Vorgesetzten, Freunden und Freundinnen, von der Familie)?
- Was für eine Art von Kontakt mit diesen Personen würde mir gut tun?
- Welche Aktivitäten könnten hilfreich sein? Welche alltäglichen Rituale könnten mich stabilisieren?
- Welche Teile von mir stehen mir im Weg, das zu tun oder mir das zu holen, was mir gut tut?
- Wie kann ich am besten vorgehen, um Unterstützung zu erhalten? Wer könnte mir helfen, z. B. auch bei der Suche nach professioneller Hilfe?

Konstatierende aufmerksame Wahrnehmung mit den Sinnen

Zweck: Die Wahrnehmung auf die äußere Realität fokussieren und innere Spannungen in den Hintergrund treten lassen. Eine gute Grundlage haben für das Erkunden und Annehmen eines „Schlimm-Zustands".

Grobstruktur: Kurze Wahrnehmungsübungen zur Lenkung der Aufmerksamkeit, die man für sich allein oder mit anderen zusammen machen kann.

Zeitbedarf: Für die einzelnen Übungen jeweils eine bis zwei Minuten, insgesamt zwischen zehn bis 30 Minuten

Dies ist eine spezifische Art achtsamer Aufmerksamkeitslenkung. In der gegenwärtigen physischen Umwelt gut verankert und mit einer weitgestellten Wahrnehmung auf ein Objekt fokussiert (z. B. Sinneswahrnehmung oder Gefühl), konstatierst du innerlich, was du wahrnimmst. Auf diese Weise trainierst du, die äußere Welt so wahrzunehmen, wie sie ist, ohne sie konzeptuell einzuordnen. Diese offene, weitgestellte und nicht eingreifende Aufmerksamkeit kannst du in zwei Schritten üben.

1. Übung: Fokussiert wahrnehmen

Fokussiere die Wahrnehmung für jeweils für eine bis zwei Minuten, erst auf das Sehen, dann auf das Hören und schließlich auf das Spüren. Halte die Aufmerksamkeit dabei klar auf einen kleinen Bereich ausgerichtet, beim Sehen auf ein Objekt in deinem Blickfeld – z. B. auf einen Baum, eine Uhr, eine Vase, einen Ausschnitt aus deinem Fenster oder einen bestimmten Bereich in deinem Zimmer usw. Beim Hören kann das ein wiederkehrendes Geräusch in der Außenwelt sein: die vorbeifahrenden Autos, der Wind in den Bäumen, das Summen des Kühlschranks oder auch dein Atem. Beim Spüren kannst du dich auf eine spezifische Körperregion fokussieren, z. B. auf das Gesicht oder die Atembewegung im Bauch, den Kontakt zur Sitzfläche, die Temperaturempfindung auf der Haut usw.

Es geht nicht darum, das Denken auszublenden, sondern nur alle ablenkenden Gedanken und das konzeptuelle Einordnen des Wahrgenommenen in den Hintergrund treten zu lassen. Lass dich immer wieder frisch und unvoreingenommen hinschauen, hinhorchen und nachspüren. Es ist sinnvoll, das Wahrgenommene möglichst einfach konstatierend im Geiste zu benennen, mit freundlich-neutraler Stimme.

Beispiele für Konstatieren beim Sehen: „Grüne Blätter, Äste bewegen sich, rotleuchtende Blüte, bewegte, helle Wolken …" Oder noch reduzierter: „Grüne Flächen, dunkle Linien, Schwanken, rot, leuchtend, hell und dunkel, graue, flauschig verschwimmende Flächen …"

Beispiele für Konstatieren beim Hören: „Leichtes Rauschen, Türe knallt, ein Vogel zwitschert, laute Stimmen, leise Schritte …"

Beispiele für Konstatieren beim Spüren: „Warme Luft, es kitzelt mich, da ist ein Druck, kühle Hände …"

Zu benennen, was du tatsächlich wahrnimmst, hilft dir, auftauchende Gedanken während der Übung in den Hintergrund treten zu lassen, Abstand zu ihnen zu gewinnen und sie wieder loszulassen.

Wenn du dich dann in spannungsgeladenen, schwierigen inneren Zuständen den Gefühlen konstatierend zuwendest, wirst du weniger von ihnen vereinnahmt. Insofern ist diese Übung auch ein Training der Selbstregulation.

Du wirst vertrauter mit der Fähigkeit, Phänomene mit einem gewissen Abstand zu beobachten und die Bewusstheit für das Gegenwärtige zu erhöhen. Hinsichtlich Shinzen Youngs Formel zu Widerstand und Bewusstheit ist die Übung eine gute Voraussetzung, um den Widerstand gegenüber Unangenehmem zu reduzieren.

2. Übung: Weitstellen der Wahrnehmung

Hier betrachtest du beispielsweise einen Baum vor dem Fenster, während du gleichzeitig (oder im kürzeren Wechsel) so umfassend wie möglich das ganze Blickfeld wahrnimmst. Du fokussierst auf ein bestimmtes Geräusch, z. B. auf eine Vogelstimme oder auf Autos, die vorüberfahren. Und gleichzeitig (oder in kurzem Rhythmus alternierend) hörst du weitgestellt alle anderen Geräusche, die kommen und gehen. Du spürst eine Körperempfindung, z. B., wie sich dein Bauch beim Atmen hebt und senkt – und zugleich dehnst du die Wahrnehmung weitgestellt auf den ganzen Körper aus.

Sehen: Richte deine Aufmerksamkeit auf ein Detail, auf einen Ausschnitt in deinem Blickfeld, wie oben beschrieben. Öffne dann den Blick so weit, dass du möglichst das gesamte Blickfeld erfassen kannst – vorne, rechts, links, oben, unten, und, soweit es geht, auch hinten. Lass den Blick entspannt und weich ruhen, ohne umherzuschweifen. Nimm visuell weitgestellt wahr und konstatiere, was du von Moment zu Moment siehst.

Hören: Nimm in den Mittelpunkt deiner Aufmerksamkeit ein bestimmtes Geräusch (z. B. das Vogelgezwitscher) und dann die gesamte Umgebung, einschließlich eigener Körpergeräusche. Sei dir gewahr, was du von Moment zu Moment hörst. Und falls es ganz still sein sollte, horche in die Qualität der Stille hinein.

Spüren: Wähle einen Bereich deines Körpers als Mittelpunkt deiner Aufmerksamkeit, z. B. eine Verspannung oder die Atembewegung, und spüre dann gleichzeitig den ganzen Leib. Die Wahrnehmung geht zunächst vom Fokus einer eng umrissenen Körperregion in den ganzen Körper bis zur Haut. Wenn es angenehm ist, kann sich die Wahrnehmung auf das gesamte physische Umfeld ausdehnen – auf deine Kleidung, den Boden, den Stuhl, die Luft auf der Haut und darüber hinaus.

Weitstellen bedeutet, eine übergeordnete Perspektive einzunehmen und mit möglichst vielen Sinnen wahrzunehmen – geerdet und gut aufgehoben in der Weite des gegenwärtigen Raums. Sei dir dabei deiner Innenwelt und auch der Außenwelt gewahr. Lass dich offen sein für alles, was sich zeigt. Sei bereit, etwas zu entdecken, ohne etwas Konkretes zu suchen oder etwas Spezifisches zu fühlen. Das können Gedanken, Gefühle, Bilder, sinnliche Wahrnehmungen, Erkenntnisse oder Assoziationen sein. Es kann sein, dass du diese Phänomene innerlich sprachlich einordnest („Das fühlt sich genauso an, wie damals, als ich …") oder kommentierst („Interessant …", „Das macht Sinn …") oder auch weiter hinterfragst („Warum fühlt das sich so an?", „Warum empfinde ich das so?"). Erlaube dir, auch dieses Konzeptualisieren als solches zu erkennen, es wieder loszulassen und zur unmittelbaren Wahrnehmung der gegenwärtigen Realität zurückzukehren. Es hilft, das Wahrgenommene immer wieder neutral konstatierend zu benennen.

Bleibe weitgestellt, wenn du merkst, dass du in etwas „reingezogen" oder abgelenkt wirst, dass du nachdenkst oder in Erinnerungen oder Konzeptualisierungen landest. Das Weitstellen kann mit mehr Gelassenheit im gegenwärtigen Moment einhergehen.

Je nachdem, welche Erfahrung angenehmer ist – die fokussierte oder die weitgestellte Wahrnehmung –, kannst du eine dieser Formen von Achtsamkeit auf die Sinneswahrnehmung täglich und dann auch situativ üben. Und wenn du in der Lage bist, gleichzeitig fokussiert und weitgestellt zu sein, ist auch das wunderbar. Experimentiere einfach ein wenig damit und finde deinen eigenen Zugang zu dieser Art von Achtsamkeit.

Wirkfaktoren für Veränderung

Wenn wir Achtsamkeit oder KWA praktizieren, werden wir vertrauter mit der Fähigkeit, Phänomene mit einem gewissen Abstand zu beobachten und die Bewusstheit für das Gegenwärtige zu erhöhen. Im Zusammenhang mit der Formel

$$\text{Leid} = \frac{\text{Schmerz} \times \text{Widerstand}}{\text{Bewusstheit}}$$

ist das eine gute Voraussetzung, um Widerstand gegenüber Unangenehmem zu reduzieren – nicht nur in Alltagssituationen, sondern gerade auch in Krisen.

Coaching

Einen Schlimm-Zustand erkunden

In Krisen bietet es sich an, einen Schlimm-Zustand zu erkunden und sich mit KAW dem „Entschärfen des Alarms" zu nähern. Für die Regulierung anderer starker Gefühle, z. B. bei automatischen Reaktionen, kann man ebenfalls so vorgehen. Bevor wir Klienten diese Erfahrung anbieten, sollten wir den Sinn und Zweck der Übung erklären und vorbereitend erst einmal Achtsamkeit bzw. KAW mit ihnen praktizieren.

Den unangenehmen Zustand identifizieren

In der Regel wurde dieser bereits im Vorgespräch wahrgenommen und benannt. Trotzdem ist es wichtig, vor dem achtsamen Erkunden ein gemeinsames Verständnis davon zu haben, was genau das Unangenehme ist: Ein hilfloses Gefühl? Ein Gefühl, zu scheitern? Eine Angst? Usw.

Achtsamkeit einleiten

Bitte den Klienten, achtsam zu werden und sich in der Gegenwart zu verankern. Biete hierfür eine Erfahrung an, wie z. B. zwei Minuten KAW mit Sehen, Hören oder Spüren oder zwei Minuten lang den Atem wahrnehmen. Wenn er innerlich bereit für den nächsten Schritt ist, kann der Klient dir ein Zeichen geben.

Auf das Schlimm-Gefühl fokussieren

Bitte den Klienten: „Hol dir weitgestellt dieses schwierige Gefühl her, am besten mit einer konkreten Situation, in der das Schlimm-Gefühl getriggert ist bzw. auftritt. Nimm das ins Zentrum deines Gewahrseins …" Ermutige ihn, das Unangenehme so umfassend wie möglich wahrzunehmen, ohne sich davon reinziehen zu lassen und weitgestellt zu beobachten, welche Gedanken, Gefühle, Körperempfindungen sich automatisch zeigen.

Bitte ihn dann, in einer annehmenden Haltung innerlich zu konstatieren: „Es könnte sein, dass …", und dabei weiterhin das unangenehme Gefühl im Mittelpunkt zu halten. „Bleib auf das unangenehme Gefühl ausgerichtet, während du weitgestellt bist." Es ist wichtig, dass der Klient das Unangenehme deutlich spürt, ohne dass es übermächtig wird.

Das Schlimm-Gefühl erforschen: „Was ist das Schlimme daran?“

Lass den Klienten auf diese Weise die möglichen tieferen Schichten des Schlimm-Gefühls erkunden: Was passiert innerlich und was sind weitere Befürchtungen (Vorstellungen, Gefühle usw.)? Lies Spuren in seiner Mimik und Körperhaltung und beobachte, wie er mit dem Schlimm-Zustand in Kontakt ist.

Mit der Frage: „Was ist das Schlimme daran …?“ bittest du den Klienten, nach innen zu spüren. Er soll nicht so sehr nach einer Antwort suchen, sondern eher beobachten, ob sich auf die Frage, was schlimmstenfalls passieren könnte, innerlich eine Spur oder Antwort zeigt. Dann kannst du diese Befürchtung als Nächstes in den Fokus nehmen: „Es könnte sein, dass (dieses) passiert … Was ist das Schlimme daran?“ Dabei verweilst du wiederum.

Das Ziel ist, den Kern dieses Schlimm-Gefühls, das Zentrum des Unangenehmen herauszuschälen und damit weiterzuarbeiten.

Anleiten, den Konjunktiv selbst zu konstatieren

Bitte den Klienten, innerlich weitgestellt zu bleiben und sich dann für eine Weile auf den Kern des Schlimm-Gefühls zu fokussieren und dann dieses Zentrum des Unangenehmen mit dem Konjunktiv „Es könnte sein, dass …“ zu konstatieren.

Reflexion der Erfahrung

Wie erlebt der Klient das Vorgehen? Was hat sich gezeigt? Wie war die Erfahrung, das Zentrum des Unangenehmen achtsam zu fokussieren?

Regelmäßig üben

Wenn das „Zentrum des Unangenehmen“ so herausgeschält ist, dass sich keine weiteren neuen Facetten zeigen, kann der Klient dieses Vorgehen noch einmal alleine, ohne Anleitung vom Coach, üben. Das gibt ihm mehr Sicherheit, dies auch im Alltag hin und wieder zu üben. Und das ist wichtig, denn erst durch vermehrtes Üben wird sich der Alarm wahrscheinlicher und nachhaltiger entschärfen lassen.

Weitere Hinweise für den Coach:

- Erläuterungen zum Vorgehen und zur Annäherung an das Schlimm-Gefühl sollten zum Sprachgebrauch der Klienten passen; es sollten Bilder aus ihrem Vorstellungsraum aufgegriffen werden. Passend könnte z. B. sein, im Zusammenhang mit Emotionen Wassermetaphern aufzugreifen: sich dem sicheren Ufer nähern, sich behutsam in einen See oder Fluss begeben, ohne dabei den Boden zu verlieren ... Bei einer systematischen Desensibilisierung von Allergien könnte z. B. die langsame und vorsichtige Annäherung an ein wildes Tier, das man zähmen möchte, ein brauchbares Bild sein.
- Sollte die Wahrnehmung des Schlimm-Gefühls unangenehm werden, ist es ratsam, die Konzentration auf das Unangenehme zu beenden und sich aufs Weitstellen zu konzentrieren! Wenn nötig, mit offenen Augen weitgestellt die Umgebung wahrnehmen, deutlich die Füße auf dem Boden spüren, sich im Raum umschauen.
- In dieser Übung soll der Klient erfahren, dass er nicht in den alarmierenden Gefühlen untergeht, sondern sich sicher weiterbewegen kann. Im übertragenen Sinne kann er irgendwann im Wasser der Emotionen schwimmen. Wenn das noch nicht geht, kann er vorerst nur so weit ins Wasser gehen, wie er noch sicheren Boden unter den Füßen spürt.
- Zum Abschluss empfehlen wir, zwei bis drei Minuten lang die Aufmerksamkeit auf etwas Angenehmes zu richten. Dieser Fokuswechsel von etwas Unangenehmem zu etwas Angenehmem macht erfahrbar, dass wir eine gewisse Wahlfreiheit haben, worauf wir uns ausrichten.

Welche Voraussetzungen ein Coach mitbringen muss

In der Phase der Polarisierung können sich Spannungen zuspitzen und für Klienten fühlt es sich an, als wären sie zunehmend verwirrt, völlig blockiert und nichts könne mehr weitergehen. Dann brauchen sie einen Coach an ihrer Seite, der oder die nicht unter Druck gerät.

Ein solcher Zustand kann in der dritten oder vierten Sitzung eintreten, nachdem man die Polarisierung klar herausgearbeitet hat. Zur Orientierung hilft hier das Phasenmodell von Krisen. Es unterstützt die innere Sicherheit, dass die Zuspitzung einer Krise auch während des Coachings völlig normal ist und dass Klienten in einem solchen Zustand nicht steckenbleiben. Systemiker sagen zu diesem Phänomen: „Man muss ein lebendes System, das festgefahren ist, irritieren (sprich: es verunsichern), damit es einen neuen, besseren inneren Organisationszustand finden kann."

Die große Kunst als Coach ist es hier, einen zugespitzten emotionalen Zustand nicht als Rückschritt, sondern als Fortschritt zu sehen. Ein Coach sollte die Zuversicht vermitteln, dass es einen Weg durch diese Zuspitzung geben wird – nicht durch „weises Erklären", sondern vor allem durch die eigene Haltung. Viel Reden unterbricht hier den Prozess, der sich, wie eine Geburt, von allein entfaltet. Das Beste, was ein Coach bei starken und schmerzhaften Gefühlen tun kann, ist, für so viel Achtsamkeit wie möglich zu sorgen. Wenn Klienten nicht in der Lage sind, die Achtsamkeit aufrechtzuerhalten und dazu neigen, sich in unangenehme Gefühlszustände hineinziehen zu lassen, kann es nötig sein, zuerst KAW einzuführen und zu üben. Je achtsamer Klienten sein können, desto mehr Abstand haben sie zu diesen Gefühlen und umso eher können sie mit Angst oder Schmerz umgehen.

Als Coach unterstützen wir durch wache Präsenz, liebevolle Zugewandtheit und nicht eingreifendes Mitgefühl. Wir dürfen nicht zu viel „machen" – erklären, trösten, analysieren, zum Reden ermuntern usw. Aus dem Annehmen und Loslassen entsteht der nächste Schritt so gut wie von allein: Es wird klar, was stimmig ist.

12. Ein Kompass für die Innenwelt

Die innere Haltung ist wie ein Kompass, der uns hilft, uns in der Innenwelt gut auszurichten. Im Kern geht es um eine annehmende Haltung des Gegenwärtigen – das Wahrnehmen und Anerkennen dessen, was ist. Wenn es uns gelingt, angesichts von Unannehmlichkeiten und schwierigen Erfahrungen eine akzeptierende Haltung einzunehmen, dann sind wir auch in der Lage, mehr Güte und Mitgefühl für andere zu entwickeln. Wir schotten uns nicht ab vor Schmerz, Trauer oder Angst, sondern im Gegenteil: Wir lassen uns davon im Herzen berühren!

In einem gelassenen Gemütszustand ist intelligentes und weitsichtiges Handeln in der Regel leichter möglich. Trotz unglücklicher Entwicklungen heiter und zuversichtlich zu bleiben, ist möglich, wenn beides nebeneinander stehen darf. Eine annehmende, akzeptierende Haltung verdrängt nicht Bedrohung und Schmerz, sondern erlaubt eine andere Sichtweise darauf. Auch wenn etwas missglückt oder schwierig wird, gibt es die Möglichkeit, dies mit Gleichmut und manchmal vielleicht sogar mit einer Portion Heiterkeit anzunehmen. So kann man tief betrübt und – vielleicht nicht zeitgleich, aber kurz danach – mehr im Frieden damit sein.

Mit einer gelassenen, annehmenden, akzeptierenden Haltung nimmt man den „Ernst des Lebens" sehr wohl wahr, ist aber etwas unabhängiger von ihm und kann ihm mitfühlend begegnen. So ist es zu erklären, dass Menschen selbst auf einer Beerdigung auch mal lachen können, vor allem dann, wenn sie an heitere, schöne Episoden mit dem Verstorbenen zurückdenken. Der Schmerz löst sich für einen Moment, Trauer und Heiterkeit werden nahe beieinander erlebt. Warmherzig und mitfühlend zu sein bedeutet, Schmerz anzunehmen und gleichzeitig mit einer anderen Perspektive auf die Umstände im Kontakt zu sein und zu bleiben.

Wie wir unser Leben gestalten, hat – für uns – viel mit unserer inneren Haltung zu tun. Wie leben wir unser Leben? Mit wie viel Mut oder Angst, mit innerem Seelenfrieden oder Hadern? Mit wie viel Ansprüchen oder Nachsichtigkeit blicken wir auf uns und andere? Betrachten wir etwas mit Wut und Verachtung oder mit Güte, Gleichmut und Milde? Wie sehr halten wir fest? Oder können wir auch loslassen? Wir können uns entscheiden: für Interesse, Wohlwollen, Zugewandtheit anderen und uns selbst gegenüber.

In Kapitel 11 („Krisen und Introvision“) haben wir Shinzen Youngs Formel zur Entstehung von Leid erwähnt. Dazu, wie man Glück erlangt oder verliert, hat er formuliert:

$$\text{Glück} = \frac{\text{Freude} \times \text{Bewussheit}}{\text{Anhaftung}}$$

Beide Formeln betonen die Bedeutung von Bewusstheit und Gleichmut – im Buddhismus die Gegenmittel zu Unwissenheit, Widerstand und Anhaftung.

Nelson Mandela, der erste Präsident Südafrikas nach dem Ende des Apartheidsystems, musste vorher 27 Jahre aus politischen Gründen im Gefängnis verbringen. Er war so weise und frei genug, alle Gefühle von Bitterkeit oder Rache hinter sich zu lassen. Kurz nach Übernahme der Präsidentschaft sagte er: „Nach so langen Jahren im Gefängnis wollte ich wirklich frei sein. Deshalb habe ich es nicht zugelassen, dass der Hass mein Denken bestimmt. Nur ein Mensch ohne Hass ist frei.“[4]

„Als ich aus der Zelle durch die Tür in Richtung Freiheit ging, wusste ich, dass ich meine Verbitterung und meinen Hass zurücklassen musste, oder ich würde mein Leben lang gefangen bleiben.“[5]

Die Akzeptanz gegenüber der Innenwelt bezieht sich auf die gegenwärtige Erfahrung und auf die Qualität des inneren Beobachtens. Sie zielt nicht darauf ab, die Dinge unreflektiert und unkritisch anzunehmen und vermeidet auch nicht, aktiv zu werden, um etwas zu verändern. Es geht um die Art des Wahrnehmens und Betrachtens – darum, wie wir uns auf etwas beziehen. Akzeptanz ist nicht mit Passivität zu verwechseln, denn bezogen auf ihre Wirkung in der Innenwelt ist sie etwas sehr Aktives.

Eine annehmende Haltung im Coaching und Selbst-Coaching ist so zentral, weil sie uns ermöglicht, Phänomene zu erkunden, anstatt sie zu korrigieren, den Ist-Zustand erst einmal zu erforschen, bevor wir nach neuen Optionen suchen. Es geht um das Hinschauen, Hinspüren und Hinhorchen, wie die Innenwelt wirklich ist, anstatt sie anders haben und verändern zu wollen. Wenn wir inneren Zuständen mit Offenheit und Mitgefühl begegnen, können auch unsere Klienten ihren Schwierigkeiten

4 ↗ https://www.welt.de/print-welt/article572742/Nelson-Mandela-Nur-ein-Mensch-ohne-Hass-ist-frei.html

5 ↗ https://www.careelite.de/nelson-mandela-zitate-sprueche/

und dem, was für sie noch ungelöst ist, neugieriger und wohlwollender begegnen. Die Anteile bewegen und verändern sich nicht durch Veränderungsimpulse von außen, auch nicht durch innere Selbstkritiker oder Selbstoptimierer. Sie verändern sich durch Akzeptanz, Verständnis und Mitgefühl. Tieferes Verständnis für die Interessen, Bedürfnisse und Befürchtungen bislang dominanter Anteile der Persönlichkeit lässt diese zurücktreten. Mit diesem Freiraum sind neue Erfahrungen möglich!

Danke!

Eine Haltung, die eigentlich immer mit tiefer Freude einhergeht (oder verbunden ist), ist Dankbarkeit. Der Philosoph Sir Francis Bacon formulierte vor über 400 Jahren die – inzwischen auch wissenschaftlich untermauerte – Erkenntnis: „Nicht die Glücklichen sind dankbar. Es sind die Dankbaren, die glücklich sind." So freuen wir uns, dankbar sein zu können für die **wunderbaren** Wege, die uns unsere Lehrer gezeigt haben, allen voran Halko Weiss und Richard C. Schwartz. Auch danken wir unseren Coaching-Klientinnen und -Klienten, den Teilnehmenden unserer Trainings und Ausbildungen sowie auch all den Begleiterinnen und Begleitern auf unserem beruflichen Weg für die vielen wertvollen Erfahrungen und Erkenntnisse, die wir durch sie gewinnen durften.

Literatur

ANDERSSEN-REUSTER, U. (2011): *Achtsamkeit in Psychotherapie und Psychosomatik.* Stuttgart: Schattauer, 2. Auflage.

ASSAGIOLI, R. (2020): *Psychosynthese.* Rümelang: Nawo, 2. Auflage.

BENEDIKT VON NURSIA, B. (2001): *Die Mönchsregel des heiligen Benedikt.* Holzminden: Reprint-Verlag-Leipzig.

CSIKSZENTMIHALYI, M. (2023): *Flow: Das Geheimnis des Glücks.* Stuttgart: Klett-Cotta, 10. Auflage.

DAMASIO, A.R. (2002): Ich fühle, also bin ich. Die Entschlüsselung des Bewusstseins. Berlin: Ullstein.

DAVIDSON, R. & BEGLEY, S. (2012): *Warum wir fühlen, wie wir fühlen.* München: Arkana.

LEDOUX, J.E. (2001): *Das Netz der Gefühle. Wie Emotionen entstehen.* München: dtv.

LEDOUX, J.E. (2006): *Das Netz der Persönlichkeit. Wie unser Selbst entsteht.* München: dtv.

FERRUCCI, P. (1986): *Werde, was du bist.* Reinbek: Rowohlt.

ECKER, B.; TICIC, R. & HULLEY, L. (2016): *Der Schlüssel zum emotionalen Gehirn.* Paderborn: Junfermann.

FISHER, J. (2019): *Die Arbeit mit Selbstanteilen in der Traumatherapie.* Paderborn: Junfermann.

FISHER, R.; URY. W. & PATTON, B. (2015): *Das Harvard-Konzept. Klassiker der Verhandlungstechnik.* Frankfurt a.M.: Campus, 25. Auflage.

FRITZSCHE, K. (2020): *Ego-State-Therapie bei Traumafolgestörungen.* Heidelberg: Carl-Auer-Verlag

FRANKL, V.E. (2018): *… trotzdem Ja zum Leben sagen: Ein Psychologe erlebt das Konzentrationslager.* München: Penguin.

FREUD, S. (2013): *Das Ich und das Es.* Stuttgart: Reclam.

EIDENSCHINK, K. (2023): *Die Kunst des Konflikts: Konflikte schüren und beruhigen lernen.* Heidelberg: Carl-Auer-Verlag.

GENDLIN, E. (2015): *Ein Prozess-Modell.* Freiburg: Verlag Karl Alber.

GERMER, C. (2023): *Der achtsame Weg zum Selbstmitgefühl.* Freiburg: Arbor, 5. Auflage.

GOLDBERG, E. (2010): *Die Geschichte des Gebets um Gelassenheit – The History of the Serenity Prayer.* Goch: Santiago Verlag.

GOLEMAN, D. (1996): *Emotionale Intelligenz.* München: Hanser.

GOLEMAN, D. & DALAI LAMA XIV. (2005): *Dialog mit dem Dalai Lama. Wie wir destruktive Emotionen überwinden können.* München: dtv 2005

GOTTMANN, J. (2014): *Die 7 Geheimnisse der glücklichen Ehe.* Berlin: Ullstein, 11. Auflage.

GREENSPAN, S.I. & BENDERLEY, B.L. (2001): *Die bedrohte Intelligenz: Die Bedeutung der Emotionen für unsere geistige Entwicklung.* München: Goldmann.

GRAWE, K.; DONATI, R. & BERNAUER, F. (2001): *Psychotherapie im Wandel. Von der Konfession zur Profession.* Göttingen: Hogrefe, 5. Auflage.

Hillesum, E. 81985): *Das denkende Herz. Die Tagebücher von Etty Hillesum 1941–1943.* Reinbek: Rowohlt.

HÜTHER, G. (2018): *Biologie der Angst. Wie aus Stress Gefühle werden.* Göttingen: Vandenhoeck & Ruprecht, 13. Auflage.

JUNG, C.G. (1935/2013): *Die Archetypen und das kollektive Unbewusste.* Gesammelte Werke, Bd.9/1. Ostfildern: Patmos.

Kabat-Zinn, J. (2019): *Gesund durch Meditation. Das große Buch der Selbstheilung.* München: Knaur.

Kabat-Zinn, J. (2021): *Die heilende Kraft der Achtsamkeit.* Freiburg: Arbor, Neuausgabe.

Kabat-Zinn, M. & Kabat-Zinn, J. (2015): *Mit Kindern wachsen. Die Praxis der Achtsamkeit in der Familie.* Freiburg: Arbor, überarb. Neuauflage.

Klein, M. (1948/2011): *Das Seelenleben des Kleinkindes und andere Beiträge zur Psychoanalyse.* Stuttgart: Klett-Cotta, 11. Auflage.

Kurtz, R. (1988): *Körperzentrierte Psychotherapie. Die Hakomi-Methode.* Essen: Synthesis.

Lammers, C.-H. (2018): *Emotionsbezogene Psychotherapie.* Stuttgart: Schattauer, 2. überarb., aktualis. Auflage.

Lutz, A.; Dunne, J. D. & Davidson, R. J. (2007): *Meditation and the Neuroscience of Consciousness.* In: Zelazo, P. D.: *The Cambridge Handbook of Consciousness.* Cambridge University Press.

Maslow, A. H. (2021): *Motivation und Persönlichkeit.* Reinbek: Rowohlt, 16. Auflage.

Neff, K. (2012): *Selbstmitgefühl.* München: Kailash.

Renn, K. (2017): *Dein Körper sagt dir, wer du werden kannst. Focusing – Weg der inneren Achtsamkeit.* Freiburg: Herder.

Ricard, M. (2009): *Glück: Mit Übungen und Meditationsanleitungen für ein glücklicheres Leben.* München: Knaur.

Rosenberg, M. B. (2016): *Gewaltfreie Kommunikation.* Paderborn: Junfermann, 12. Auflage.

Roth, G. (2003): *Fühlen, Denken, Handeln.* Frankfurt a.M.: Suhrkamp.

Ryba, A. & Roth, G. (2022): *Coaching und Beratung in der Praxis: Ein neurowissenschaftlich fundiertes Integrationsmodell.* Stuttgart: Klett-Cotta, 2. Auflage.

Satir, V. (2021): *Selbstwert und Kommunikation: Familientherapie für Berater und zur Selbsthilfe.* Stuttgart: Klett-Cotta, 25. Auflage.

Satir, V. (2019): *Meine vielen Gesichter. Wer bin ich wirklich?* München: Kösel. 3. Auflage.

Segal, Z.; Mark, W.; Teadale, J. & Kabat-Zinn, J. (2015) *Die Achtsamkeitsbasierte Kognitive Therapie der Depression.* Tübingen: dgvt, 2. Auflage.

Segal, Z.; Williams, M. & Teasdale, J. (2023): *Der achtsame Weg durch die Depression.* Freiburg: Arbor.

Schrenker, L. (2017): *Pesso-Therapie: Das Wissen zur Heilung liegt in uns: PBSP als ganzheitliches Verfahren einer körperorientierten Psychotherapie.* Stuttgart: Klett-Cotta, 5. Auflage.

Schulz von Thun, F. (1998): *Miteinander reden, Bd. 3: Das „innere Team" und situationsgerechte Kommunikation.* Reinbek: Rowohlt, 31. Auflage.

Schwartz, R. C.; Liddle, H. A. & Breunlin, D. C. (1998): *Handbook of Family Therapy Training and Supervision.* New York: Guilford Press.

Schwartz, R. C. (2003): *Systemische Therapie mit der inneren Familie.* Stuttgart: Klett-Cotta.

Schwartz, R. C. (2024): *Das System der Inneren Familie: Einführung in die IFS-Therapie. Ein Weg zu mehr Selbstführung.* München: Kösel, erweiterte Neuausgabe.

Stone, H. & Stone, S. (1994): *Du bist viele.* München: Heyne.

Wagner, A.; Kosuch, R. & Iwers, T. (2020): *Introvision: Problemen gelassen ins Auge schauen.* Stuttgart: Kohlhammer, 2. Auflage.

Watkins, J. G., & Watkins, H. (2019): *Ego-States – Theorie und Therapie: Ein Handbuch.* Heidelberg: Carl-Auer-Verlag, 4. Auflage.

Weiss, H. (2007): Die Analyse von Wechselwirkungen in kritischen dyadischen Beziehungssituationen. *Familiendynamik* 4, Jahrg. 32.

WEISS, H.; HARRER, M. & DIETZ, T. (2023): *Das Achtsamkeits-Buch. Grundlagen, Übungen, Anwendungen.* Stuttgart: Klett-Cotta, 11. Auflage.

WEISS, H.; HARRER, M. & DIETZ, T. (2012): *Das Achtsamkeits-Übungsbuch. Für Beruf und Alltag.* Stuttgart: Klett-Cotta.

WEISS, H. & HARRER, M. E. (2018): *Wirkfaktoren der Achtsamkeit: Wie sie die Psychotherapie verändern und bereichern.* Stuttgart: Schattauer.

WEISS, H.; JOHANSON, G. & MONDA, L. (2021): *Hakomi – Achtsamkeitszentrierte Körperpsychotherapie: Theorie und Praxis.* Stuttgart: Klett-Cotta, 2. Auflage.

WEISS, H. & MARLOCK, G. (2006): *Handbuch der Körperpsychotherapie.* Stuttgart: Schattauer.

WILBER, K. (2001): *Eros, Kosmos, Logos. Eine Jahrtausend-Vision.* Frankfurt a. M.: Fischer, 6. Auflage.

WILBER, K. (2011): *Das Wahre, Schöne, Gute: Geist und Kultur im 3. Jahrtausend.* Frankfurt a. M.: Fischer.

Young, S. (2016): The Science of Enlightenment: How Meditation Works. Boulder: Sounds True.

YOUNG, S. (2011): *Natural Pain Relief: How to Soothe & Dissolve Physical Pain with Mindfulness.* Boulder: Sounds True.

Ingeborg und Thomas Dietz sind seit 1989 im Trainings- und Beratungsgeschäft tätig und begleiten Menschen in Veränderungsprozessen und in ihrer persönlichen Weiterentwicklung.

Sie stehen für nachhaltige Veränderung durch Coaching. Einzelcoaching und die Weiterbildung von Coaches sind ihre Berufung und Expertise.

Ihr Vorgehen beruht vor allem auf Hakomi – Erfahrungsorientierte Körperpsychotherapie – und IFS – Internal Family Systems Therapy. Diesen Coaching-Ansatz vermitteln sie seit 2002 in der vom Deutschen Bundesverband Coaching (DBVC) und der International Organization for Business Coaching (IOBC) anerkannten Coaching Weiterbildung „Psychologie der Veränderung – emotional intelligent coachen".

Je nach Interessenslage können Seminare und Weiterbildungen sowie Coaches und Psychotherapeuten vermittelt werden.

Für Psychotherapie und Heilberufe:
↗ http://www.hakomi.de, ↗ http://www.ifs-europe.net/

Für Coaching oder Training in der Wirtschaft:
↗ http://www.dietz-coaching.com, ↗ http://www.dietz-training.de/